日本建筑集成

玄关与座敷

林理惠光 编著

华中科技大学出版社
http://www.hustp.com

有书至美
BOOK & BEAUTY

中国·武汉

目录

玄关与座敷 — 日本建筑集成

园城寺光净院客殿……9
　座敷……9

西本愿寺黑书院……12
　一之间……12

桂离宫……14
　御兴寄……14
　中书院、乐器间……16
　新御殿……17

表千家……20
　玄关……20
　残月亭……21

里千家……22
　玄关……22

三溪园临春阁……24
　外观……24
　住之江之间……25
　天乐屋……26

角屋……28
　缎子之间……28

清流亭……32
　玄关……32

四山楼……34
　藏座敷……34

S氏邸……36
　玄关……36
　六叠之间……37
　主座敷……38

设计图详解（一）

园城寺光净院客殿……42

西本愿寺黑书院……46

桂离宫……50

表千家……51

里千家……52

三溪园临春阁……53

角屋……58

清流亭……60

四山楼……64

S氏邸……69

园邸……73
 玄关……73

竹腰邸……76
 座敷……76

山翠楼……80
 泉之间……80
 宾之间……81
 吹上之间……82
 白兰之间……84
 水仙之间……85

看日庵……86
 玄关……86

松井邸……88
 座敷……88

扇叶庄……91
 外观……91
 座敷……92

竹田邸……96
 玄关……96
 主座敷……98

T氏邸……100
 一楼座敷……101
 二楼座敷……103

设计图详解（二）

园邸……106

竹腰邸……110

山翠楼……114

看日庵……124

松井邸……128

扇叶庄……132

竹田邸……136

T氏邸……141

北村邸……145
 玄关……145

阿部邸……149
 座敷……149

田中丸邸……153
 玄关……153
 独立建筑物……154
 座敷……156
 主座敷……158

日本茶道学会……159
 玄关……159

八胜馆……163
 御幸之间……163
 樱之间……170

菖栖庵……174
 玄关……174
 座敷……178

伊东邸……180
　外观……180
　座敷……182

洗心洞……184
　玄关……184
　座敷……186

铃木邸……188
　玄关……188

田中邸……191
　座敷……191

设计图详解（三）

北村邸……194

阿部邸……199

田中丸邸……202

日本茶道学会……207

八胜馆……210

菖栖庵……215

伊东邸……219

洗心洞……223

铃木邸……227

田中邸……230

总论

玄关与座敷的结构……234

茶室理念的变化……237

日式住宅的结构和展开……243

玄关、座敷和庭院……250

优秀的木匠师傅……254

园城寺光净院客殿

座敷 外观

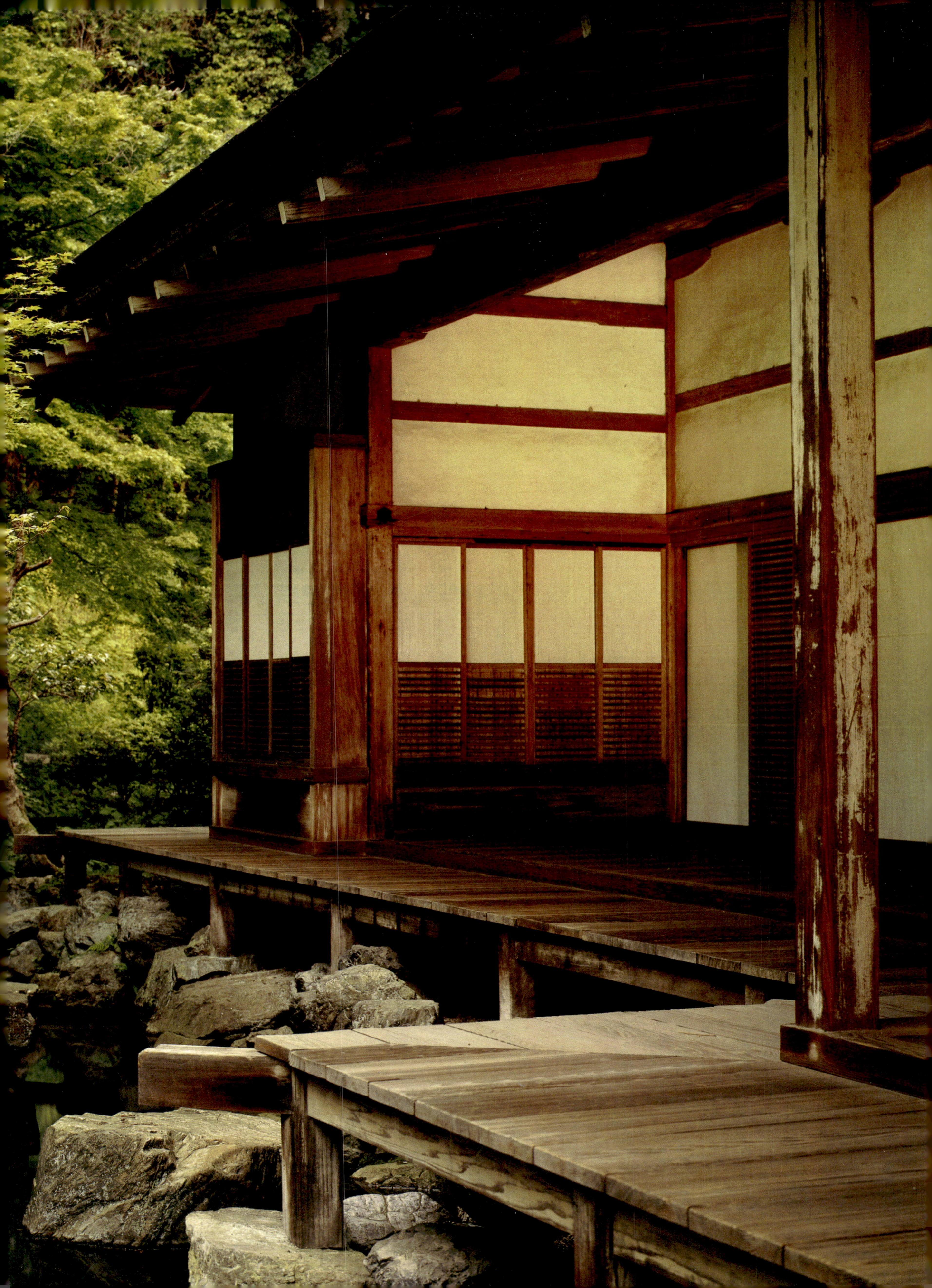

园城寺光净院客殿 座敷
左＝从中门廊前看到的走廊　上＝座敷内部

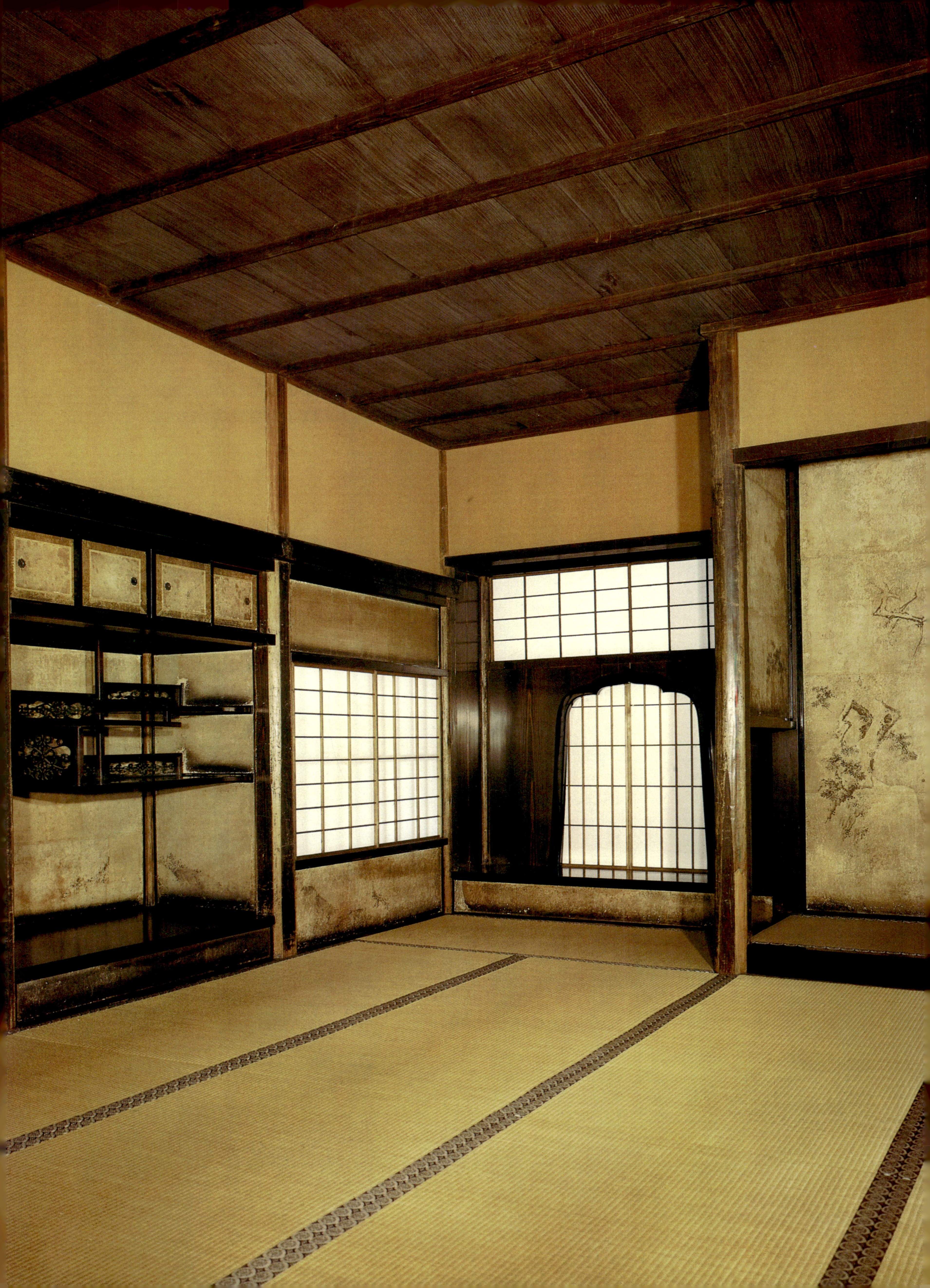

西本愿寺黑书院

一之间　左=地板、凸窗、多宝格架　上=多宝格架、隔扇

桂离宫

御兴寄　上＝外观　下＝前庭
右＝迎送客人或放置鞋子的脚踏石

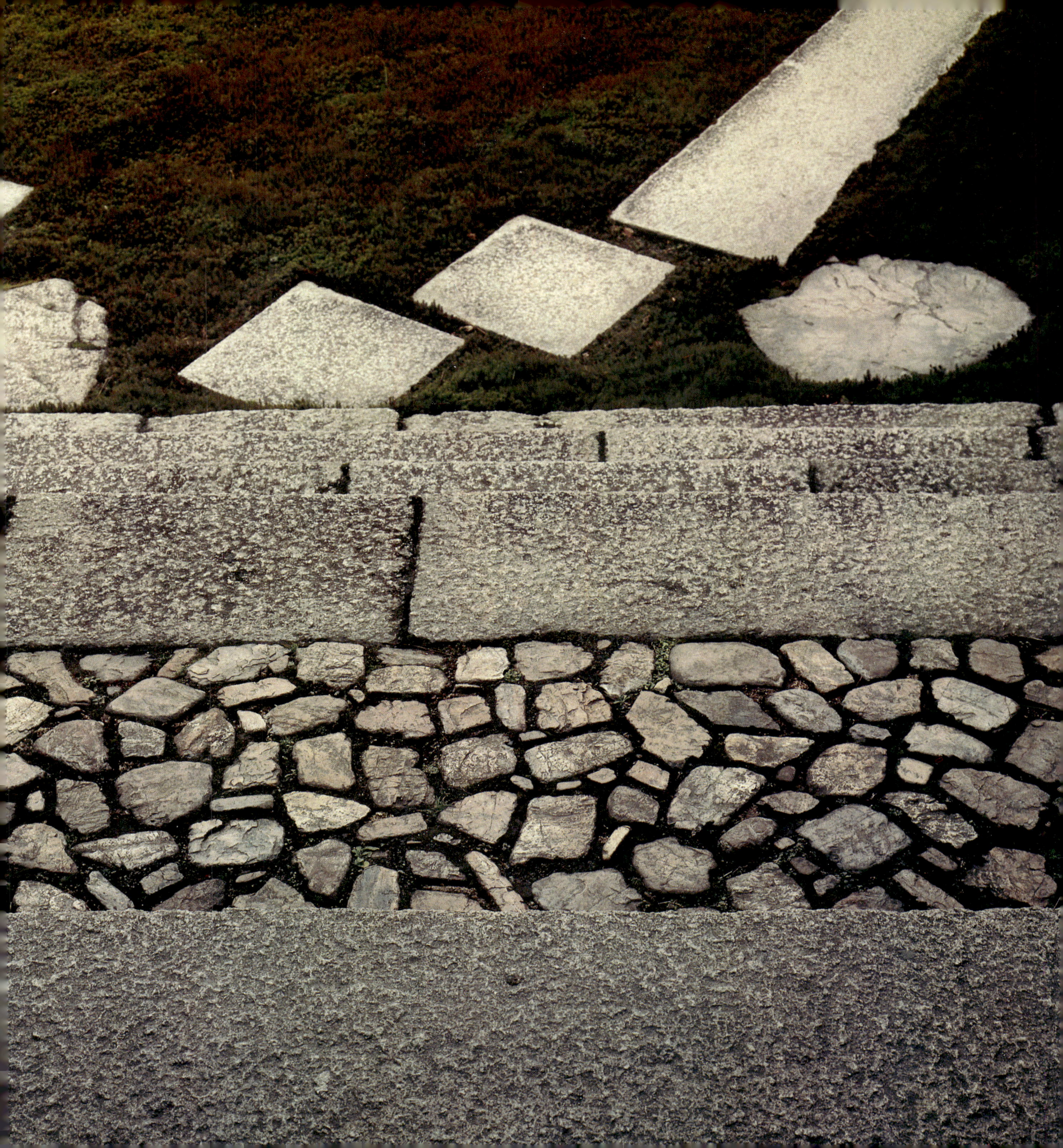

桂离宫 中书院、乐器间

桂离宫 新御殿 一之间、二之间和走廊

桂离宫 新御殿 一之间内部

桂离宫 新御殿 从二之间看到的一之间

表千家

玄关

表千家　上＝残月亭

里千家

玄关 通往玄关的通道

里千家 玄关 上＝玄关外观

三溪园临春阁

外观

三溪园临春阁 住之江之间

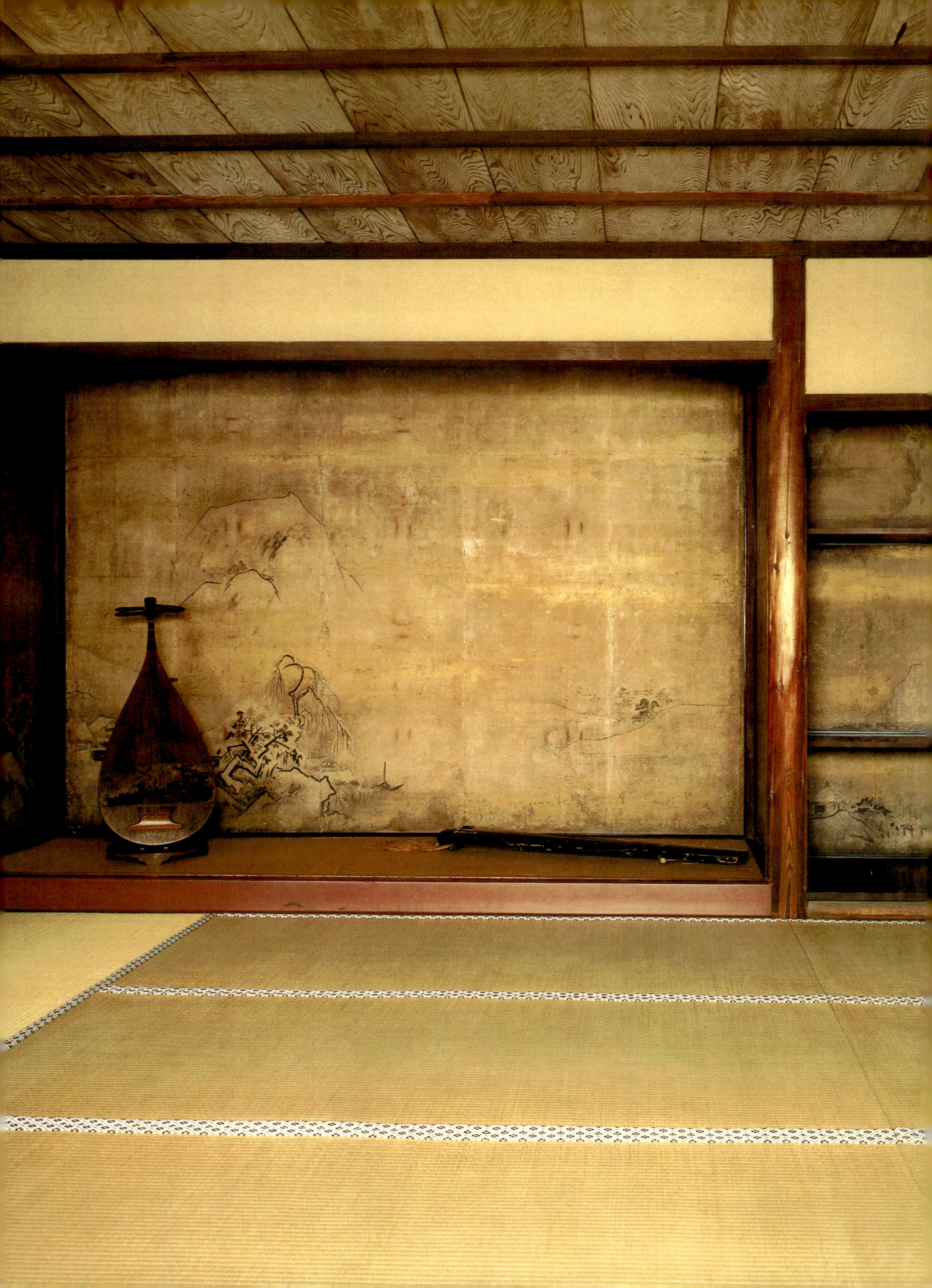

三溪园临春阁 天乐屋
左＝壁龛与床胁　上＝隔扇

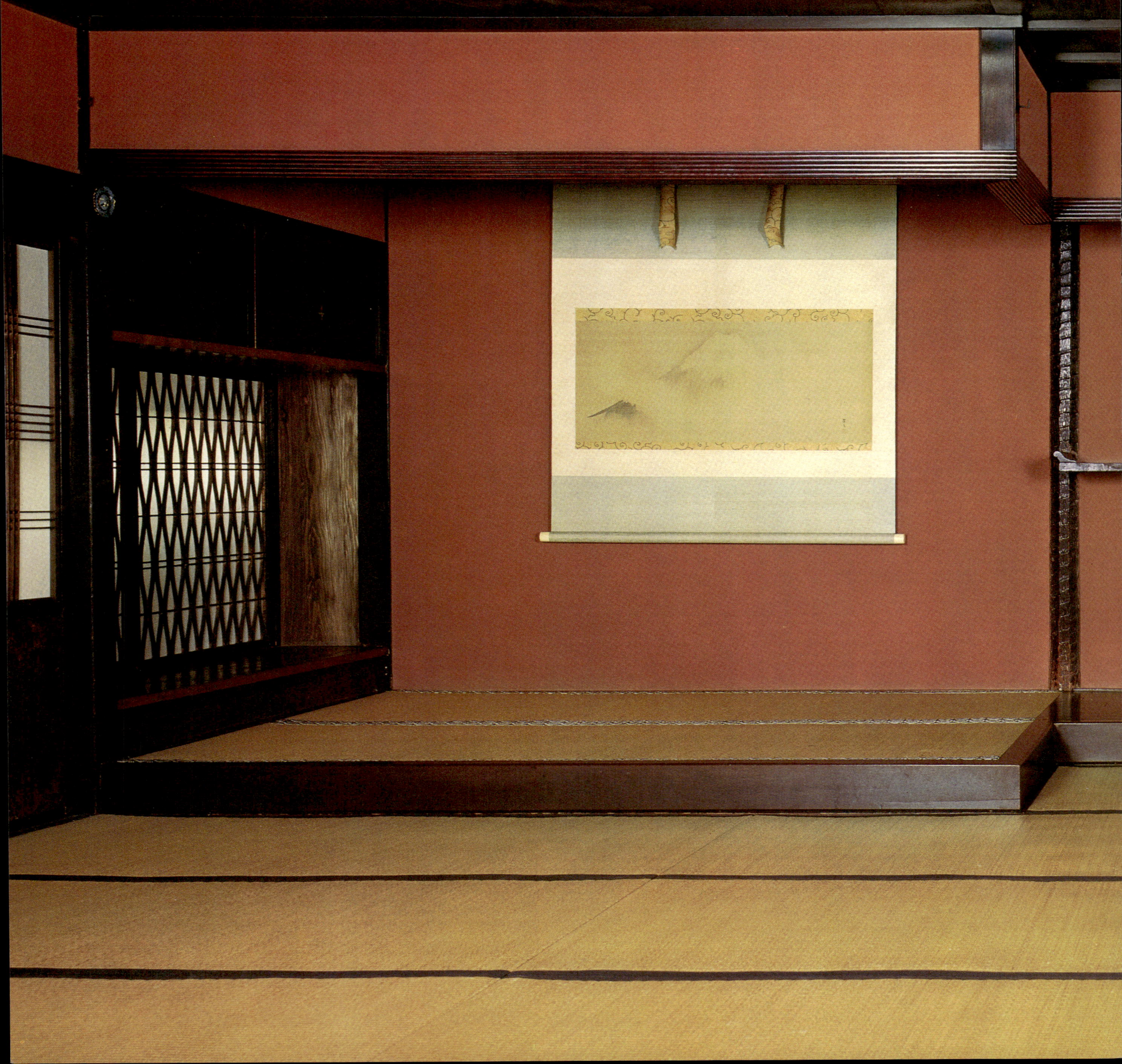

角屋

缎子之间 壁龛

日本建筑集成　玄关与座敷

角屋 缎子之间
上＝钉隐（用来隐藏钉子的装饰铁片）
下＝展示架的一部分
右＝凸窗

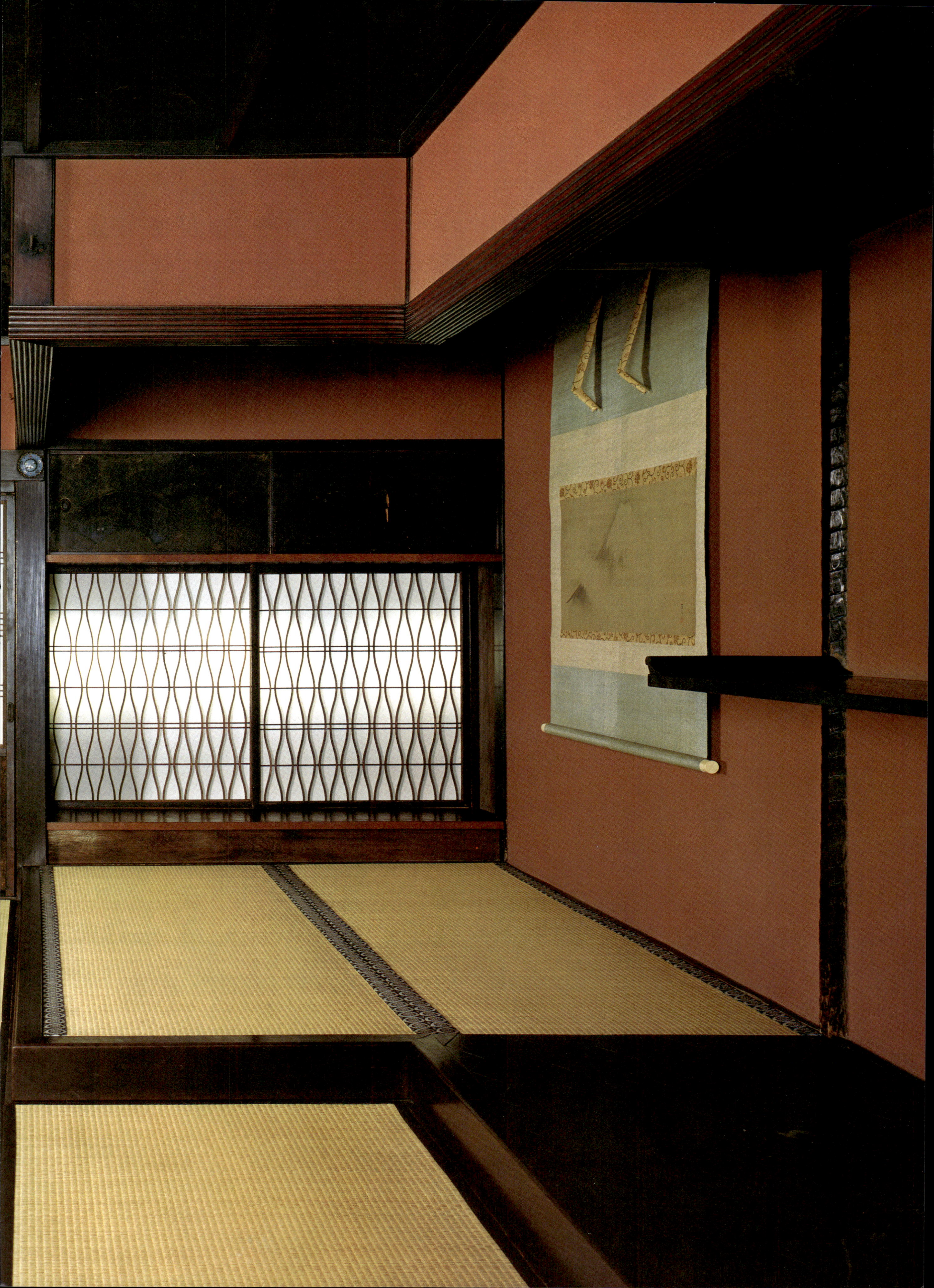

日本建筑集成　玄关与座敷

清流亭

玄关　上＝外观　右＝从玄关看到的前庭

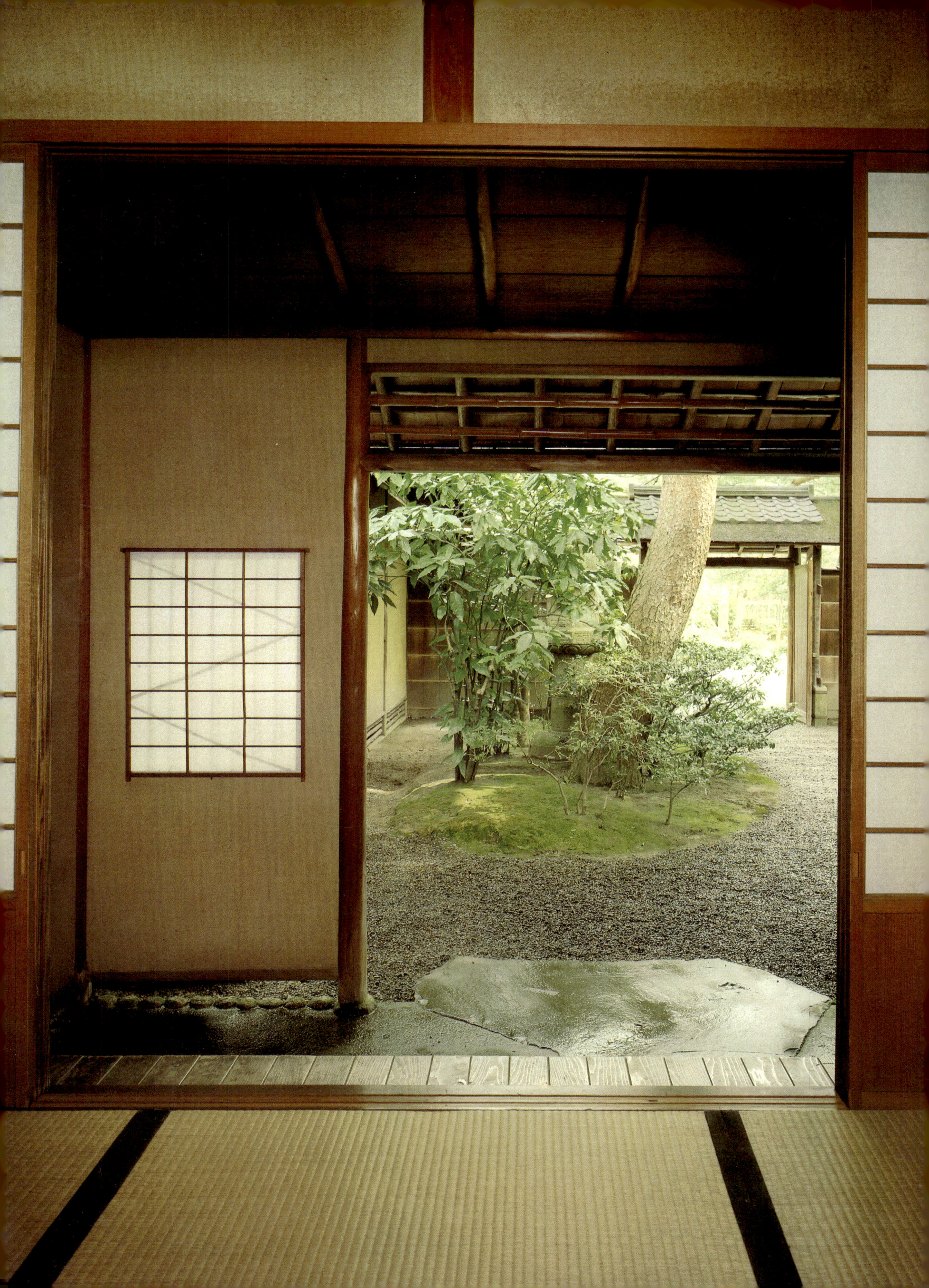

四山楼

藏座敷　上＝壁龛和床胁　下＝床胁和纸拉门

四山楼 藏座敷　上＝凸窓

S氏邸

S氏邸 六叠之间
上＝六叠之间（叠：计量单位。一叠相当于1.62平方米）
下＝从六叠之间看到的庭院

S氏邸 主座敷
上＝壁龛　下＝主座敷外观

S氏邸 主座敷
上＝床胁和鞘之间（狭长的房间） 下＝凸窗

S氏邸 主座敷
上＝主座敷前的缘廊

设计图详解（一）

园城寺光净院客殿

管理 园城寺光净院
所在地 滋贺县大津市
建造时间 1601年

在日本建筑中，有中门廊的建筑也被称为主殿式建筑。这种建筑装饰有唐破风（抱厦），同时安装活页窗，以形成宫殿式建筑的造型。

本节介绍的座敷中的主室在正面设置了壁龛，安装了多宝格架，右侧是帐台构（一种类似门的装饰物），左侧安装有凸窗。壁龛处铺有地板。与角柱相连处是绘有隔扇画的由丝绢包裹的板墙，安有内法长押（长押是日式建筑中连接各个壁面的装饰用横木）和天花板长押。天花板的回缘（天花板与墙壁相接处设置的横木）下环绕着小墙，像这样规范的构造，源于书院造建筑。猿颊天花板（一种天花板样式）的竿缘（支撑天花板的细长木材）下方排列着壁橱，这在当时是常见的设计。

座敷的外面便是走廊。走廊顶部是由疏散至极的板条打造成的化妆屋根里天花板（骨架外露，顶棚比较低）。天花板向深处延伸，一直到中门廊处都见不到一根柱子。这样的构造既展现了格调高雅的书院造建筑的风貌，又通过走廊这般令人舒适的构成方式，使建筑物和庭院亲密无间，令整个座敷洋溢着轻松愉悦的氛围。

这一座敷曾作为日本的代表性建筑，由吉村顺三在纽约的近代美术馆中进行再建。

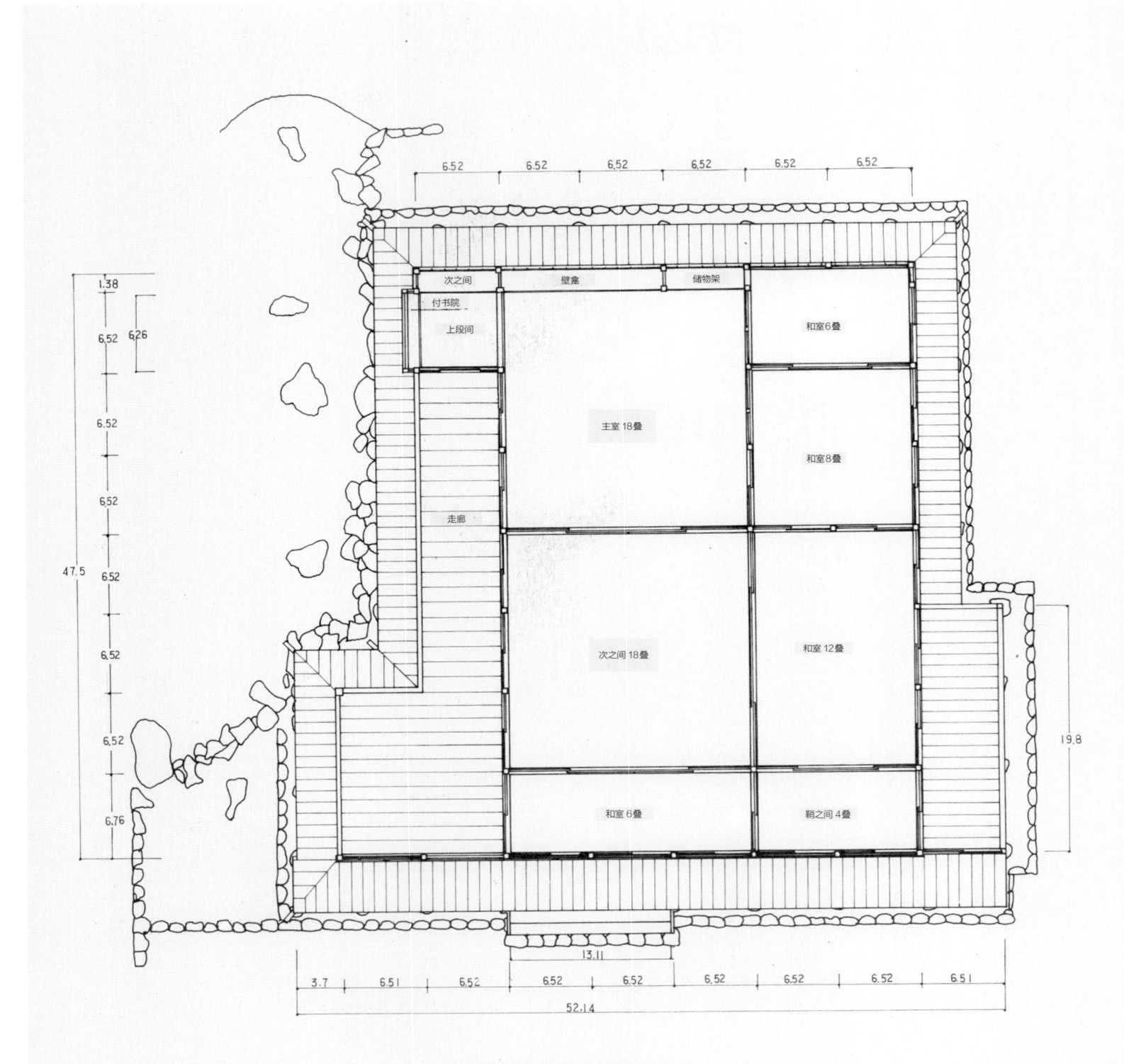

座敷平面图　比例尺1:100

园城寺光净院客殿　实测图

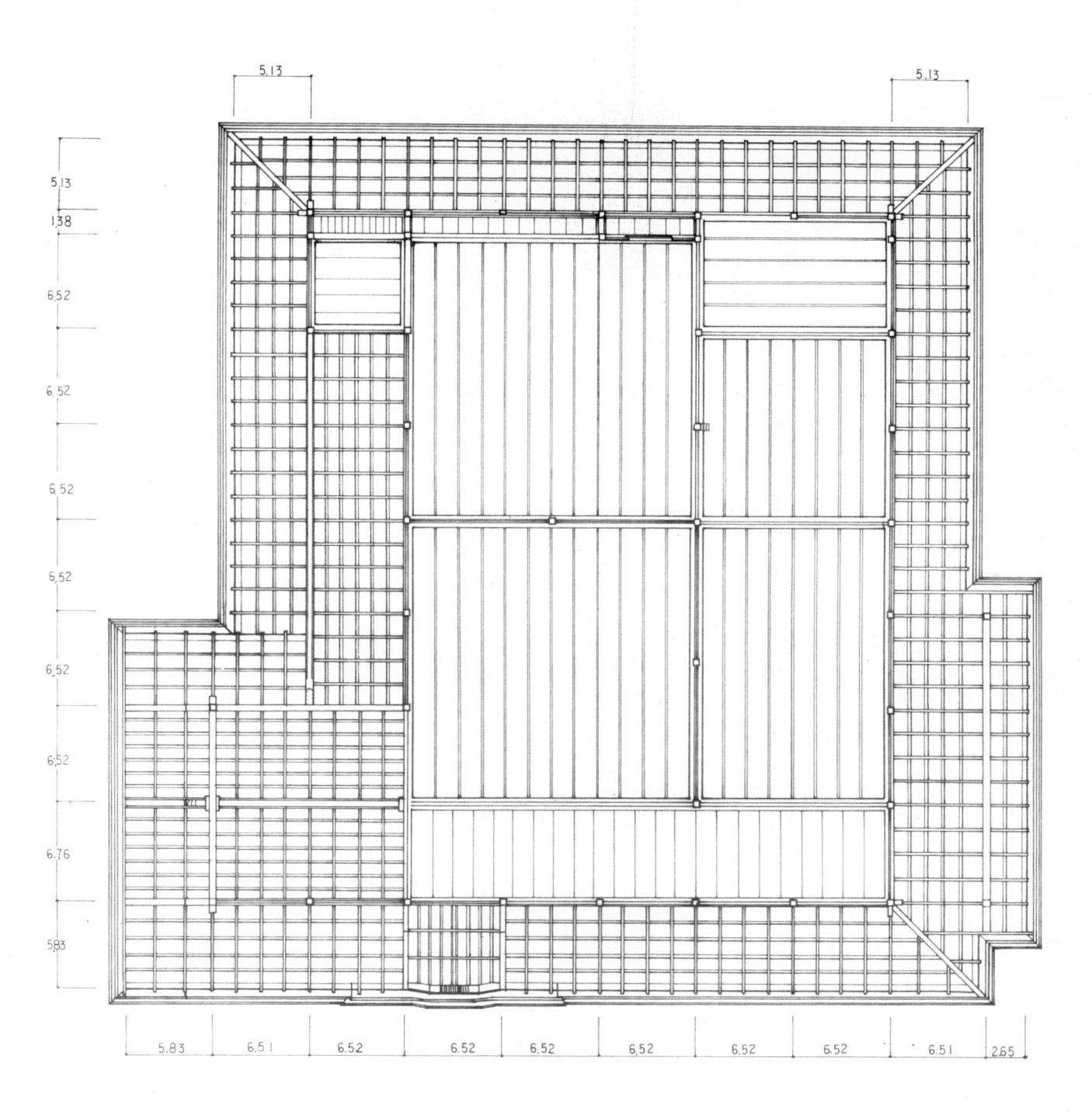

天花板俯视图　比例尺1∶100

园城寺光净院客殿　实测图

座敷横断面图　比例尺1:80

座敷天花板俯视图　比例尺1:100

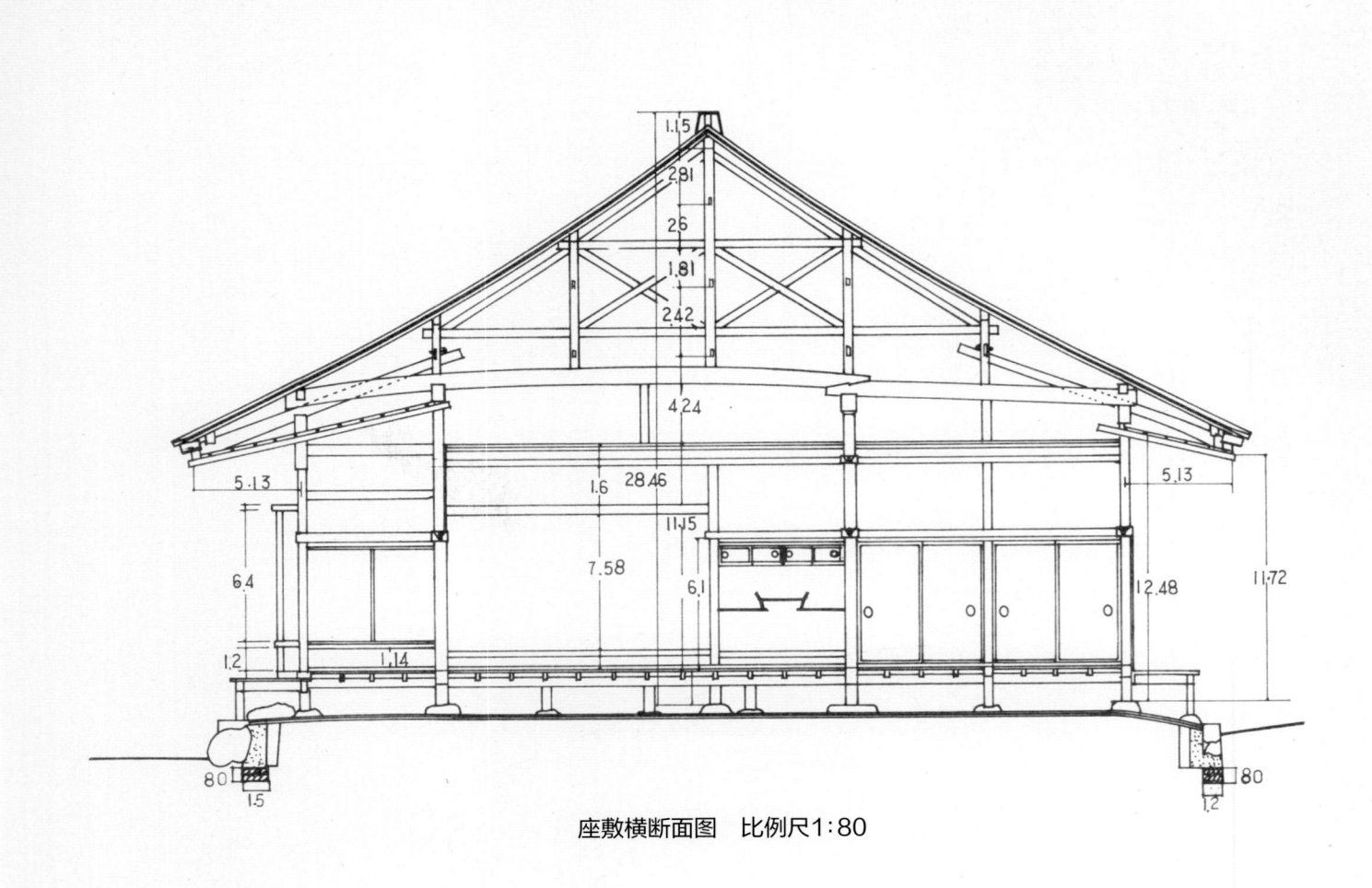

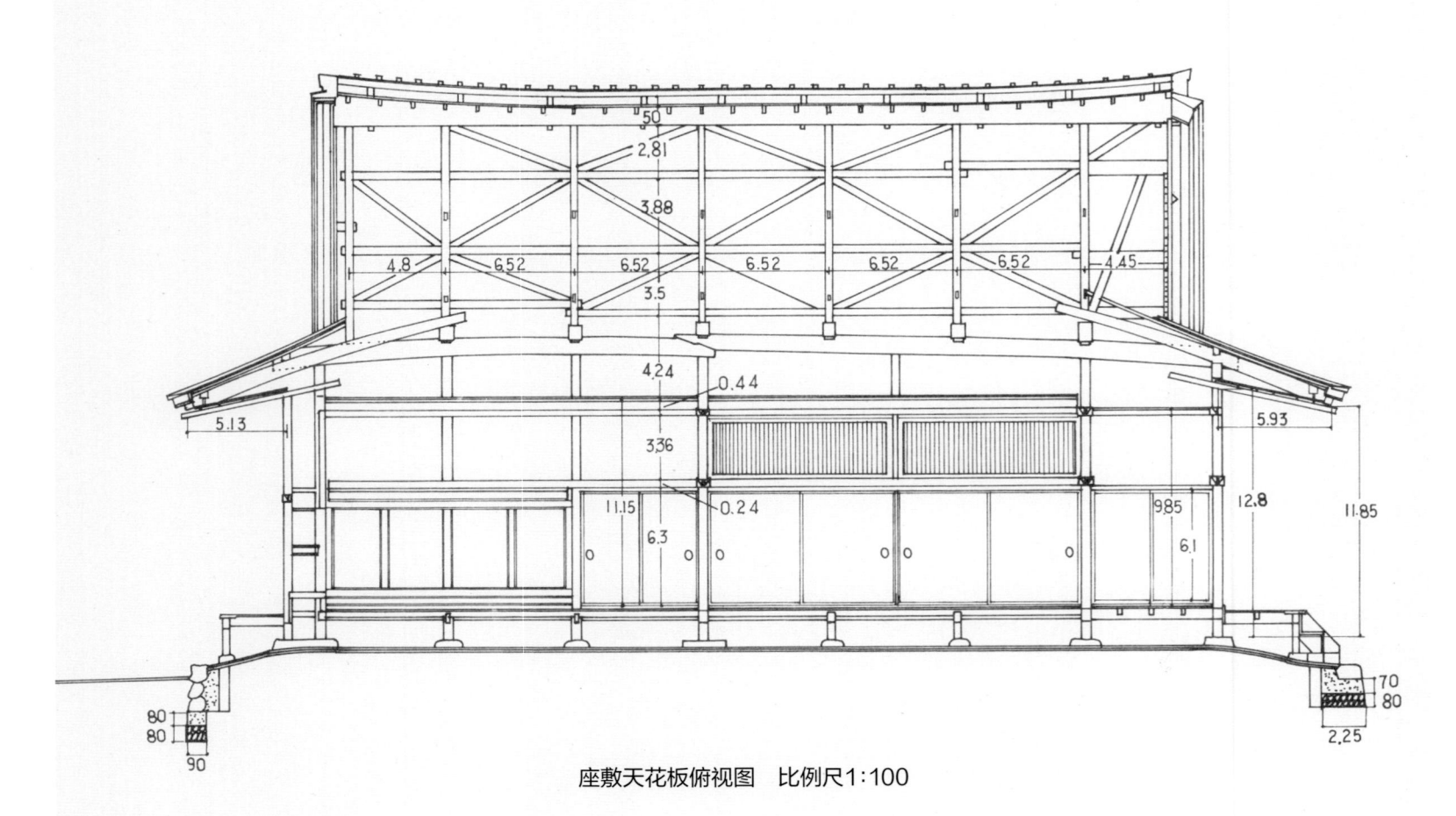

园城寺光净院客殿　实测图

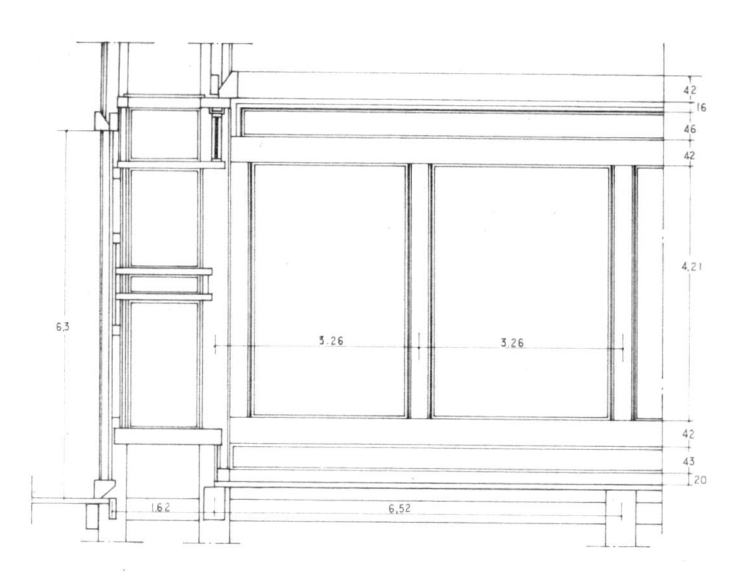

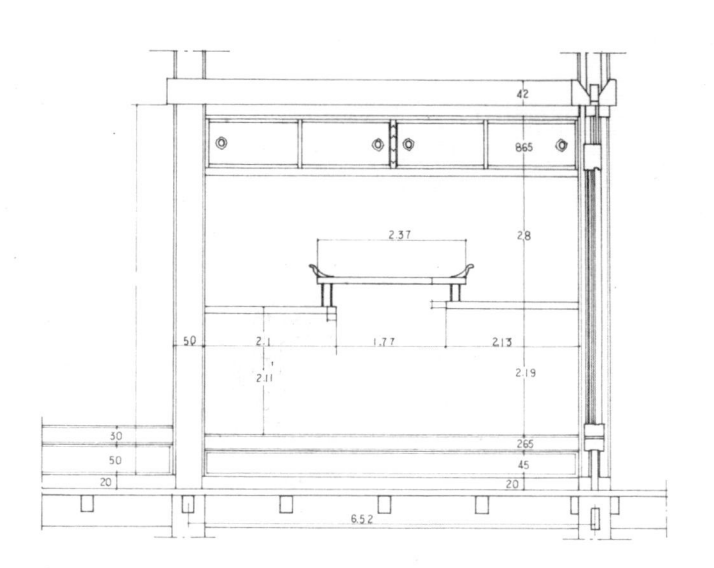

多宝格架详细图　比例尺1:30

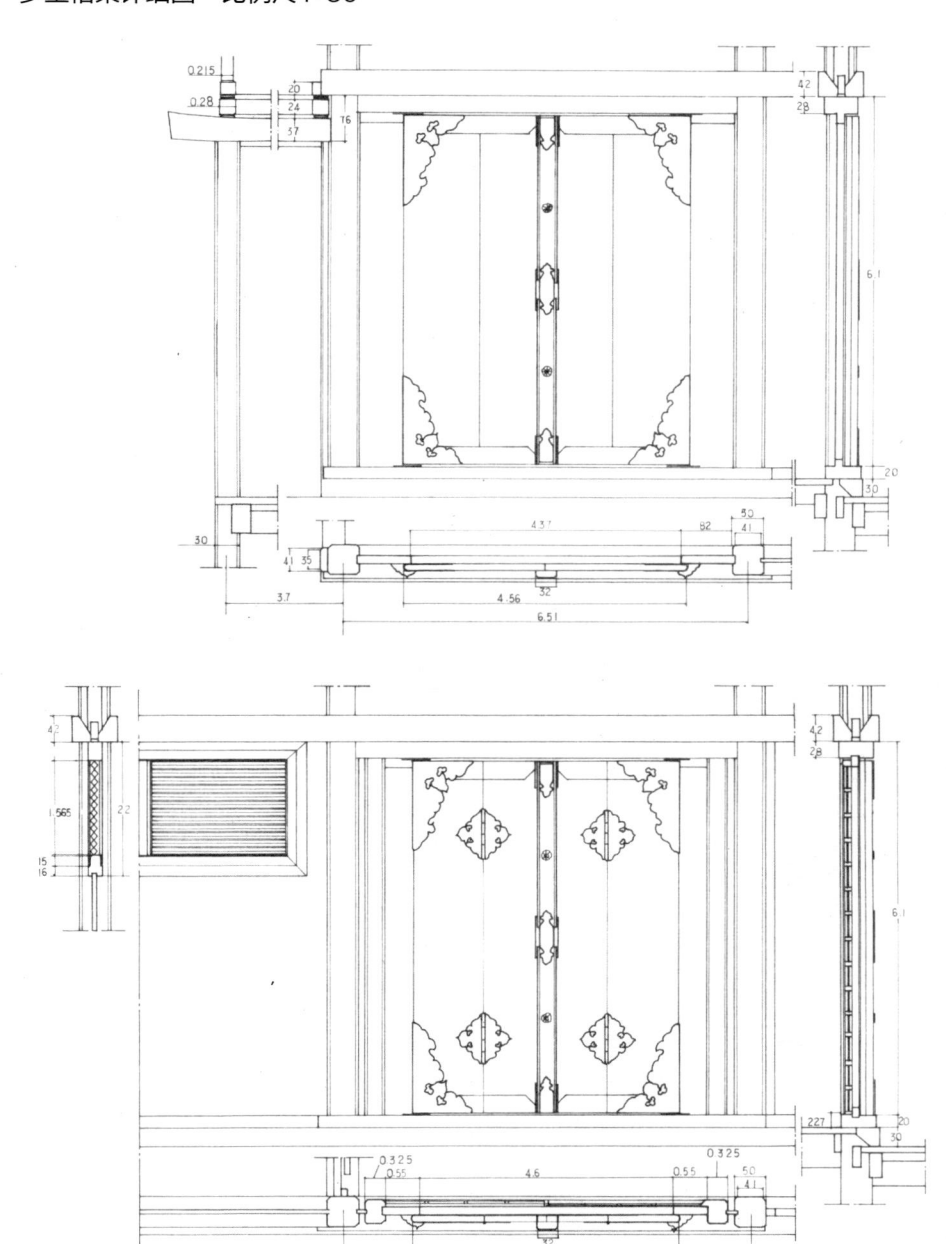

唐风门窗详细图　比例尺1:30

园城寺光净院客殿　实测图

西本愿寺 黑书院

管理 西本愿寺
所在地 京都市下京区
建造时间 1657年

建于西本愿寺内的国宝级建筑黑书院，以一之间（11叠）和二之间（20叠）为中心，四周建有有缘座敷（主室和走廊之间设置的房间）、茶室、广敷（厨房入口铺设木地板的空间）（27叠）等。其屋顶为多层斜屋顶结构，显得极为娇小。屋顶轻微隆起使建筑看起来更加柔和。这一形态和曼殊院的小书院极为相似。

黑书院中使用的柱子中虽然也含有角柱，但仍以面皮柱为主。长押也只设置了内法长押，而无天花板长押。天花板为平缘（横截面为长方形的平铺压边线）结构，地板和隔扇上的绘画则是素雅的水墨画。

黑书院的设计一改奢华厚重之感，不再刻意追求规范，而是在材料、设计、技巧等方面费尽心思，希望通过简化装饰以获取让人感到心平气和的生活空间。

一之间虽然也配备了壁龛、多宝格架以及凸窗，但是这些物品各自的形态也与西本愿寺的其他部分，比如白书院等大相径庭。壁龛没有采用押板（位置较高的地板）的形式，并且壁龛和凸窗以及多宝格架之间的位置关系并不像传统设计那般规整，而是更为自由灵活。多宝格架也并不严格按照规范设计，没有装饰华丽的金属零件，取而代之的是精巧绝伦的镂空设计。这一设计的出发点是为了更好地衬托出多宝格架上的装饰物。远洲在伏见屋敷、泷本坊中也采用了这样的多宝格架设计。在远洲常使用的图案中也能找到上述镂空图案的类似物。

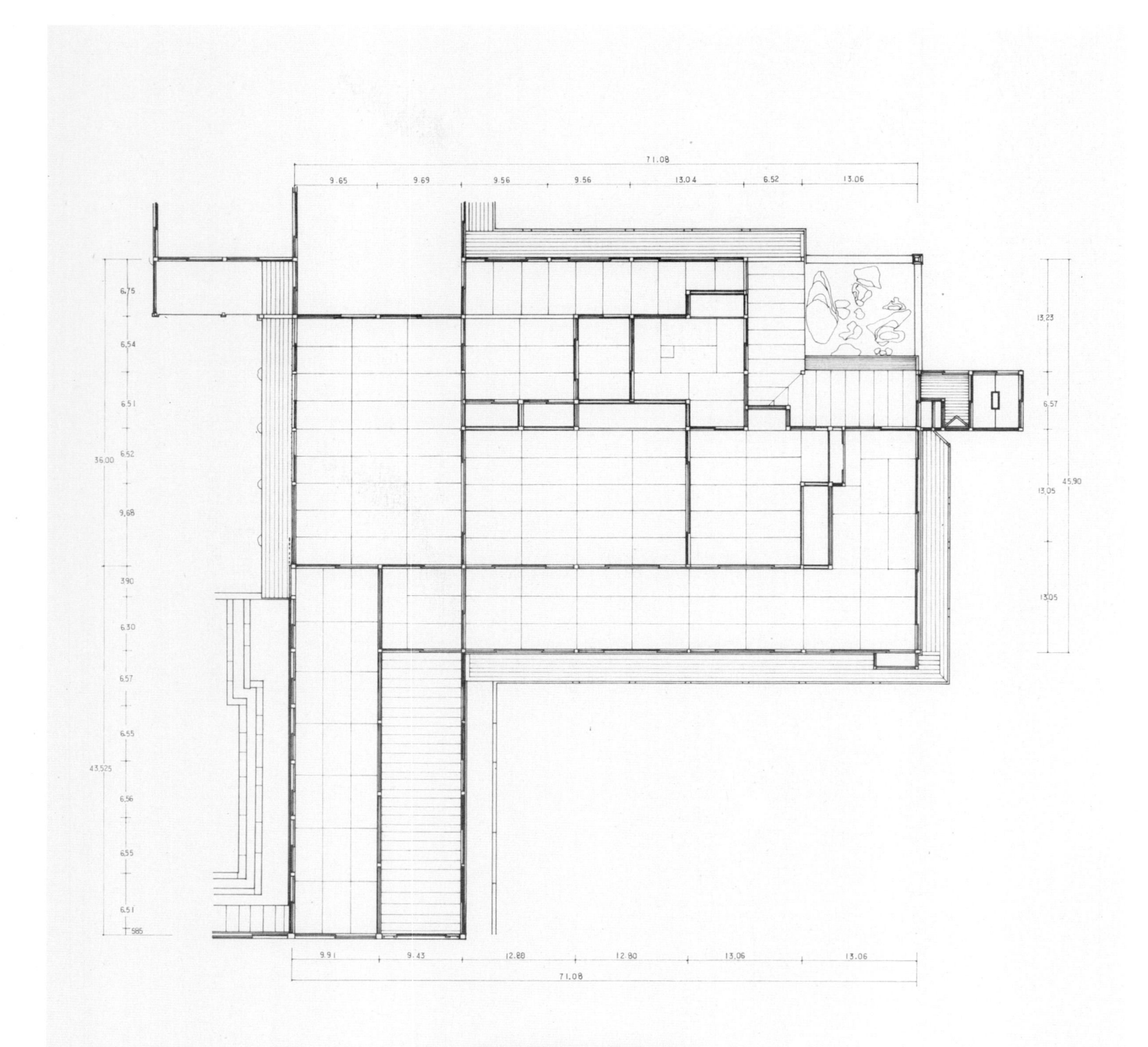

黑书院平面图 比例尺1:150

西本愿寺黑书院 实测图

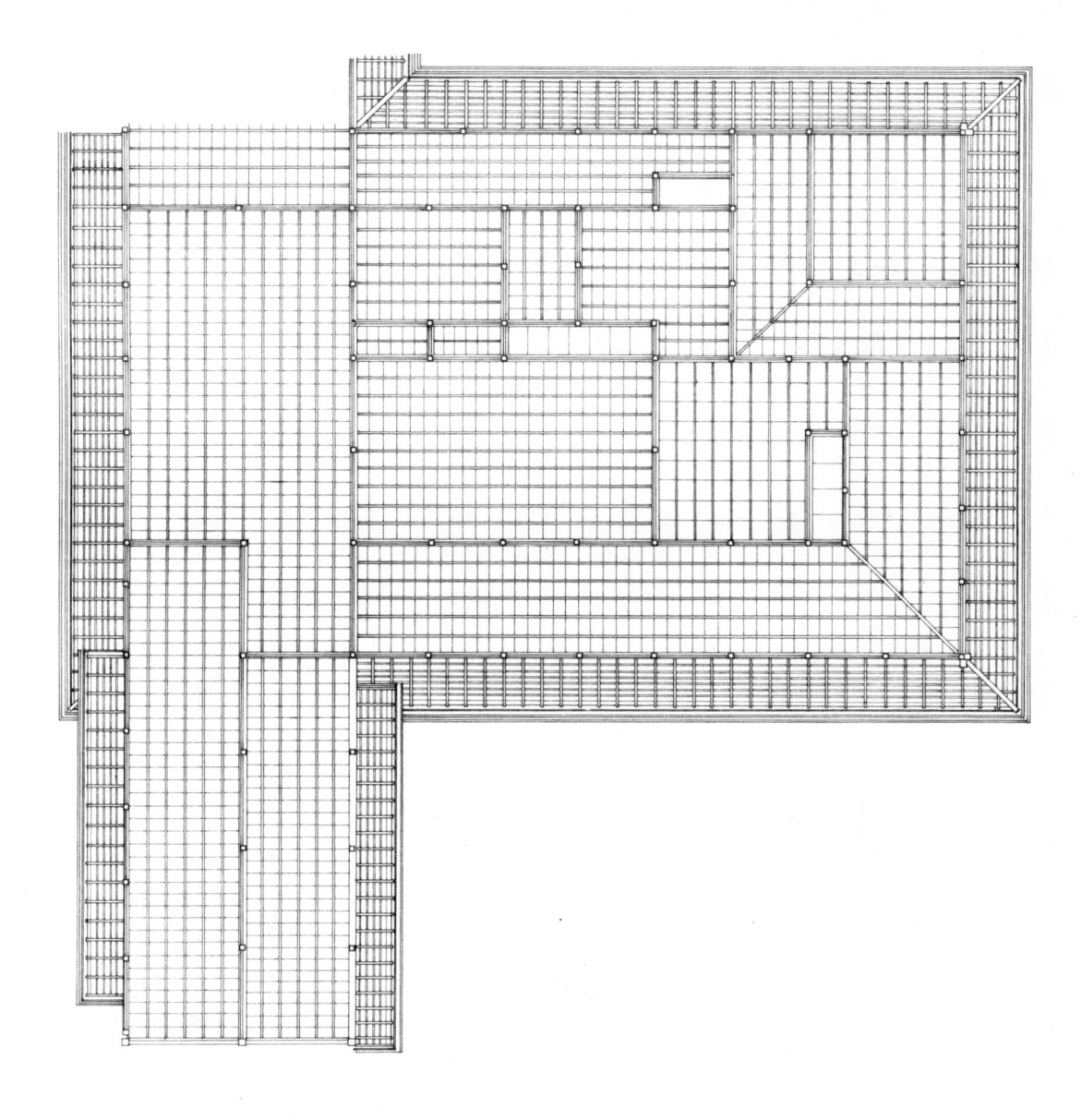

黑书院天花板俯视图　比例尺1:150

西本愿寺黑书院　实测图

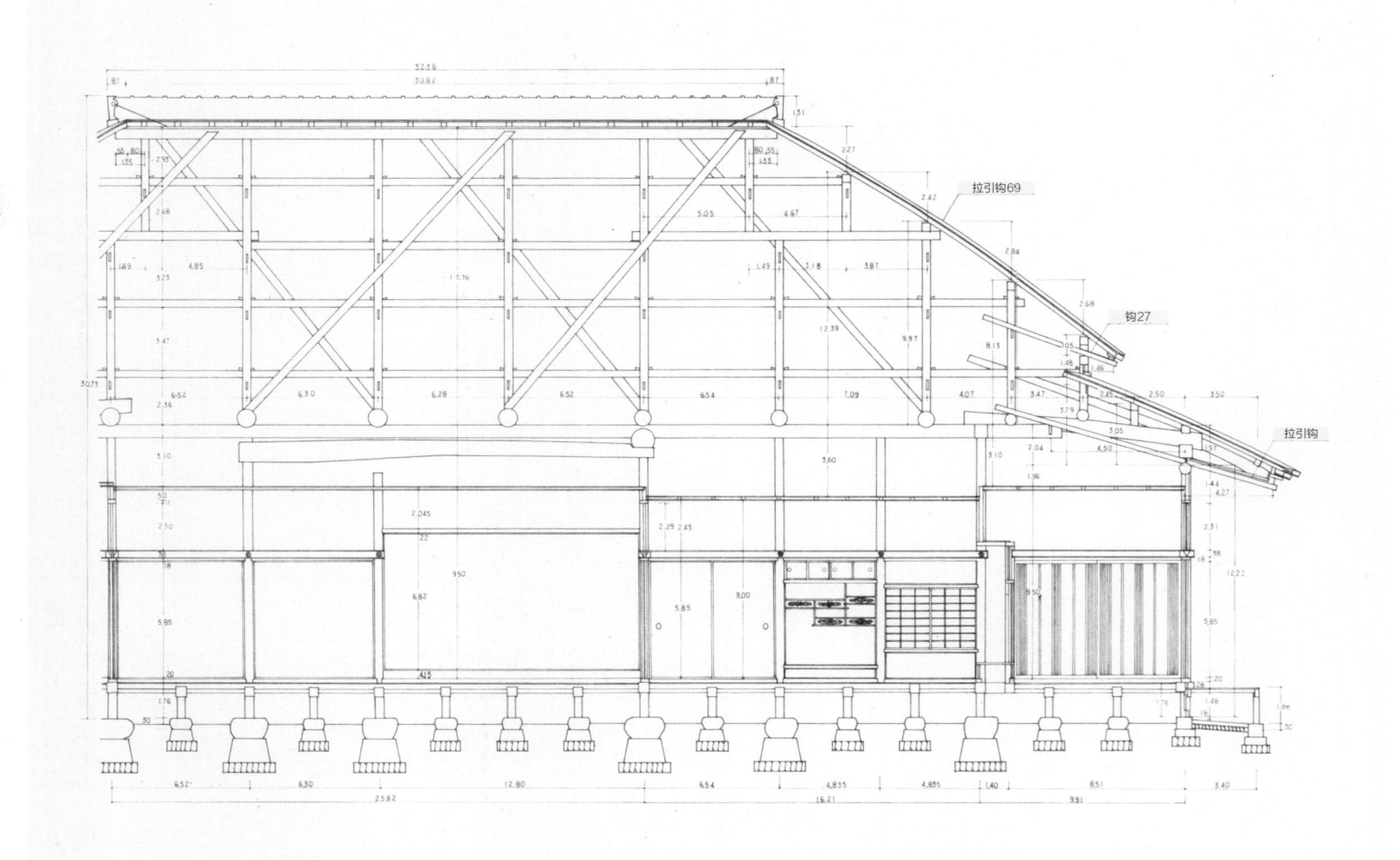

黑书院横断面图　比例尺1:80

西本愿寺黑书院　实测图

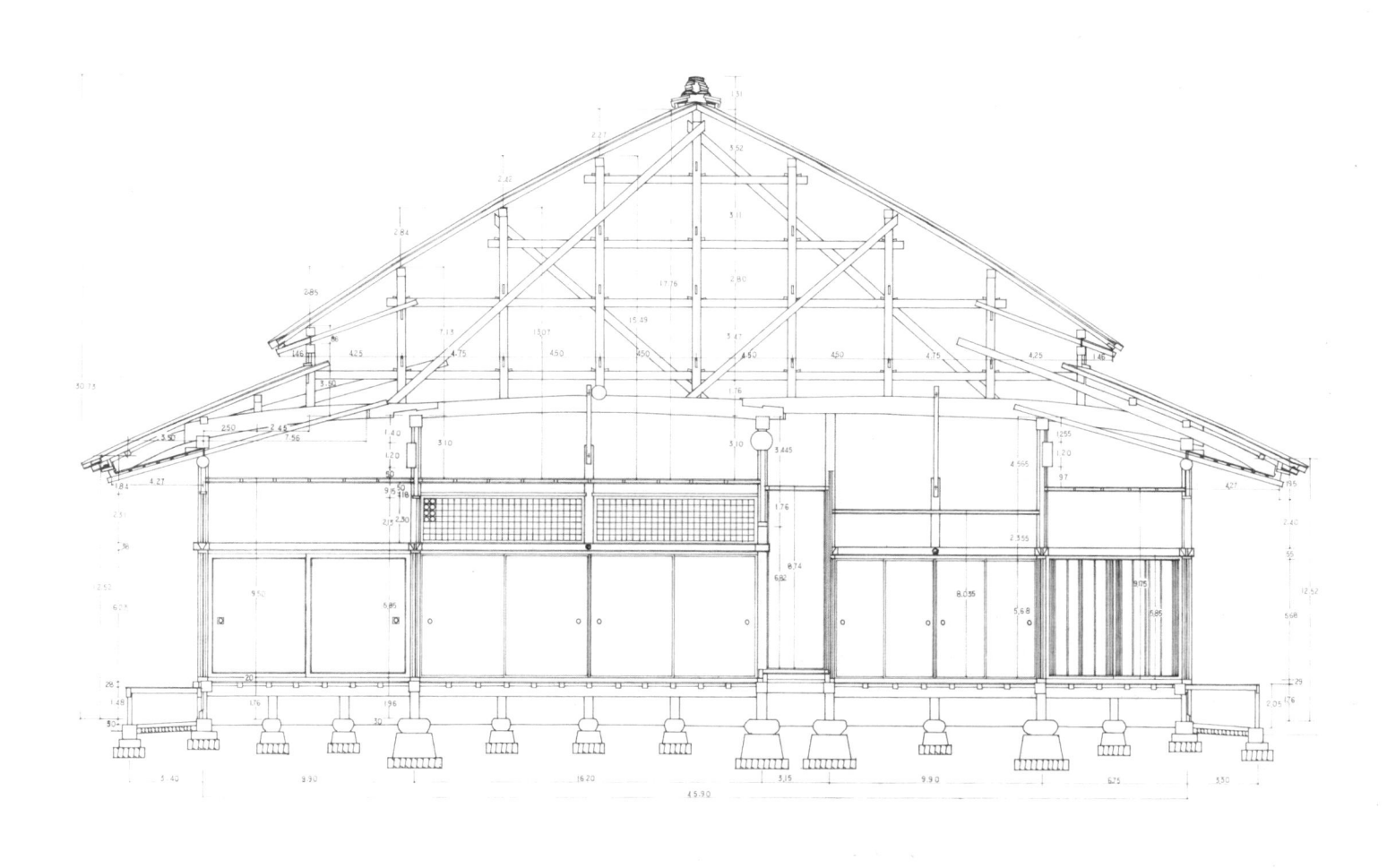

黑书院纵断面图　比例尺1:80

西本愿寺黑书院　实测图

建造时间	江户时代前期
所在地	京都市右京区
管理	宫内厅

桂离宫

桂离宫由八条宫智仁亲王开始建造，直到二代志忠亲王时期方才建造完成。1619年前后本山庄被称为"瓜畠的简陋茶屋"。

古书院是建筑当中最早建造的，中书院、新御殿呈雁行状依次建成，仿佛是临时起意般的设计，但彼此之间的位置关系却又是实实在在地连续着的。

从中门前往御兴寄的道路也颇费了一番心思。石阶表现了当时远洲追崇的品位。御兴寄的结构也是彼时京中常见的町屋构造。但是沿着道路走往地势高于别处的御殿时，会经过脚踏石、四级石阶、脱鞋石，然后穿过木制门框进入内部，几级台阶使原本的坡路变得平缓。古书院正面的道路也是相同的设计。

古书院、中书院、新御殿这些茶室风格建筑的设计各具特色。新御殿的面皮柱采用圆木，并嵌入可以掩盖钉子的装饰性铁片。主室里安装着多宝格架和凸窗，邻室则由一间（日本尺贯法度量衡制的长度单位，约为1.818米）长短的地板铺设而成。方格形天花板、壁龛、多宝格架、凸窗等都采用了传统规制，两间房屋的建材都是看起来柔和、光滑的未去皮的木材，整体上给人一种威严庄重之感。多宝格架则沿袭了平安时代的厨子棚（一种三层架子）的结构，显得端庄优雅，这一多宝格架也被称为桂棚。多宝格架、凸窗、极为讲究的月形格窗、月形拉手，以及邻室床胁天花板上的木爪形纹路，无一不彰显着高贵的氛围。

一间长短的走廊分隔了内外，座敷一侧铺设着榻榻米，这样的设置最早出现在利休屋敷的广开大书院中。

桂离宫 实测图

※1 土间：和室房间与外边相接处的狭小空间。 ※2 纳户：储物空间。

表千家	
管理	千宗左
所在地	京都市上京区
●玄关	
建造时间	明治时代末期
●残月亭	
建造时间	1911年（再建）

从正门处开始就是石头小路，沿着正门向前行走，铺路的石头渐渐变成了黑石。

玄关为入母屋造（歇山顶）式结构，只有前面部分的屋檐向内收，左右两侧是袖壁（一般指入口处两侧设置的小型墙壁）。屋顶采用栈瓦葺铺法，房檐则采用柿葺构造，斜屋面装饰有小的破风，以此来压制住房屋的震慑之感，从而使外观彰显出一种谦恭之意。

式台（玄关入口处铺的台板）上铺着竹席，并且安置在极低处。整个建筑，屋顶的倾斜度、房檐的高度、向南延伸的墙壁的高度等都经过精心设计，搭配得十分完美。入口处是四扇舞良户（日本建筑中的一种横拉门）和两扇格子状开口的推拉门。

右边是露地口，左边则是通往寄付（客人整理服装、准备入席的房间）的门。

残月亭，即利休聚乐第中的色付九间书院，是由少庵着手建成的。在残月亭中，2叠大小的榻榻米附近又摆放了一张4叠大小的榻榻米。上方开有天窗，显得十分简约。但是支柱和凸窗，以及化妆屋根里所形成的独一无二的复杂结构被保留了下来。天明大火（1788年）后，上层拉窗由三扇变为两扇，南侧（右）的墙面呈开放状，虽然有以半壁取代西侧入口的改动，但是上层并没有突破传统式的设计，依旧沿袭了一直以来的没有长押的形式，令房间整体展现出宁静祥和的氛围。外角支柱（太阁柱）使用松木，以圆木为框。上方低矮的天花板也是残月亭的特色。使上层结构的体积和规格得以保持的壁龛，被称为上段床，也被称为残月床。这一结构给现代的日式壁龛结构也带来了深远的影响。

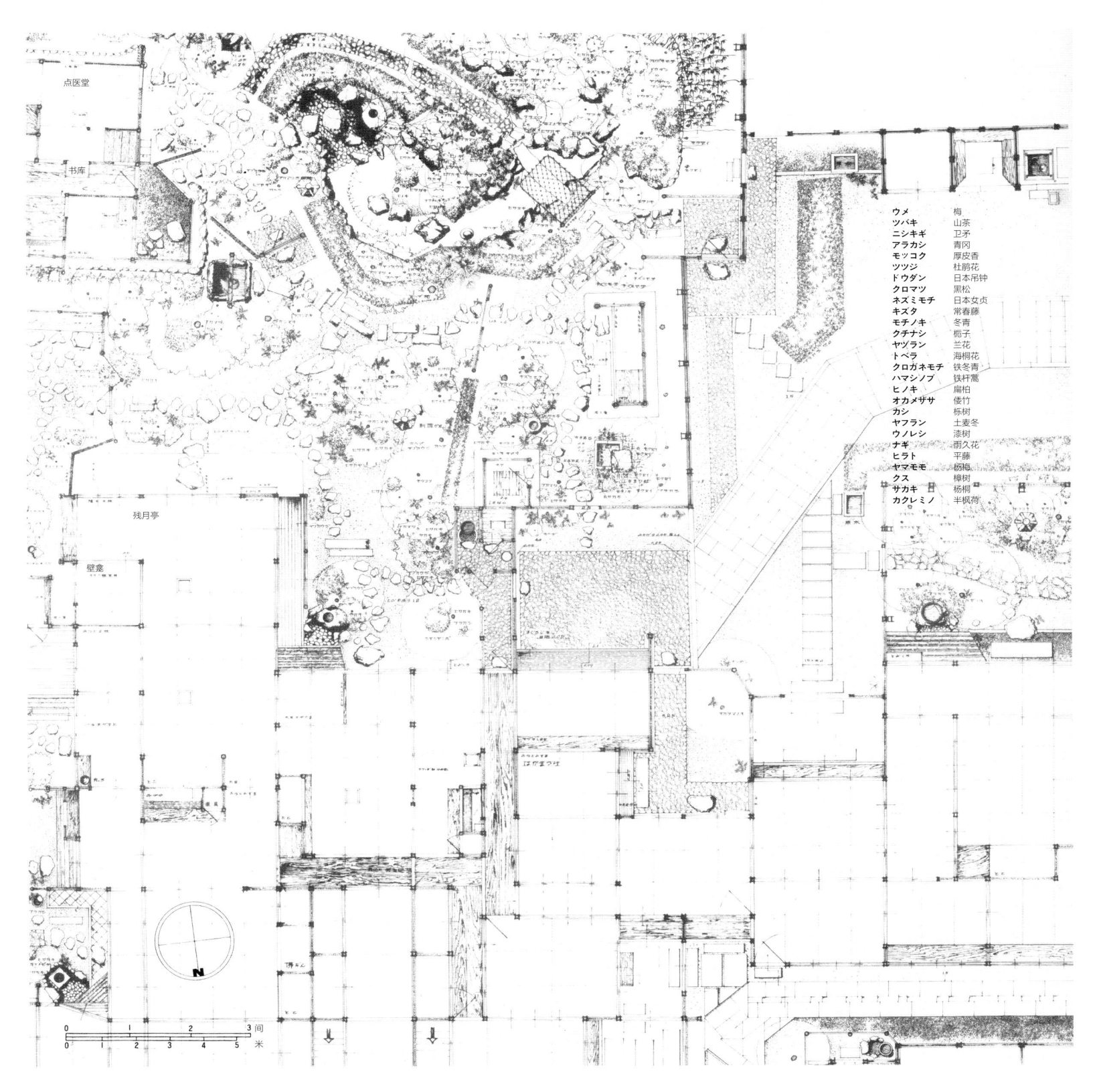

表千家　实测图

里千家

管理 千宗室
所在地 京都市上京区
建造时间 江户时代后期

一进门，便能看到呈日文"く"字状弯折的石级直直地通往玄关。小块的全黑的栗石被铺设在一侧。道路两侧种植着高大挺拔的树木，形成一面天然屏风，营造出一种幽邃宁静的氛围。

与切妻造（悬山顶）栈瓦葺屋顶相连的柿葺屋檐向下深深延展，形成了外玄关上的屋檐。大屋顶轻微隆起，嵌入了破风板。斜屋面则不加任何修饰，是一面纯白色墙壁，前面的屋檐使整体的倾斜度大幅度变缓，从而使斜屋面在视觉上被放大，外观呈现出安定之感。建筑右边两间半长度的地方设置了袖壁，在那之间安置了式台。另外，入口被一分为二，右侧是正门，左侧是便门。入口的设置显示了两扇门不同的等级，正门处安置的是舞良户和腰付障子（带腰板的障子门），后者安置的是腰板更高的障子门，并且后者的腰板是竹制的。如果撤掉中间的柱子，也可以将两扇门合二为一，作为一个入口使用。铺石路以"霰零"法铺设，虽然也朝着右侧的露地口一直延伸到玄关前，但是只有式台前方斜铺着四方石板。此处的式台虽然也被称为"式台"，但其实不过是将竹子紧绕在圆木框上形成竹制外缘，然后将其作为入口的一部分罢了。袖壁处设置了挑高的天花板，并在之上悬挂着木盘。柱子上钉着钉子，并悬挂着撞钟槌。外玄关屋檐上悬挂着木小舞（纵横排列的竹子或细木）和镀金板，并且横梁是由圆木制成的，给人以轻巧灵便之感。

ワスノキ	香樟	ナギ	雨久花	ヤマモモ	杨梅
ヒイラギ	柊树	モクレン	木兰	クス	樟树
シテシ	铁钉	イヌシデ	榛树	クロガネモチ	铁冬青
ヤマザクラ	山樱	サカキ	杨桐	ツワブキ	大吴风草
ネズミモチ	日本女贞	カクレミノ	半枫荷	オカメザサ	倭竹
トベラ	海桐花	クロマツ	黑松	カシ	栎树
ハクチョウゲ	满天星	キズタ	常春藤	ヤブラン	土麦冬
ハマシブ	铁杆蒿	モチノキ	冬青	ハラン	一叶兰
ヒノキ	扁柏	クチナシ	栀子	ツバキ	山茶
ヤブコウジ	紫金牛	ヤヅラン	兰花	モッコク	厚皮香
ウノレシ	漆树	ハゼ	野漆树		

里千家 实测图

三溪园临春阁

管理 三溪园保胜会
所在地 神奈川县横滨市
建造时间 江户时代前期
移筑年 1917年

虽然也有人认为临春阁是聚乐第的遗址，但是事实上，建于江户时代前期的临春阁是纪州德川家的别墅，这样的观点更为人所熟知。它的设计、建筑方式可以追溯至桃山时代。

第一屋、第二屋、第三屋均临池而建，紧密相连，三者都是以茶室建筑风格为基调的厅房。第一屋、第二屋的大屋顶采用入母屋造结构，铺设扁柏树皮，下屋脊则以轻薄杉木板层叠铺就，整个外观显得十分柔和。第三屋则是一幢两层楼建筑，上层屋顶为寄栋造结构（庑殿顶），并辅以精致灵巧的栏杆，整个建筑看起来隽秀潇洒。

第二屋主室为住之江之间，正中偏右侧矗立着圆木壁龛柱，壁龛长度为一间半。壁龛右侧一间距离处为床胁，设有小地柜和小橱柜。朝着外廊的方向则有平书院。天花板配置有圆木竿缘。整个房间为了营造出轻松舒畅之感颇费心思。

第三屋的一楼为天乐之间，房间两边围绕着走廊。房间正中两间半宽处的圆木壁龛柱，将一间半长的壁龛和一间长的床胁分隔开来。床胁处的地板略高，小地柜靠右侧，上方为一字形的架子，小地柜和壁龛之间还设有单层架。不论是采用春庆涂技法打造的壁龛框（壁龛前侧、下方的横木），还是和邻室之间因配置着乐器的栏杆而显得设计独特的格窗，无一不彰显着一种高贵的气息。隔扇画则出自狩野探幽之笔。

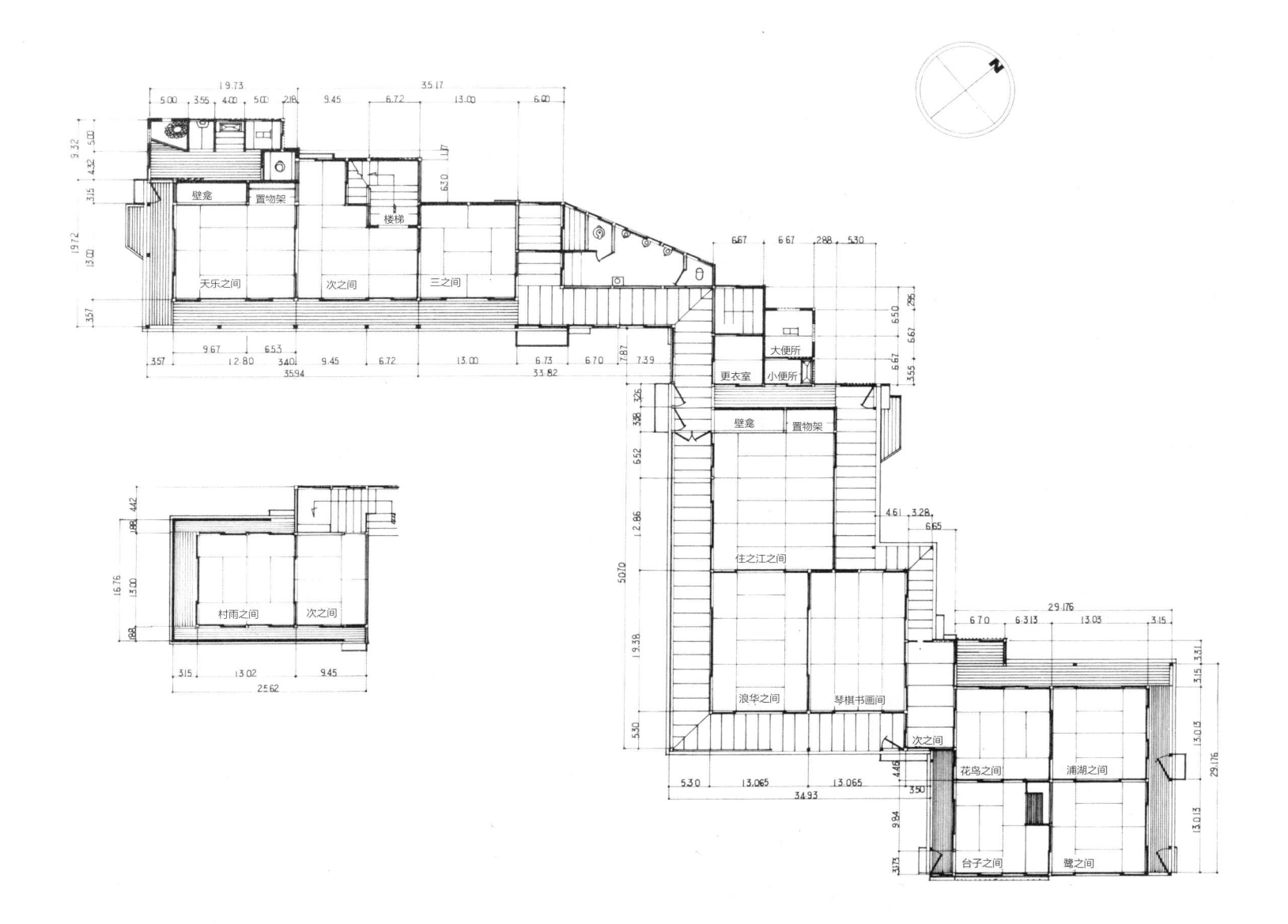

临春阁平面图　比例尺 1:200

三溪园临春阁　实测图

二楼走廊　　　　　　　　　住之江之间 平书院　　　　　　　浪华之间 格窗

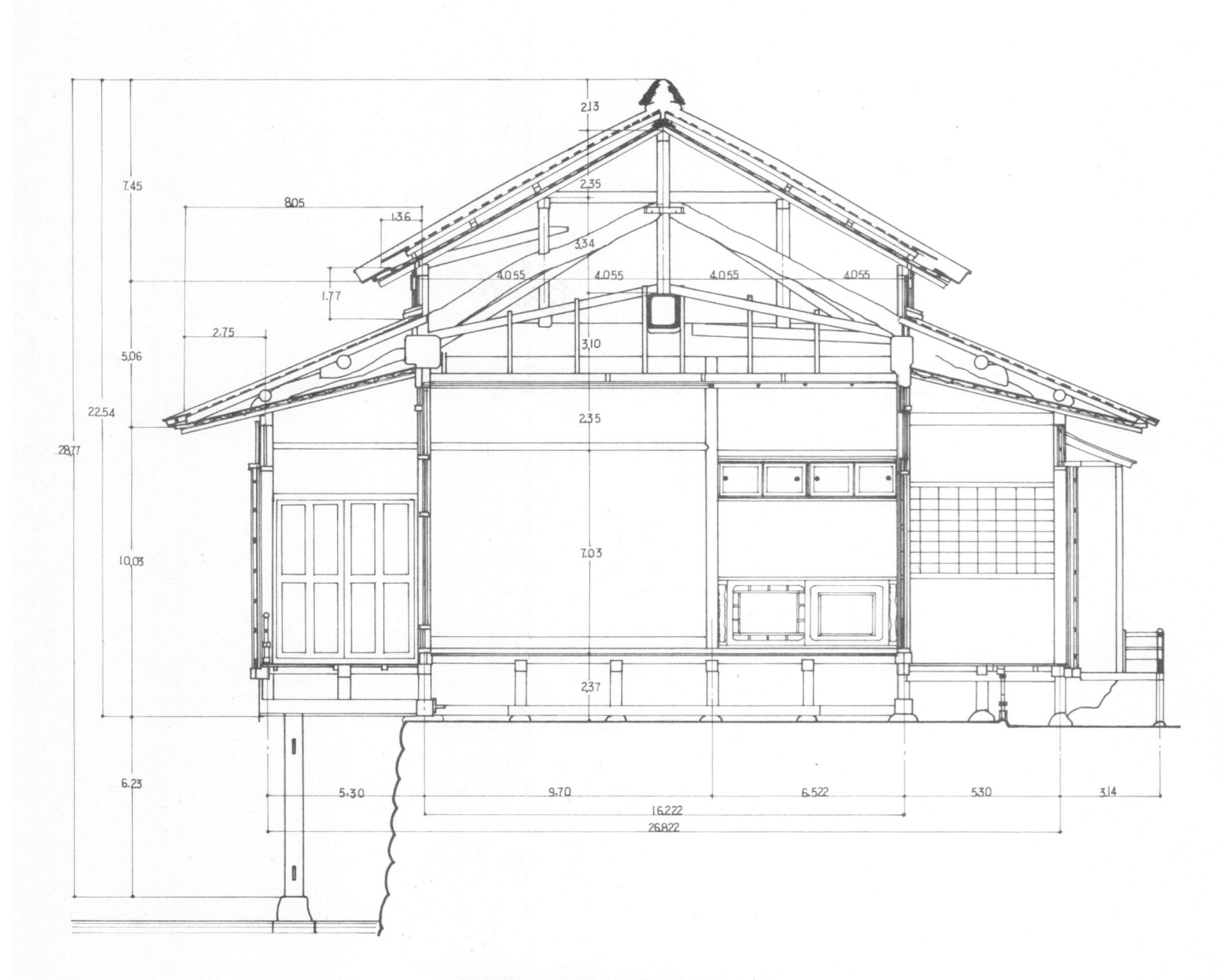

临春阁二之屋横截面图　比例尺1:50

三溪园临春阁　实测图

天乐之间 格窗

从邻室看到的天乐之间

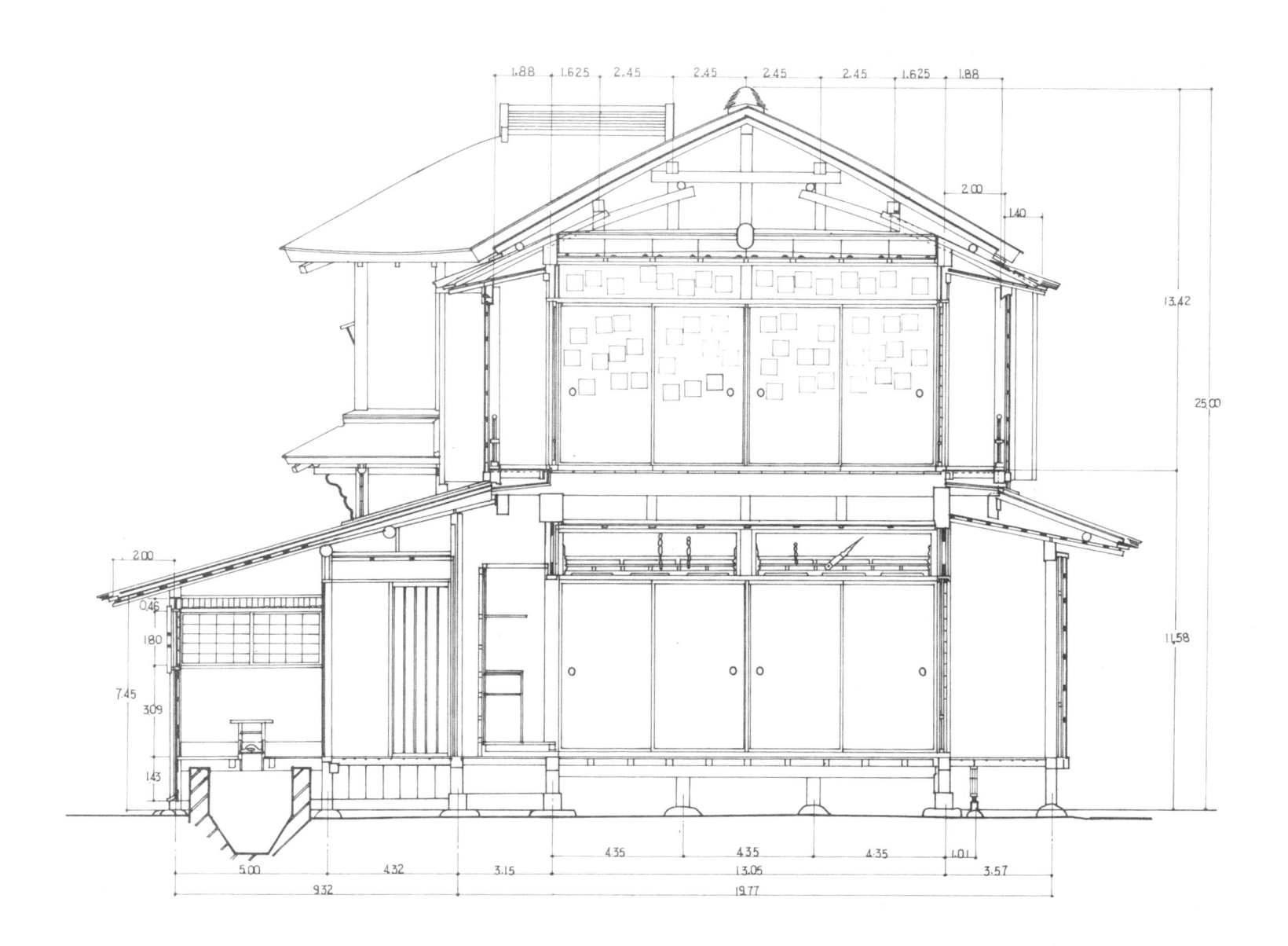

临春阁三之屋横截面图　比例尺1:50

三溪园临春阁　实测图

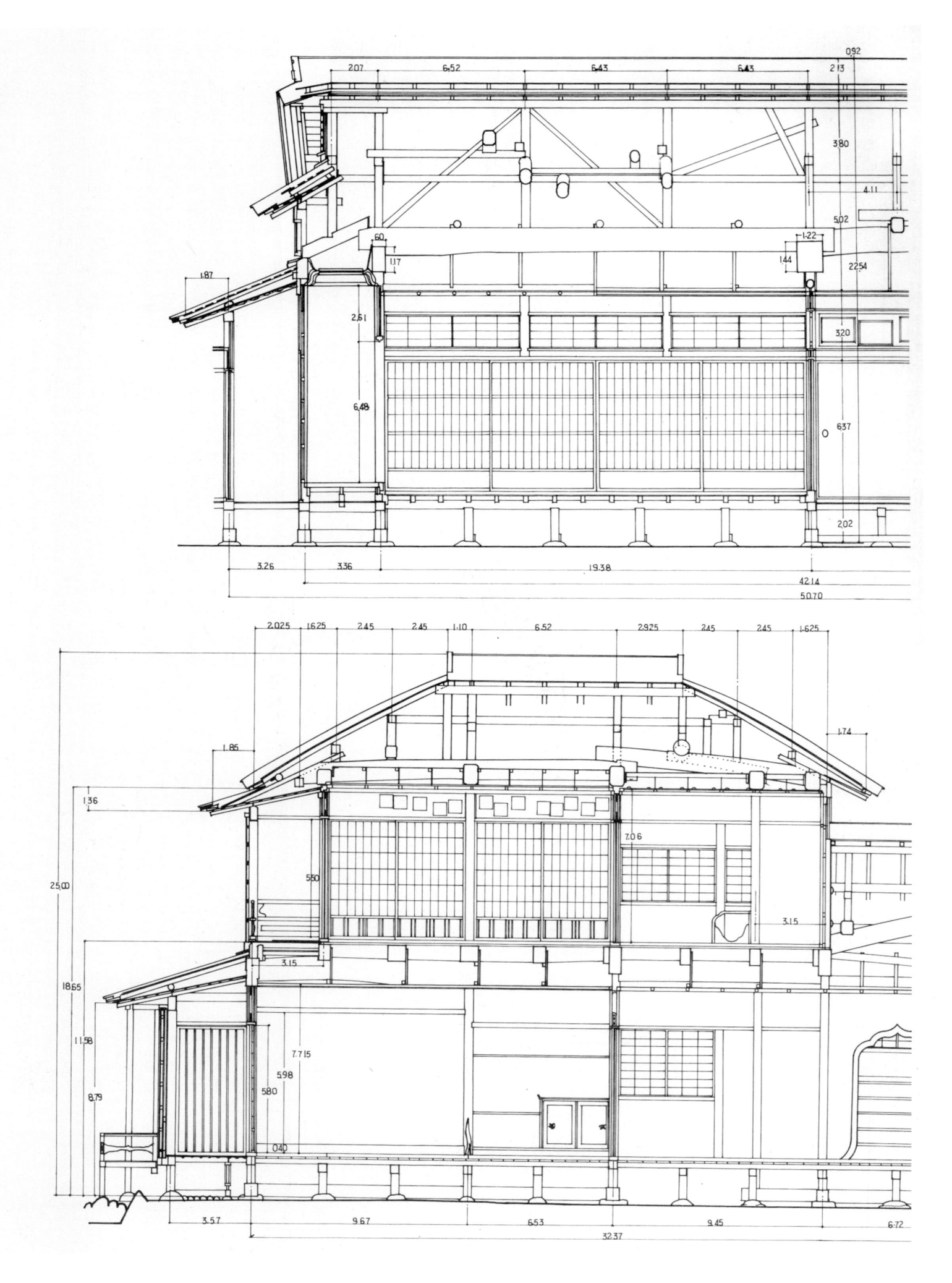

三溪园临春阁　实测图

临春阁二之屋纵截面图　比例尺1∶50

临春阁三之屋纵截面图　比例尺1∶50

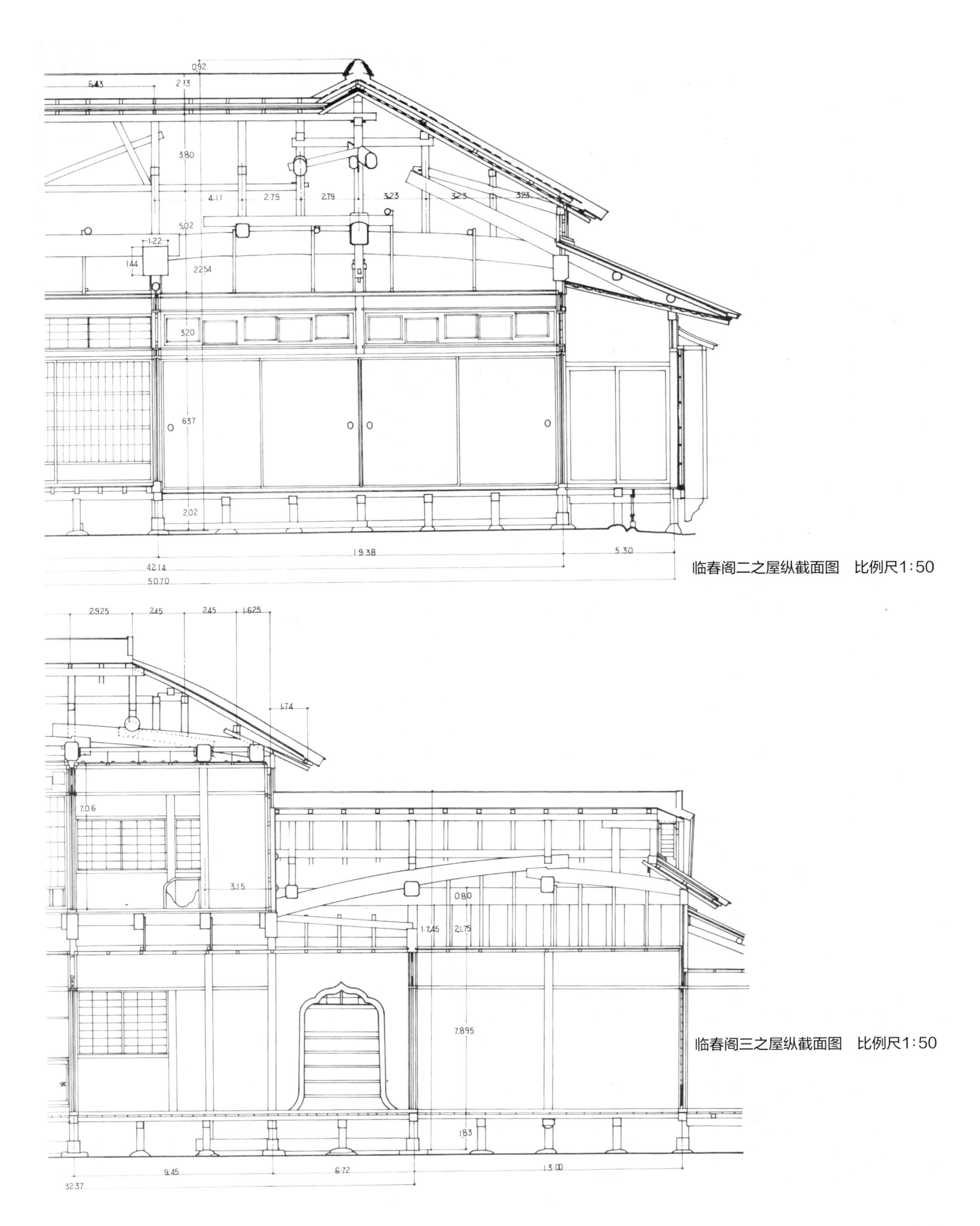

三溪园临春阁　实测图

角屋	
所有者	中川德右卫门
所在地	京都市下京区
建造时间	江户时代中期

始于宽永年间（1624—1643年）的油炸豆腐店的二楼，有一间名为"马之间"的房间，据说该房间使用的是六条三筋町时期的天花板。时至今日，在经历了一次又一次的扩建改造之后，厨房部分能看到天明七年（1787年）的上梁记牌，但是陈旧的部分果然还是能看到江户时代初期的痕迹。延宝年间（1673—1681年），角屋的二楼房间已经受到了大家的关注，二楼正面北侧的缎子之间，正是那个备受关注的房间。

房间大小有23叠，天花板很低。房间正面是壁龛，显得宁静祥和。壁龛宽一间半，深一间，铺设着2叠大小的白底黑花的席子。往右是床胁，深半间，宽二间。

壁龛和残月亭中的上段床相同，但此处的外角没有柱子，而采用了下束（作为床胁处的橱柜隔扇门，起支撑橱柜的作用）设计，弯曲状的床框和落挂（装设在壁龛上方的横木），这大概是当时时兴的新结构。柱面刻有竖排沟纹。但是，壁龛和展示架之间柱子的表面纹样则为横向设计。

壁龛左侧一间距离处有凸窗，上方的小橱柜引人注目，小隔扇上元信所作的展开的扇面图已经发黑了。

床胁地板上雕刻着龟甲图案，并涂成了红色。多宝格架同著名的《四十八棚之图》中的"化妆多宝格架"是同样的构造，但是由于不同的多宝格架长度等各异，所以展现出了和画册模本中不同的意趣。

通过这些原有的设计，眼前仿佛能浮现出当时工匠灵感如泉涌般时的自得神情。拉窗的组合设计、掩盖钉子的景泰蓝装饰物等设计无一不将奔放、风雅的风格体现得淋漓尽致。

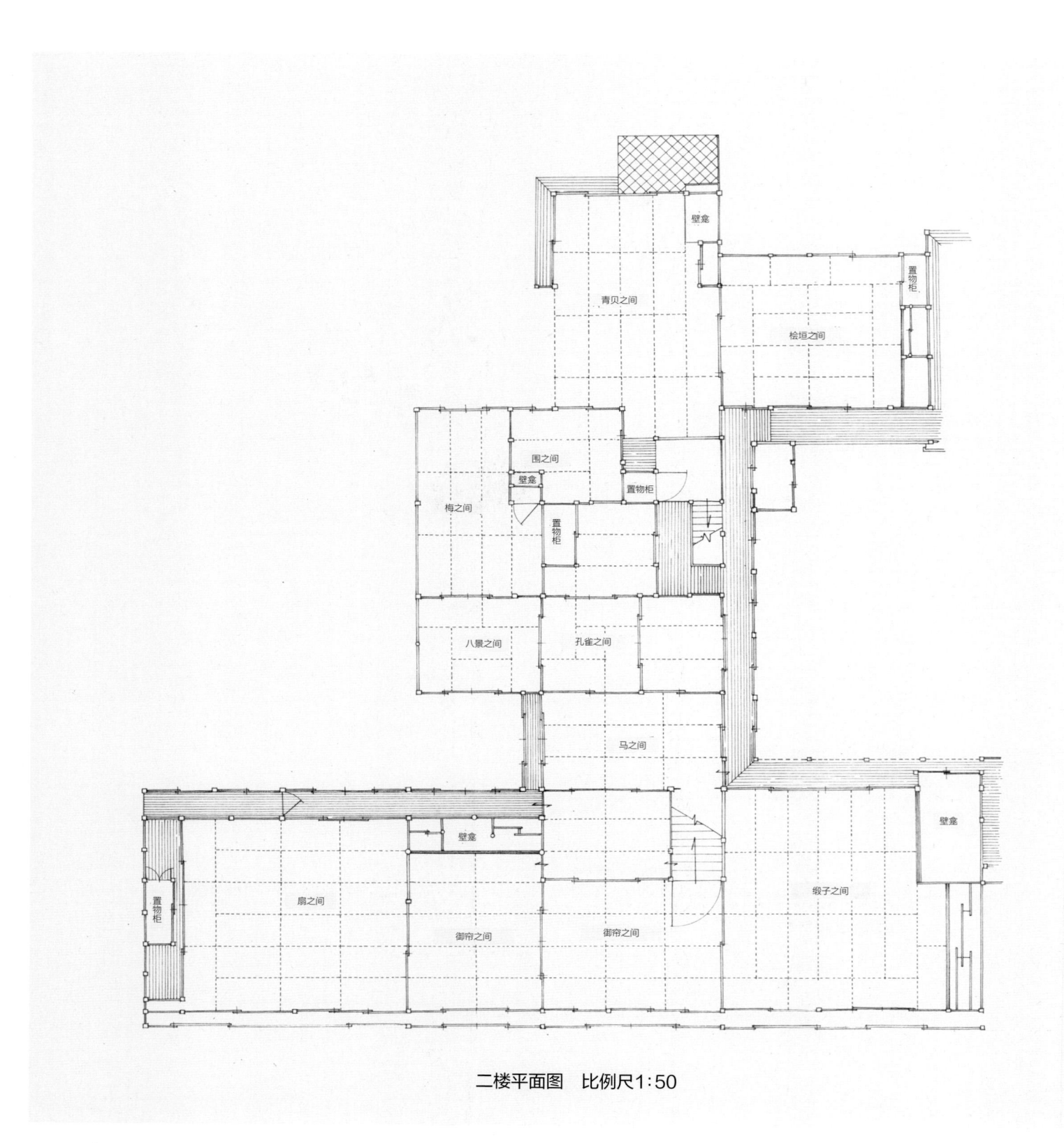

二楼平面图　比例尺1:50

角屋　实测图

缎子之间交错隔板状的天花板 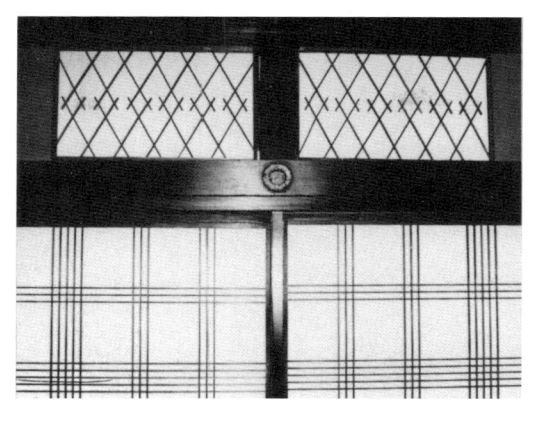　　　缎子之间 格窗 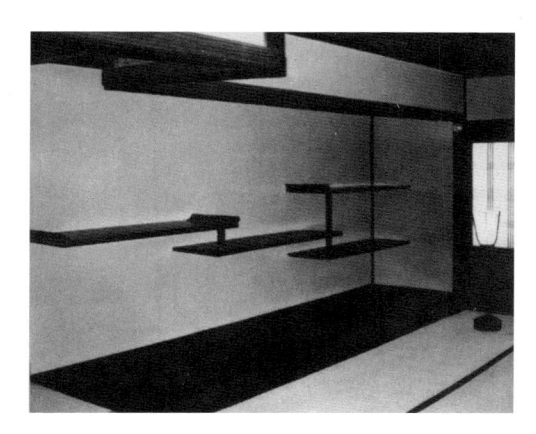　　　缎子之间 多宝格架

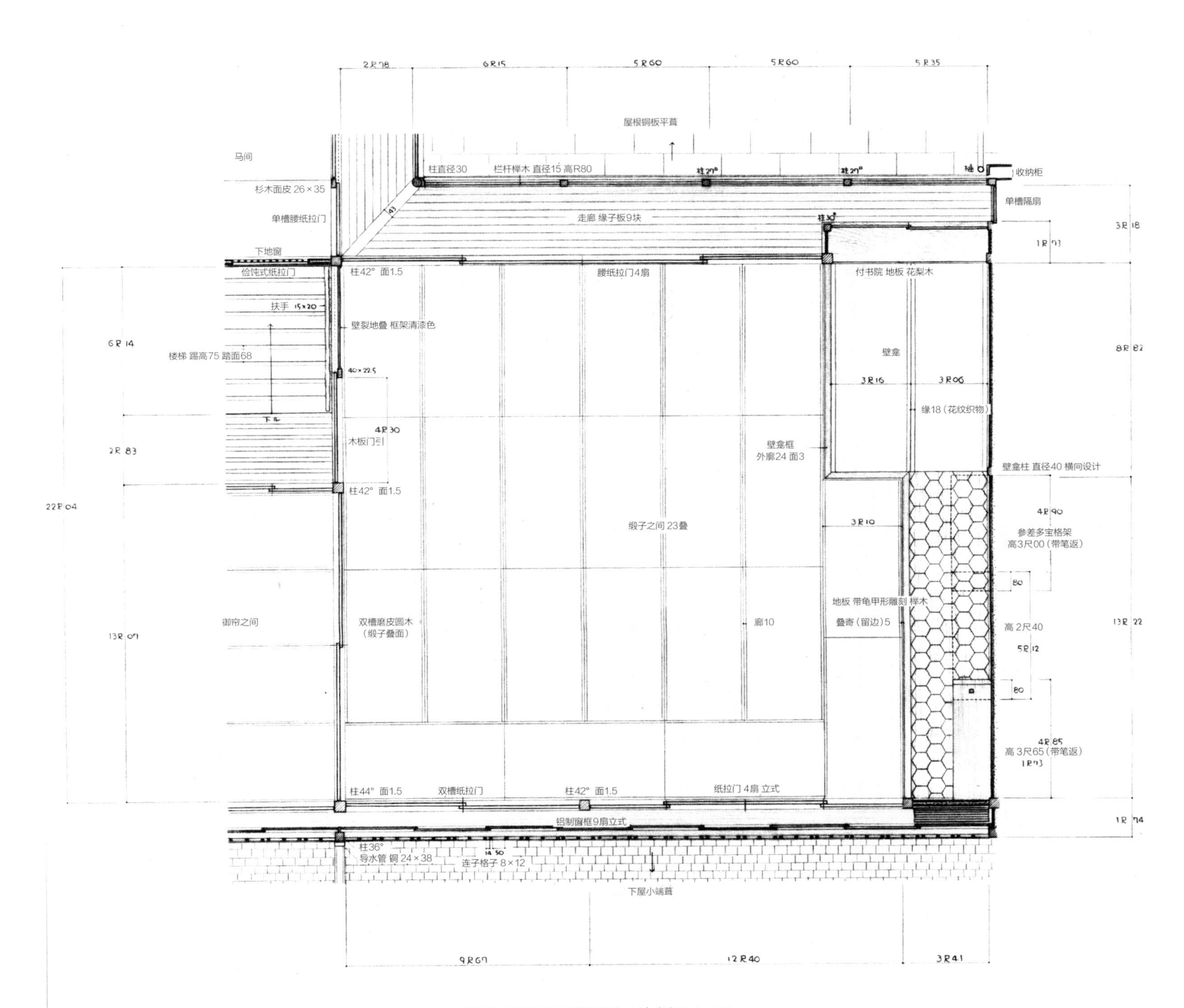

缎子之间平面详细图　比例尺1:50

角屋　实测图

清流亭

管理者 大松株式会社
所在地 京都市左京区
建造时间 明治末期
设计、施工 北村舍次郎

此处曾是南禅寺末寺的楞严院，后被改造成山庄，得"清流亭"之名。

此建筑和细川别邸一样，都出自工匠北村舍次郎之手。

进入正门，沿着沙石路行走至玄关处。便能看到入口处巨大的过门石和沓脱石紧密相连。入口处的门开着，门楣上方的格窗仅有两根竹条构成，右侧有袖壁。走过沓脱石、式台，然后踏上玄关处3叠大小的席子。式台边缘呈年轮状，以四扇舞良户为境隔开，内侧还有两扇腰付障子。两侧固定有舞良户，形成了两个凹槽状。

外观呈现为桧皮葺入母屋造结构，倾斜度低，圆木屋檐凹陷明显，总体上呈现出稳固的形态。

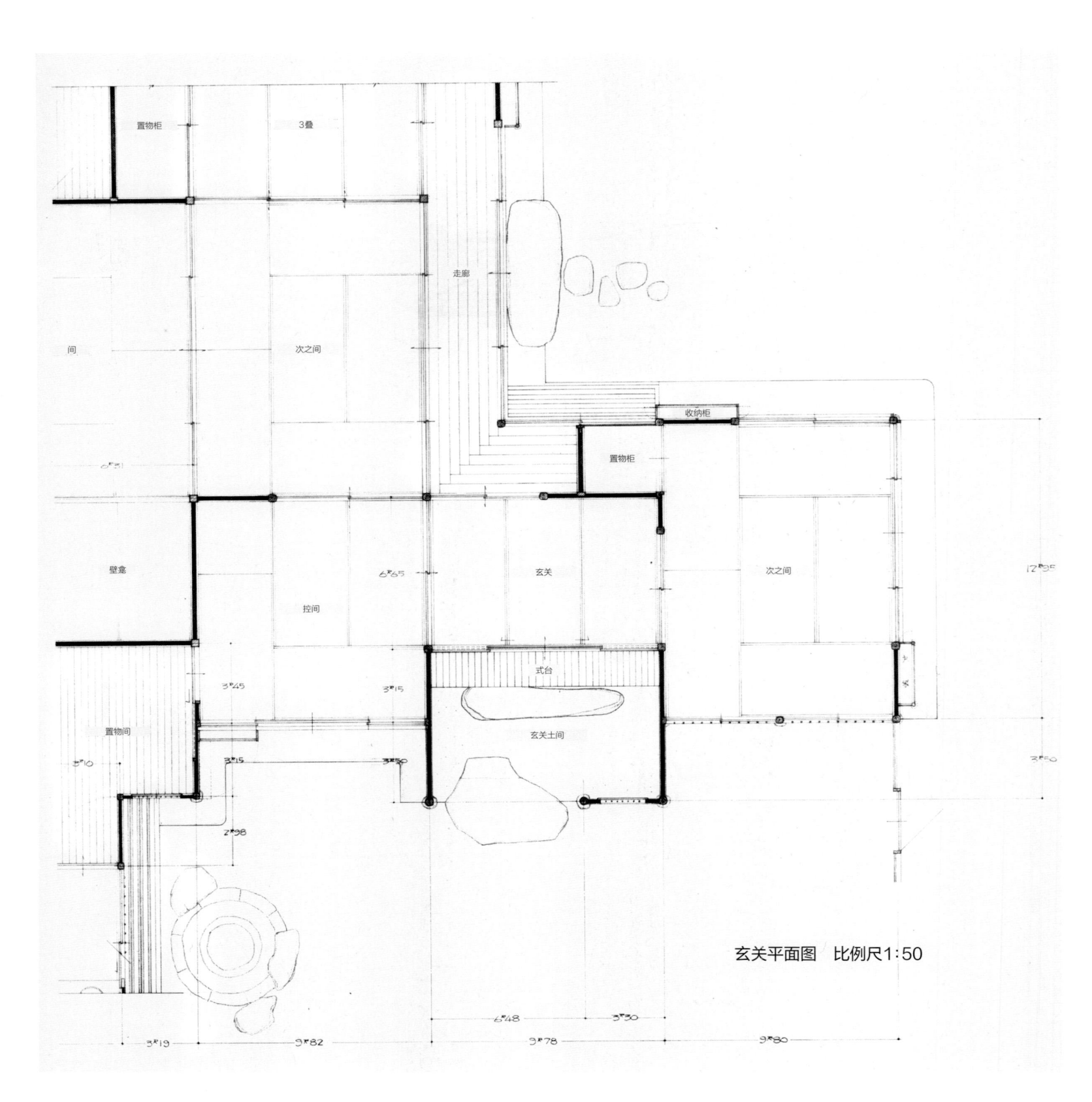

玄关平面图　比例尺1:50

清流亭　实测图

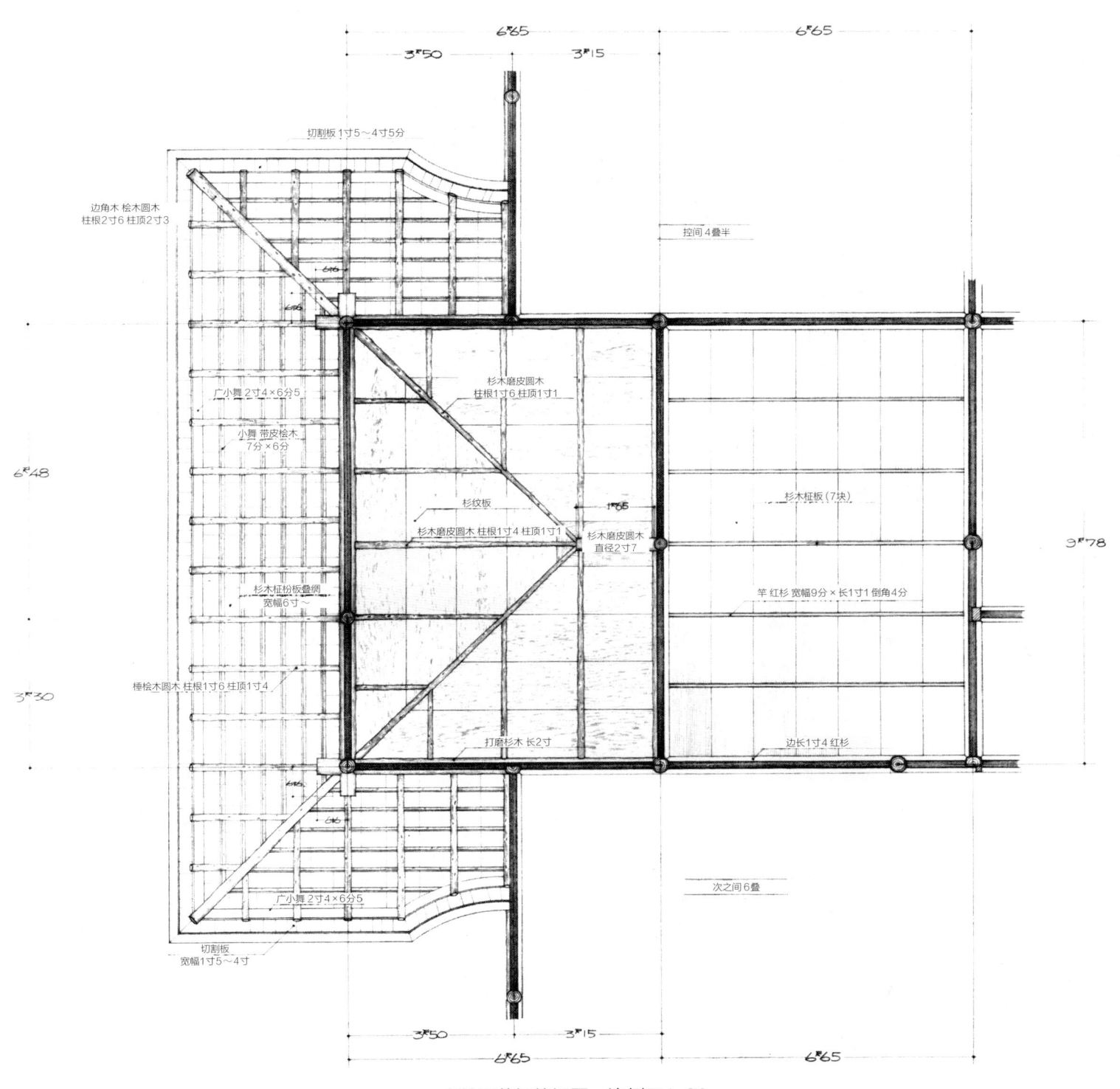

外玄关化妆屋根里天花板　　　　　　沓脱石和式台　　　　　　　　　　　底窗

玄关天花板俯视图　比例尺1:30

清流亭　实测图

玄关平面详细图及展开图　比例尺1:30

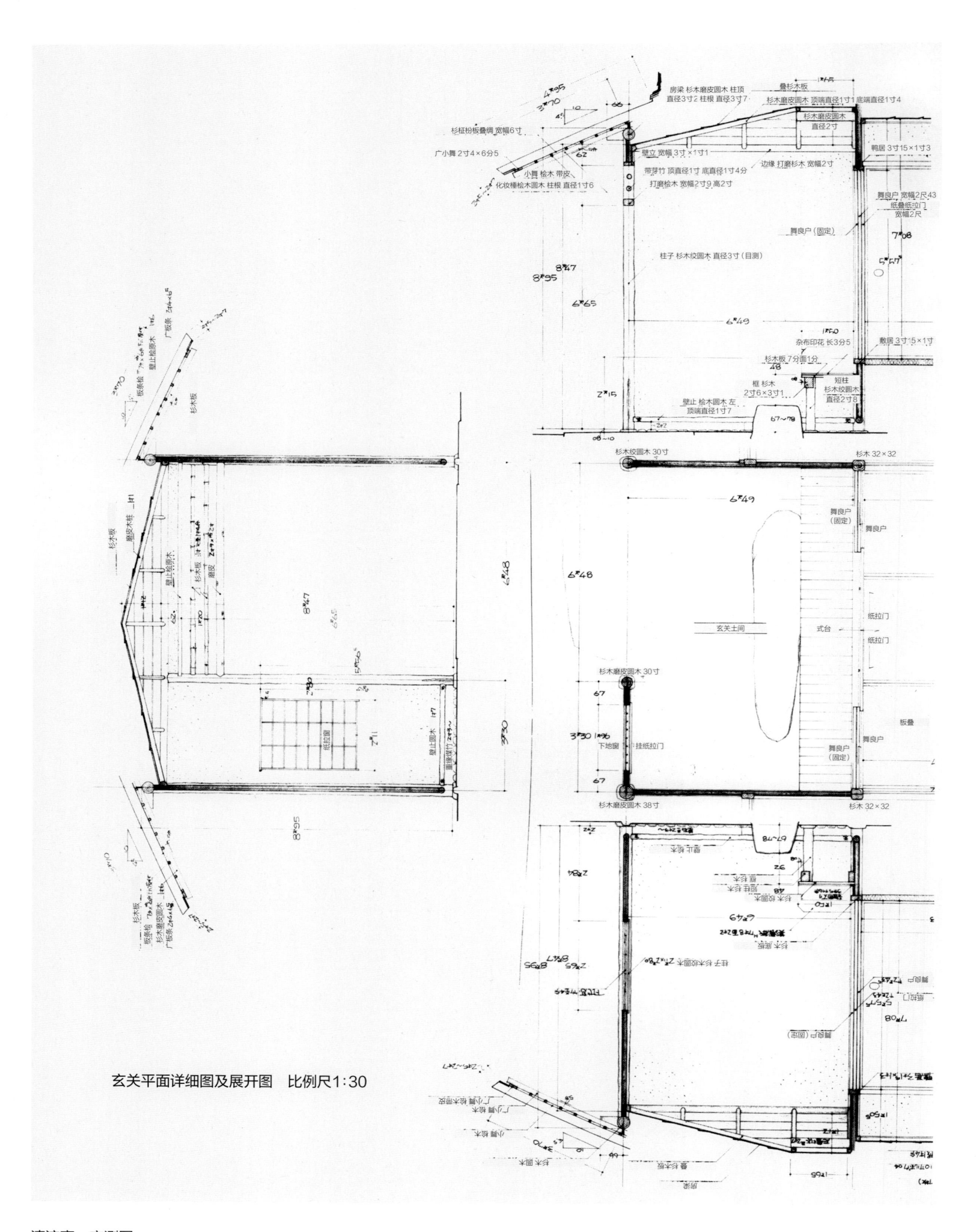

清流亭　实测图

清流亭　实测图

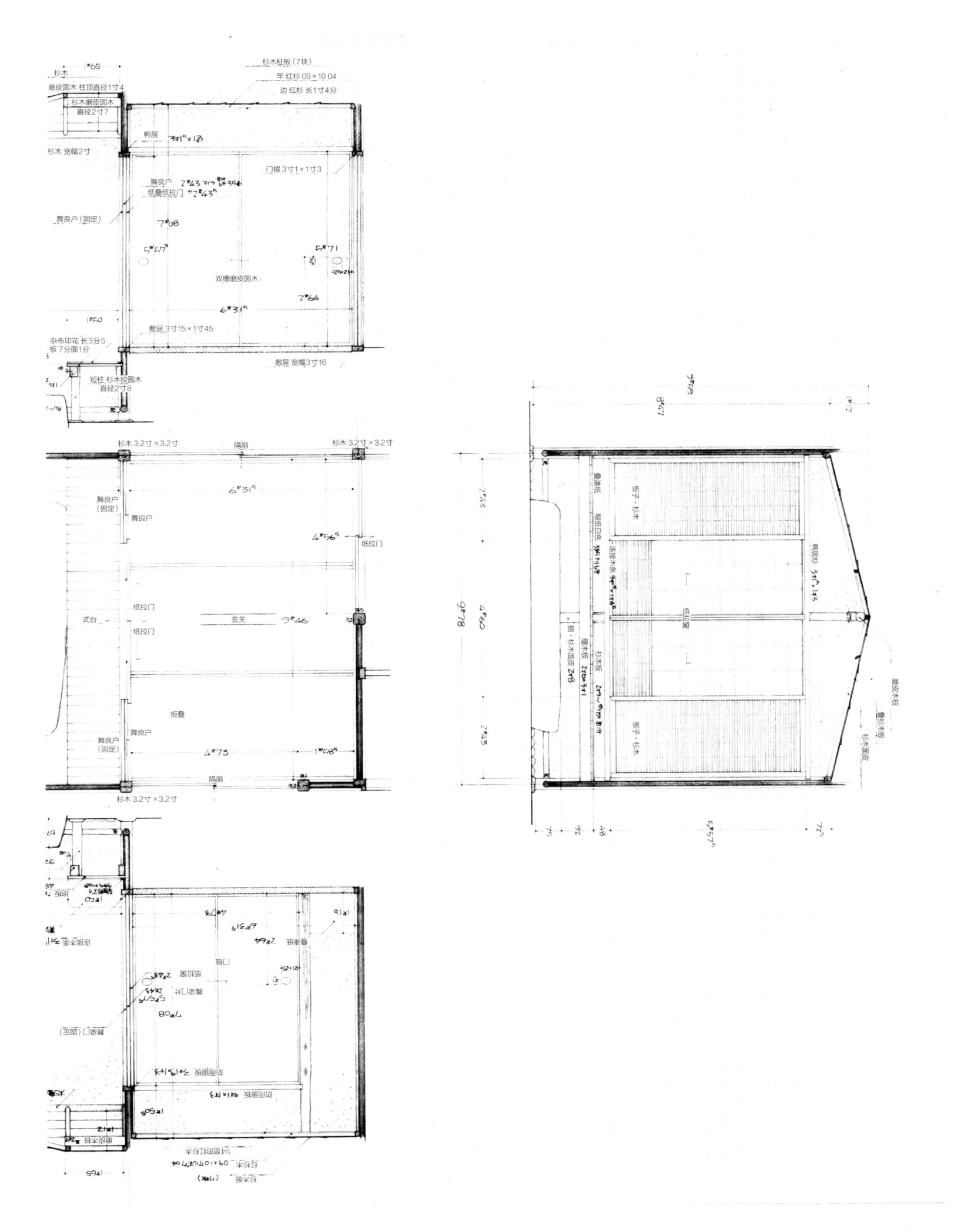

四山楼

所有者 柿本真
所在地 山形县山形市
建造时间 1891年
设计·施工 铃木定吉

本节介绍的座敷建造在坚固的仓库之中，也就是所谓的藏座敷，建于1891年，出自铃木定吉之手。

24叠大小的房间，紧接着一间8叠大小的房间。室内有角柱，还设置了内法长押。小墙上方设有横档，形成两层回缘，构成方格形天花板。房间的中部竖立着以铁刀木为原材料的圆柱形壁龛柱，床胁正面建造有小壁橱。这一床胁还可作为书院使用，具有双重实用价值。不论是内法长押还是床胁上的无目（没有沟纹的横木），抑或是落挂，各个部位高低错落有致，分布合理，看起来不拘小节的构造反而为房间平添宁静之意。

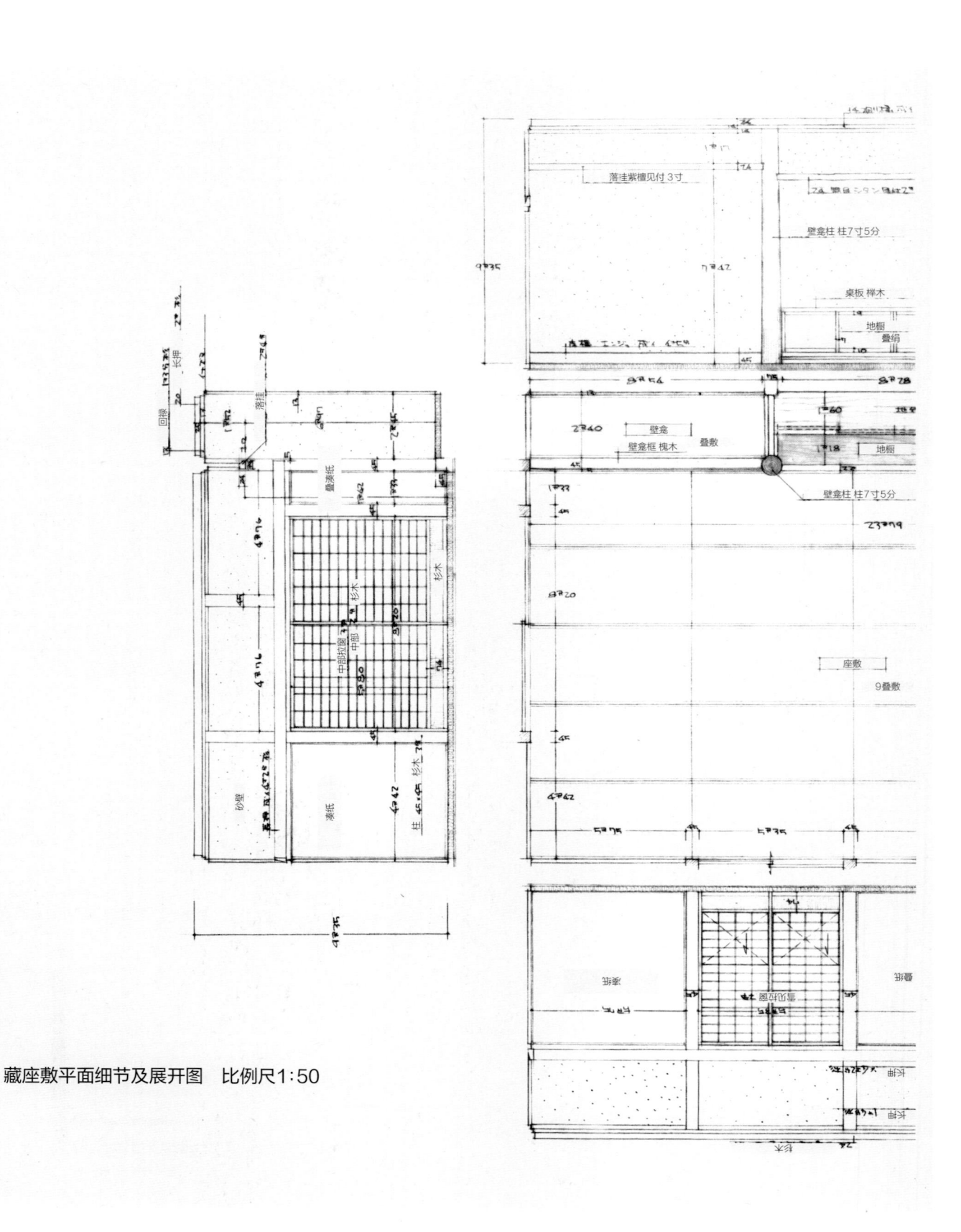

藏座敷平面细节及展开图　比例尺1:50

四山楼　实测图

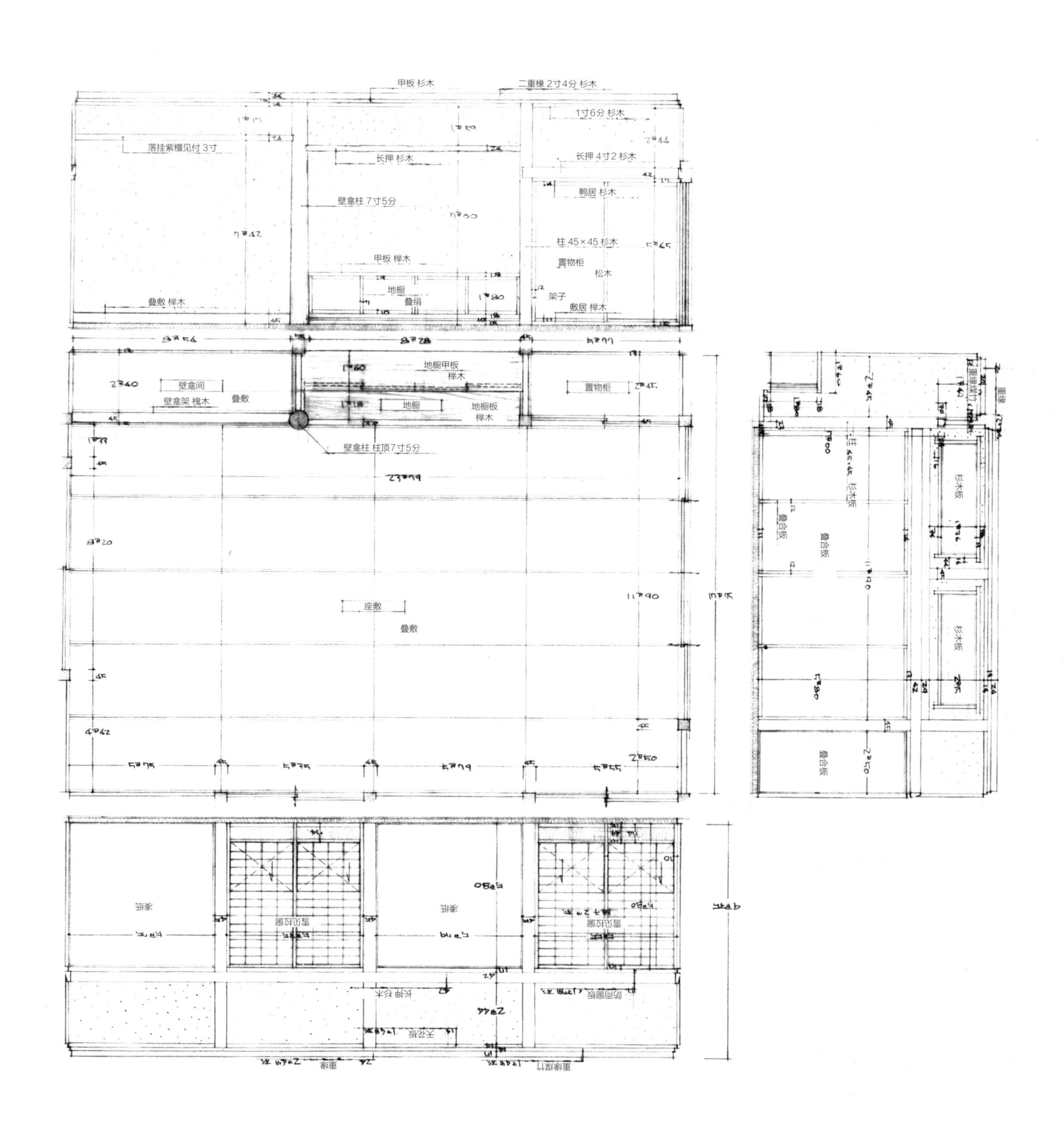

壁龛柱下部　　　　　　　格窗　　　　　　　藏座敷休息室

四山楼　实测图

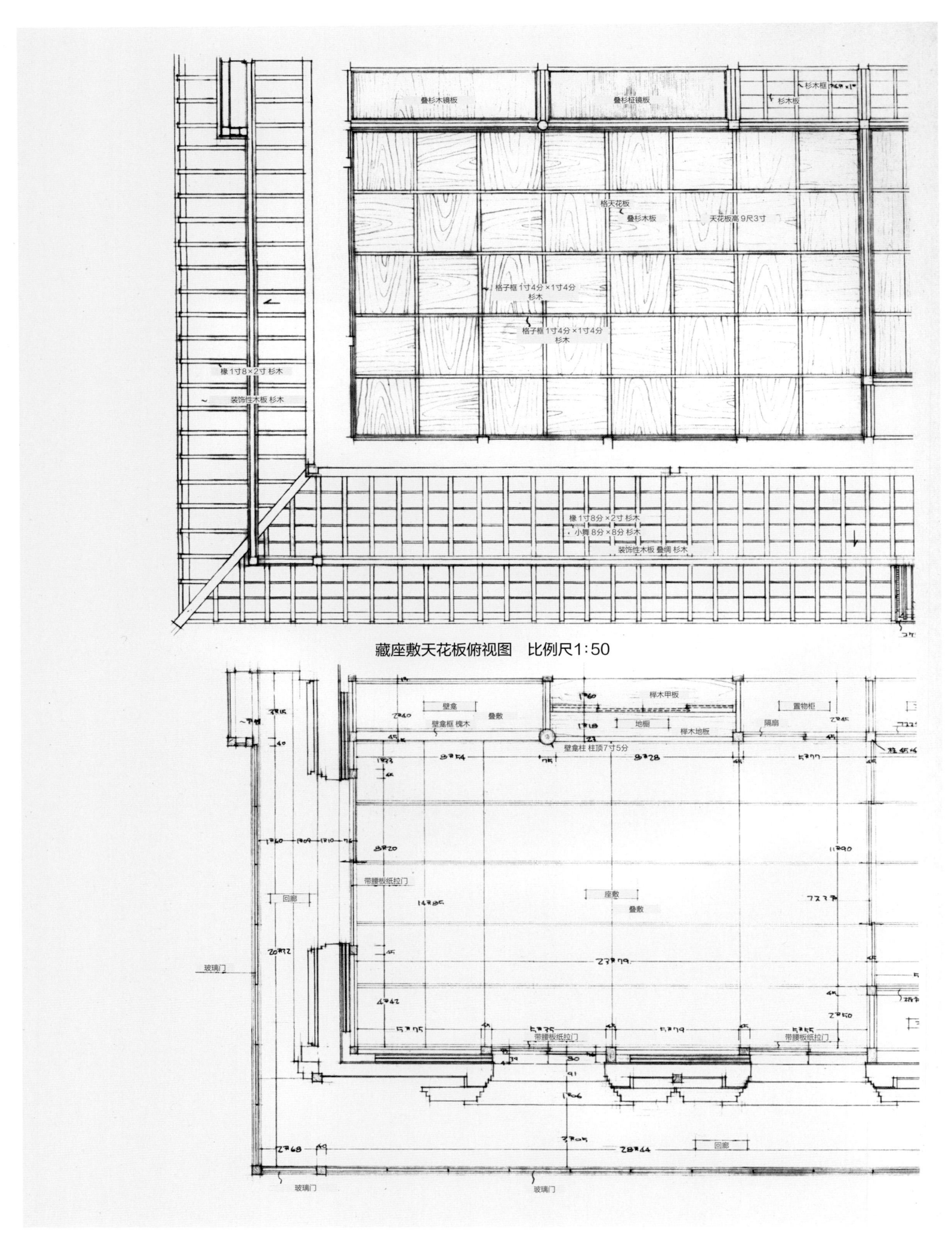

藏座敷天花板俯视图　比例尺1:50

藏座敷平面图　比例尺1:50

四山楼　实测图

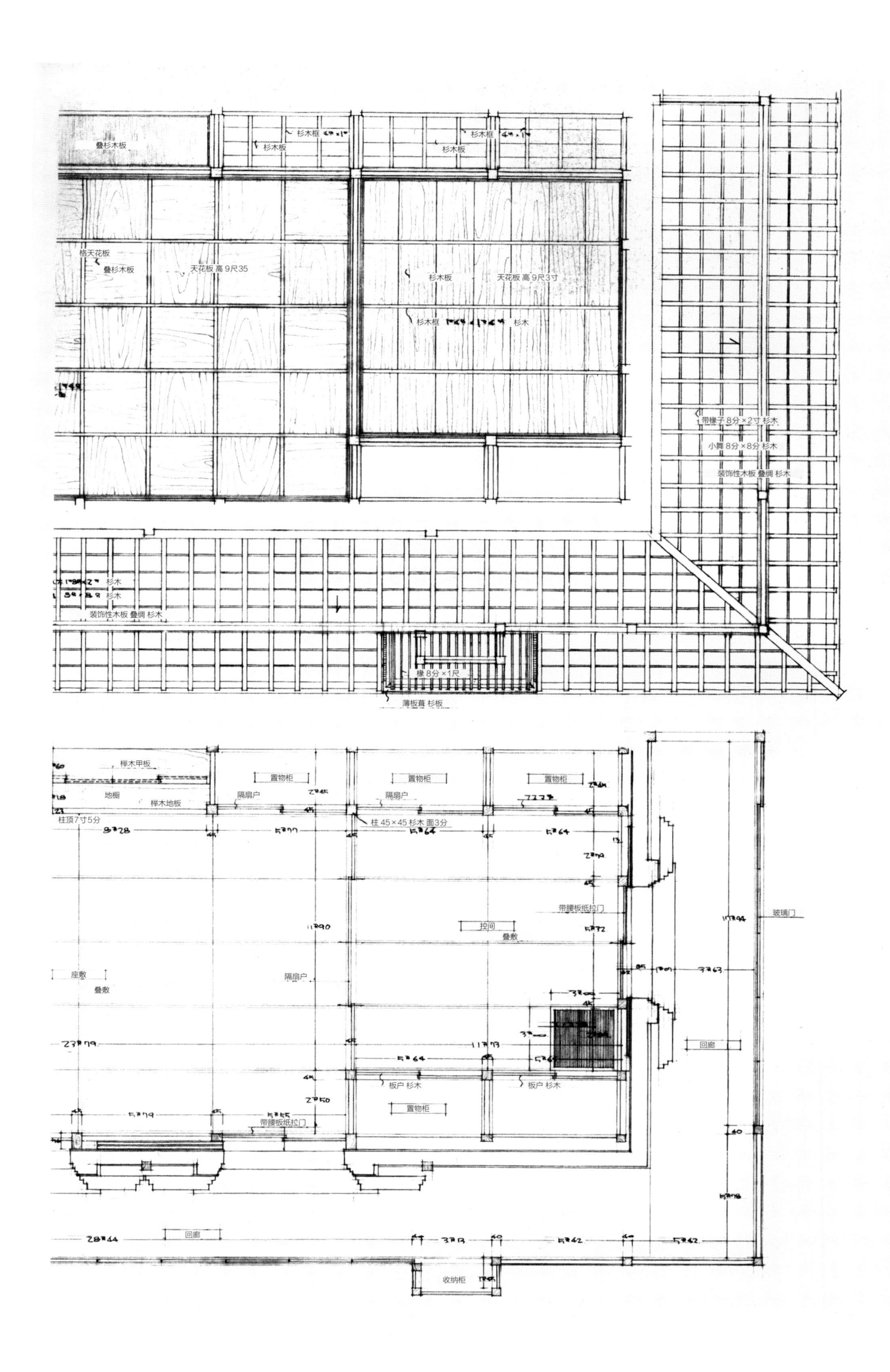

四山楼 实测图

藏座敷休息室平面详细图及展开图　比例尺1:50

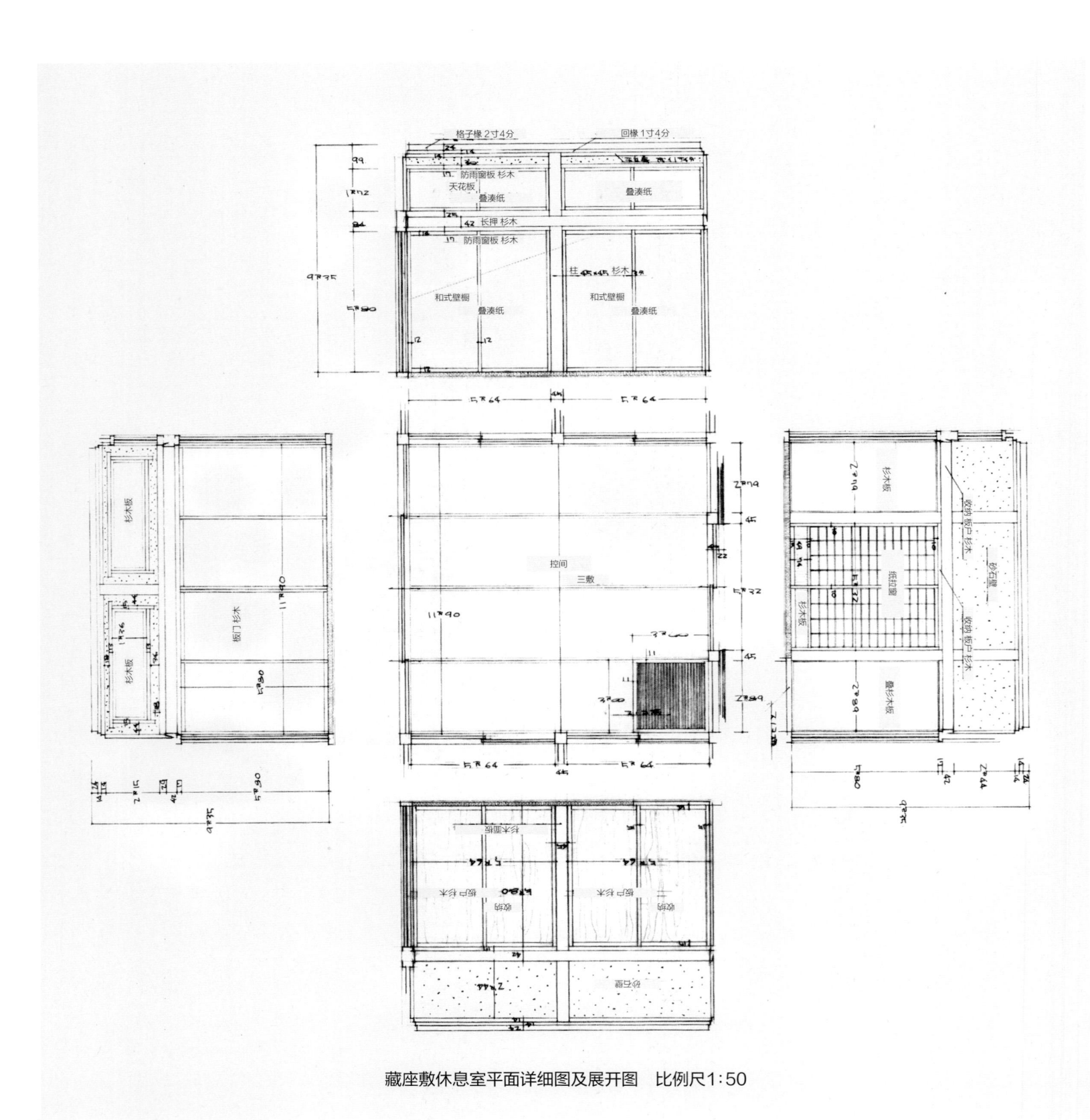

四山楼　实测图

宅邸的西侧有12叠半大小的鞘之间，自东向南环绕着长廊。长廊半间长的入口处有8寸的草席。东侧北端，濡缘（日式廊子的一种，设于屋内为"缘侧"，设于屋外为"濡缘"）靠庭院的一侧放有手水钵。座敷正面设有一间半宽的壁龛，采用了长押。其东侧一间半宽处为平书院，其上也有长押。格窗上能看到梧桐样式的纹路。床胁处设有单字架，正面右下方开着长方形的窗户，这是一种新颖的设计。除此之外，被喷涂过后的小门不带壁留。

6叠大小的房间中，壁龛、床胁、入口都只铺着地板。落挂贯穿整个走廊，壁龛柱立在隐蔽处，展示架也位于角落，和小壁橱完美搭配。

另一侧的座敷的设计极为少见。其内部大小为6叠，中央为壁龛，左侧是佛龛，右侧是低矮的小橱柜。房间中也有长押。右侧的壁龛柱是杂色圆木，左侧壁龛柱是面皮圆木。虽然房间只有6叠大小，但是和为了进行七事式（一种茶道的游艺）而建造的千家的座敷的结构相似。

S氏邸

- **所在地** 东京都文京区
- **主座敷**
- **建造时间** 1887年
- **设计** 古市公威
- ●玄关、六叠大小的房间、有土缘的房间
- **建造时间** 昭和初期
- **设计指导** 濑川昌世
- **施工** 石川工务店

玄关外观

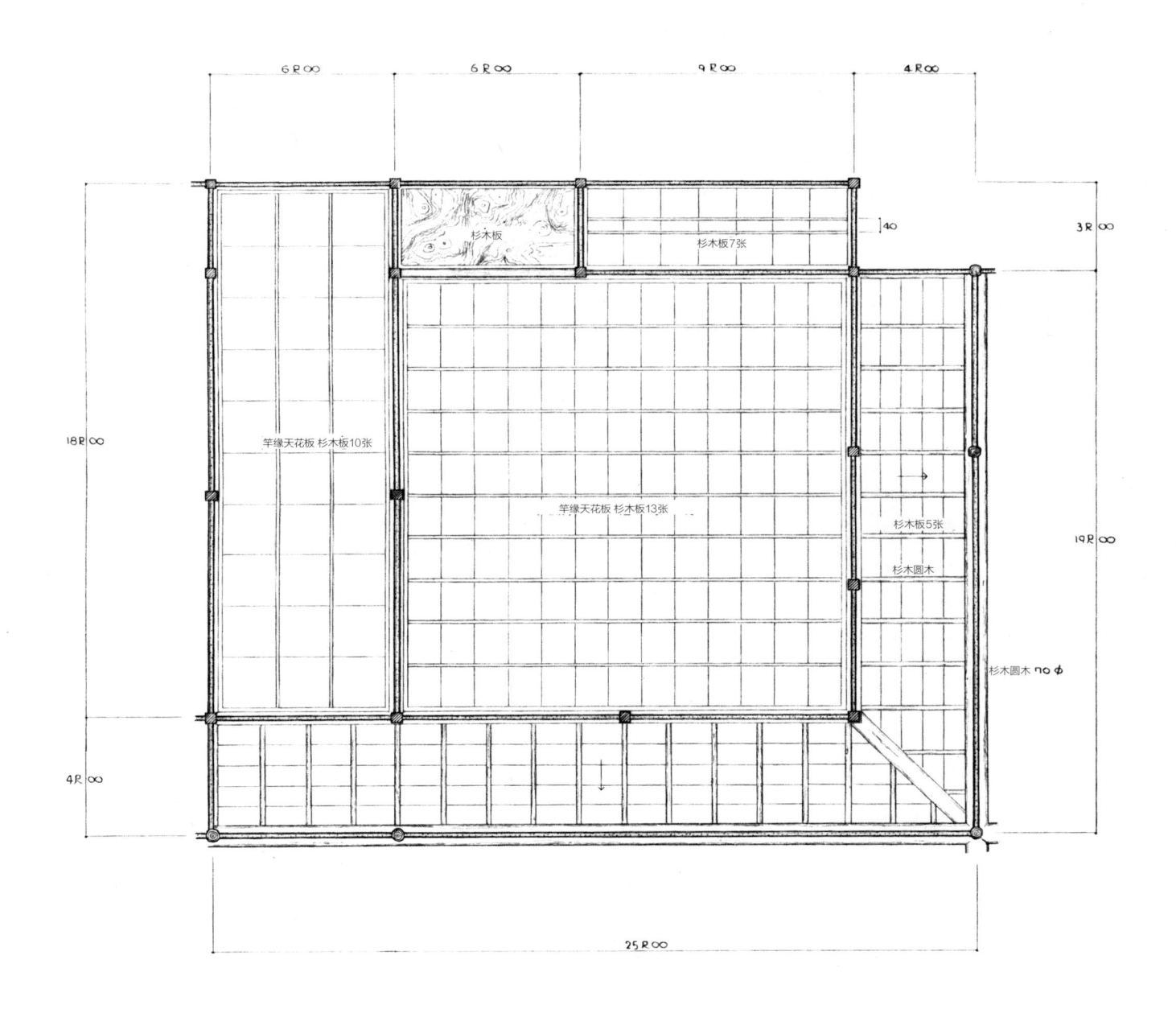

玄关外观　主座敷天花板俯视图　比例尺1:50

S氏邸　实测图

主座敷平面详细图及展开图　比例尺1:50

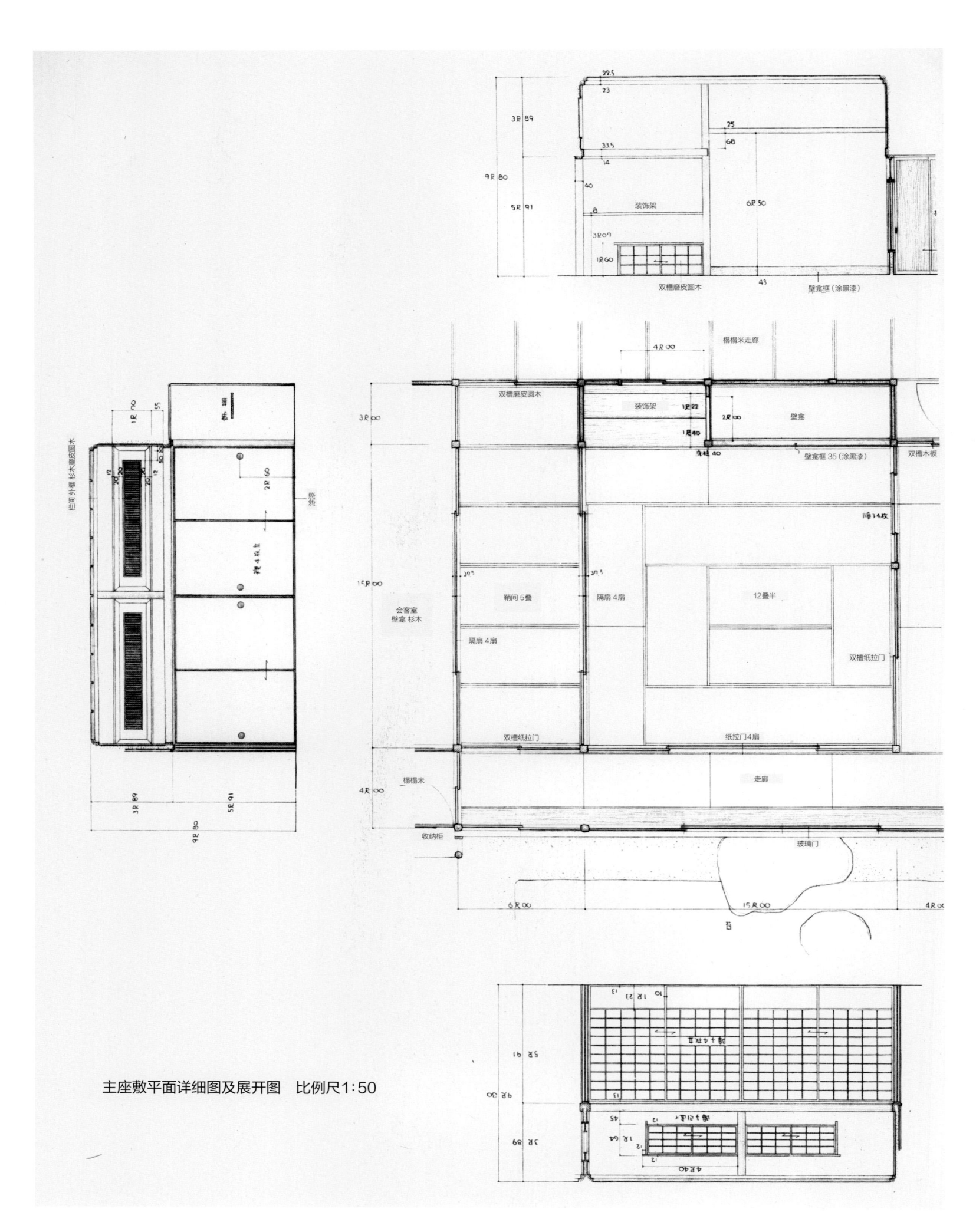

S氏邸　实测图

竹书院格窗 比例尺1:10

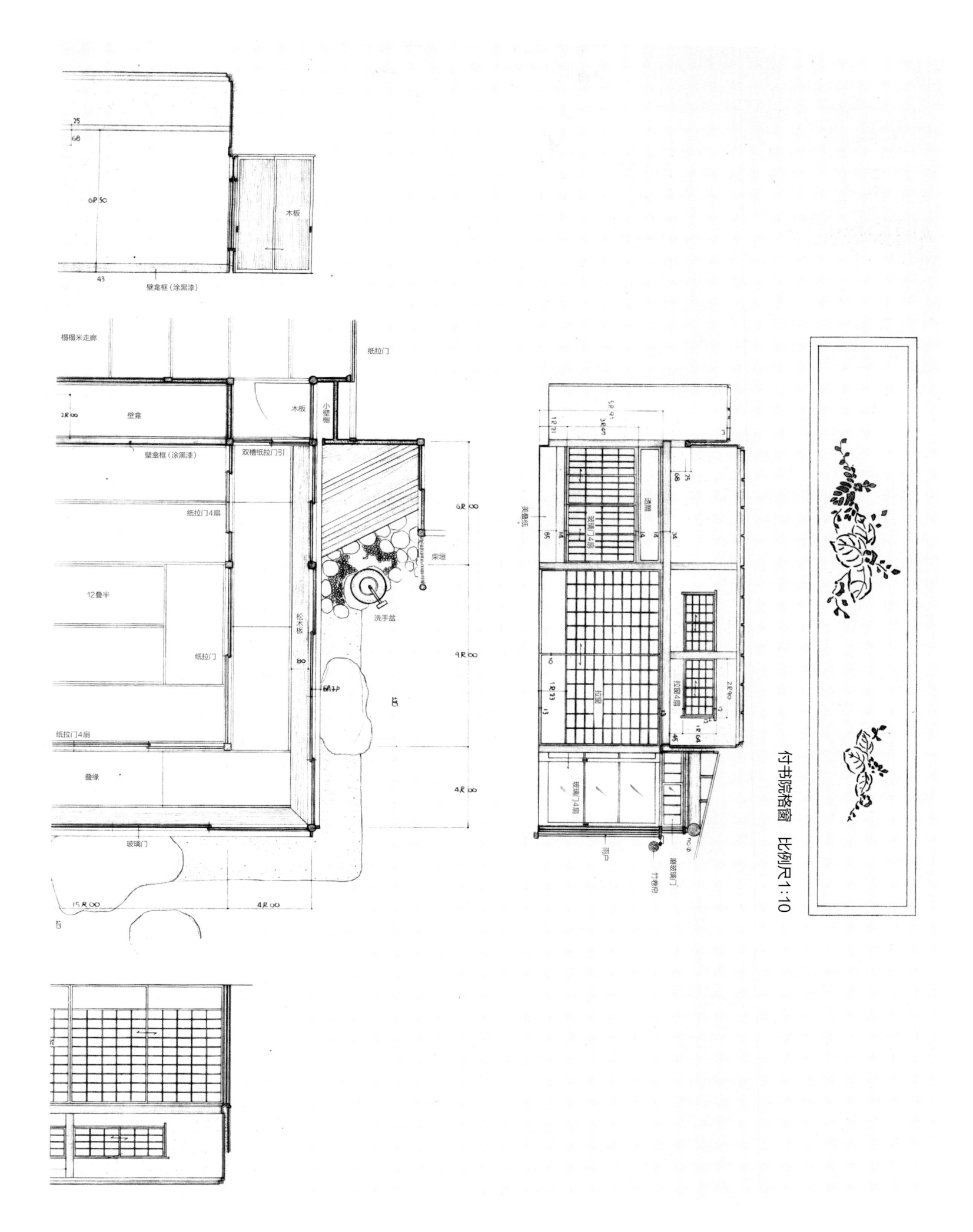

S氏邸 实测图

园邸

玄关 外观

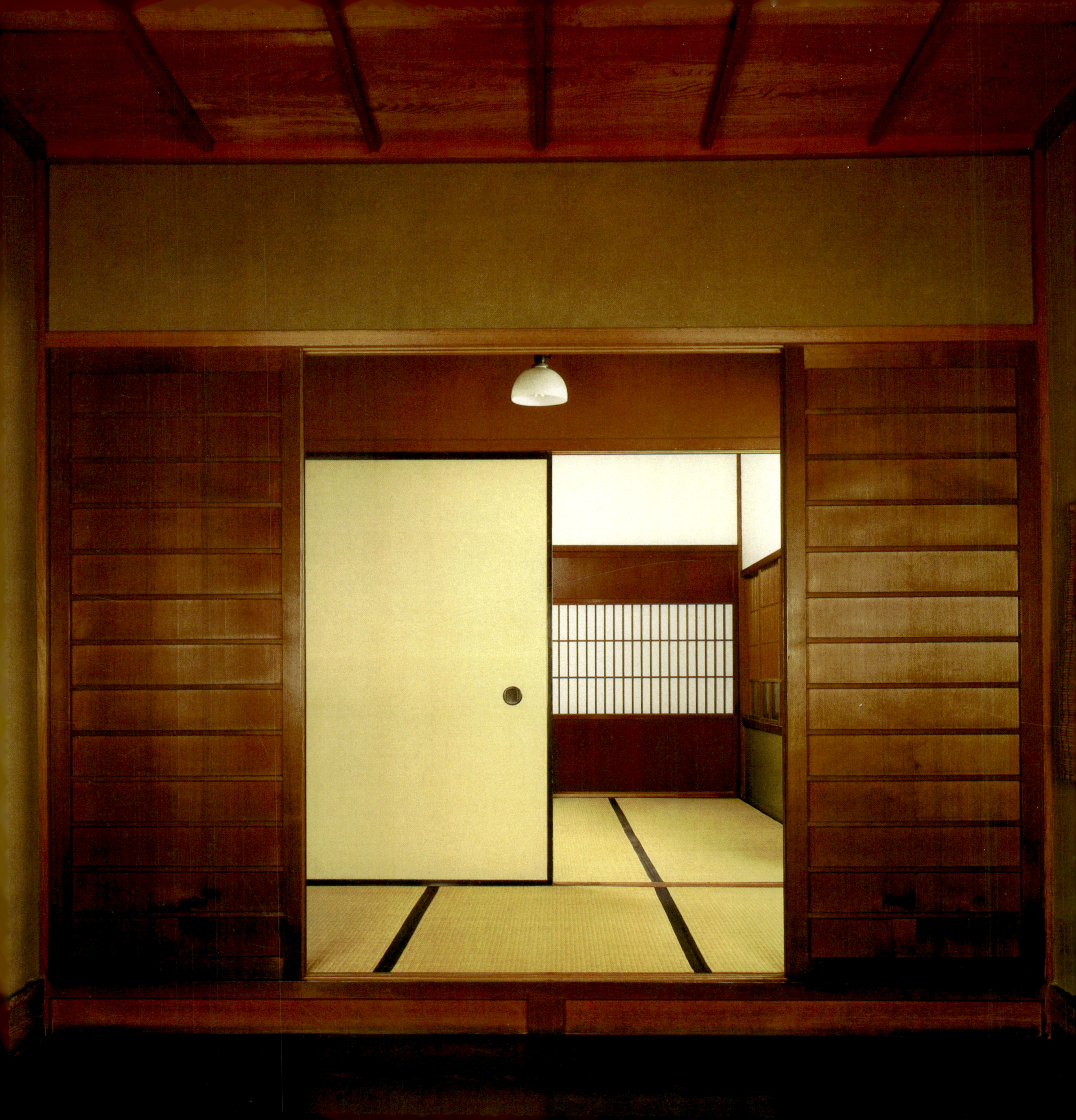

园邸 玄关 土间

竹腰邸

座敷　上＝琵琶台、壁龕、凸窗　下＝格窗的一部分

竹腰邸 座敷

上＝床肋和凸窗　下＝凸窗的一部分

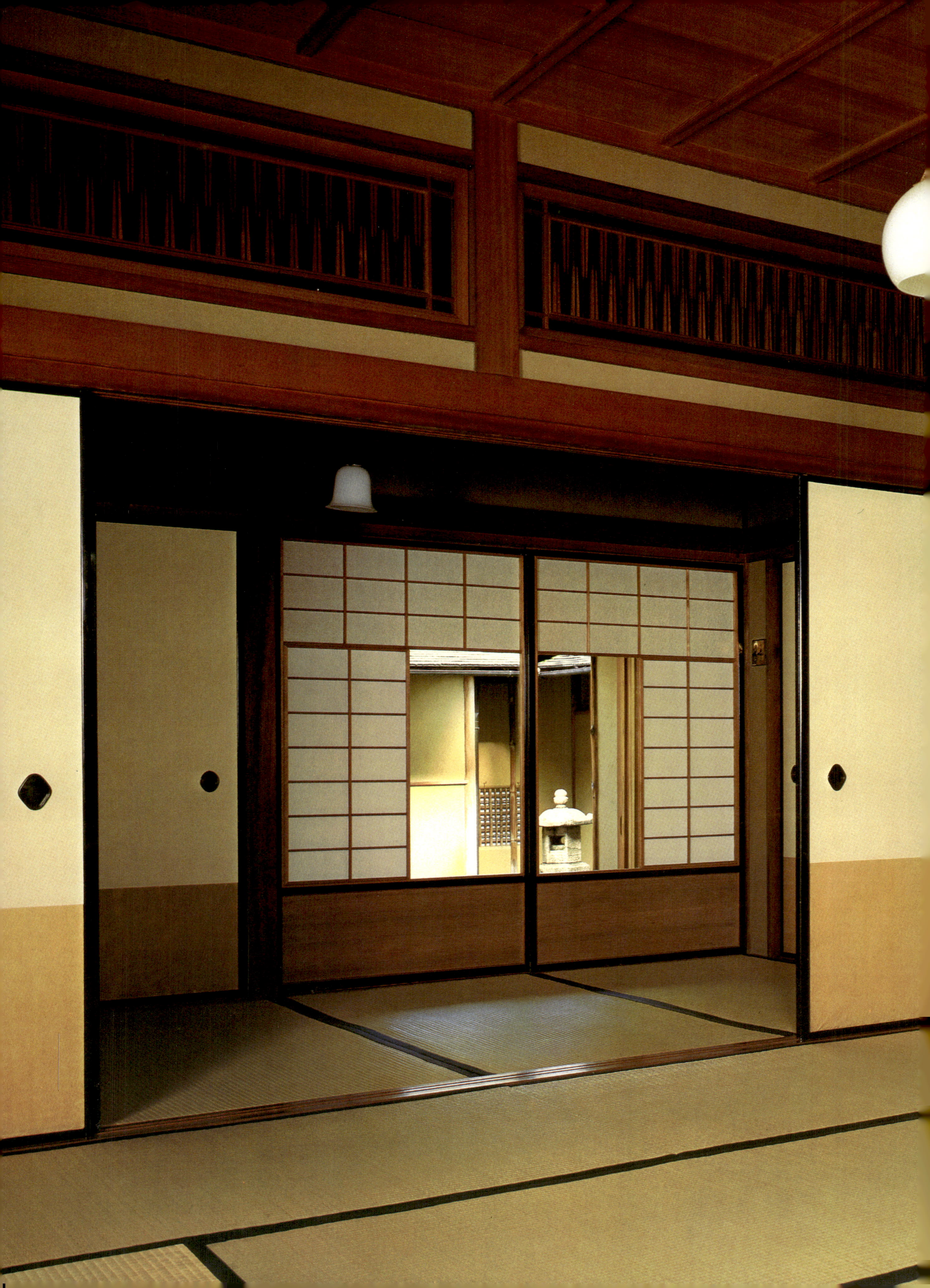

竹腰邸 座敷 壁龛和鞘之间

山翠楼

泉之间 从邻室看到的主室

山翠楼 宾之间
上＝壁龛　下＝床胁

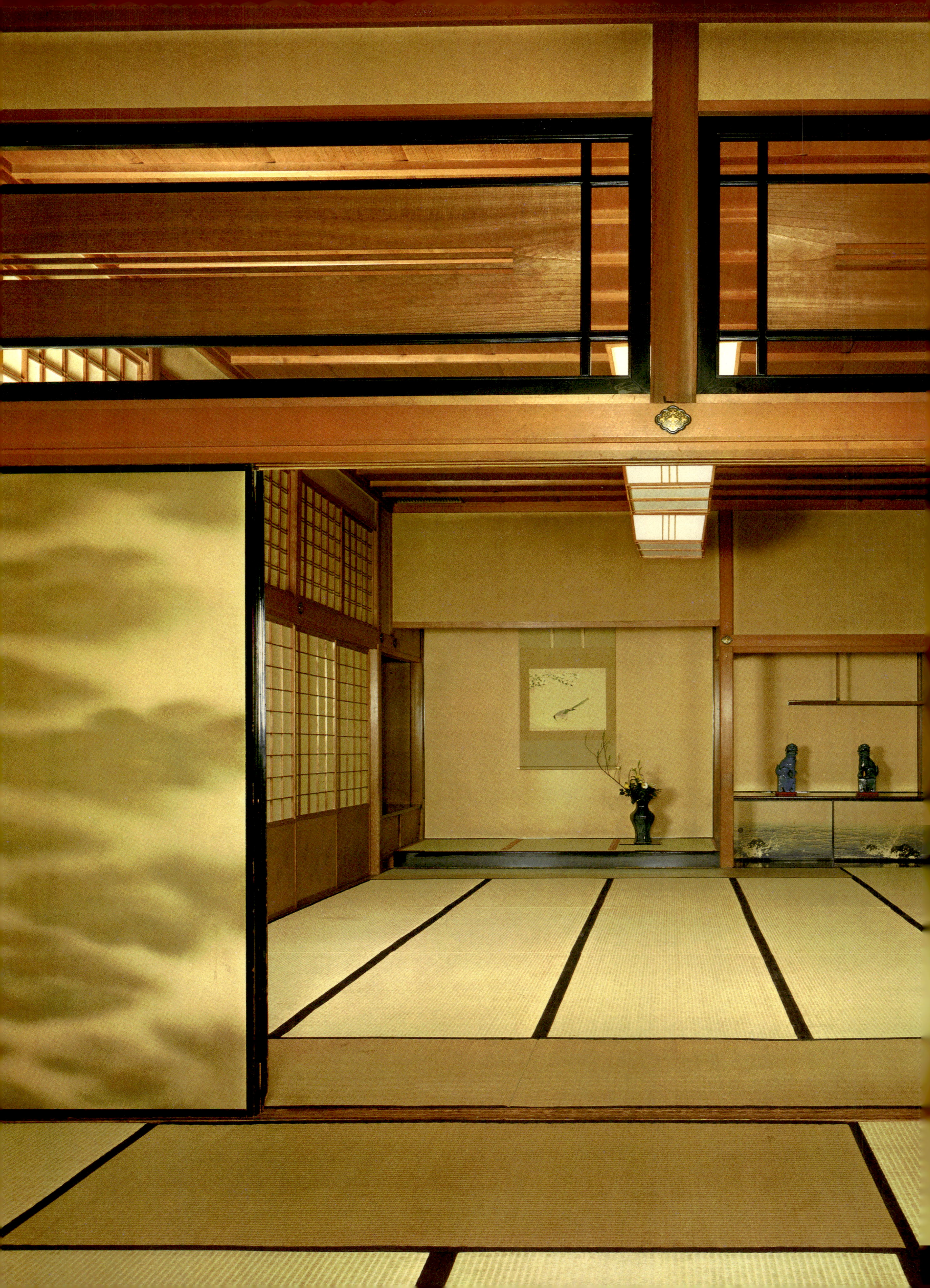

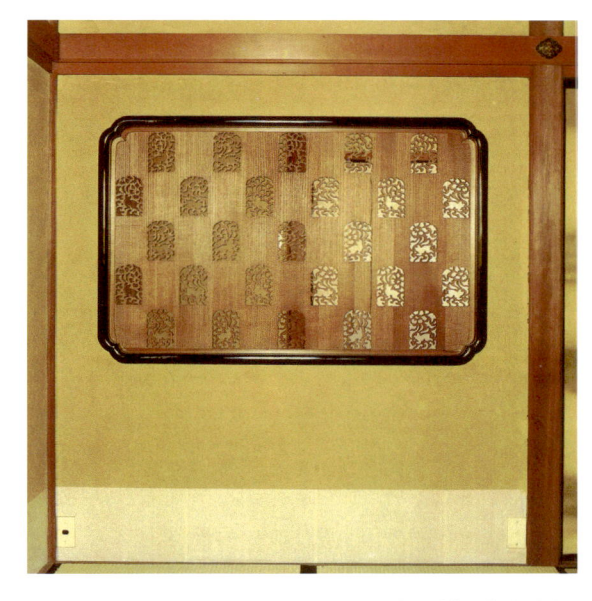

山翠楼 吹上之间
上＝镂空雕刻
左＝从邻室看到的主室

山翠楼 白兰之间
上＝壁龛和展示架　下＝内部

山翠楼 水仙之间 壁龛

看日庵

玄关　上＝外观　右＝带有式台的玄关

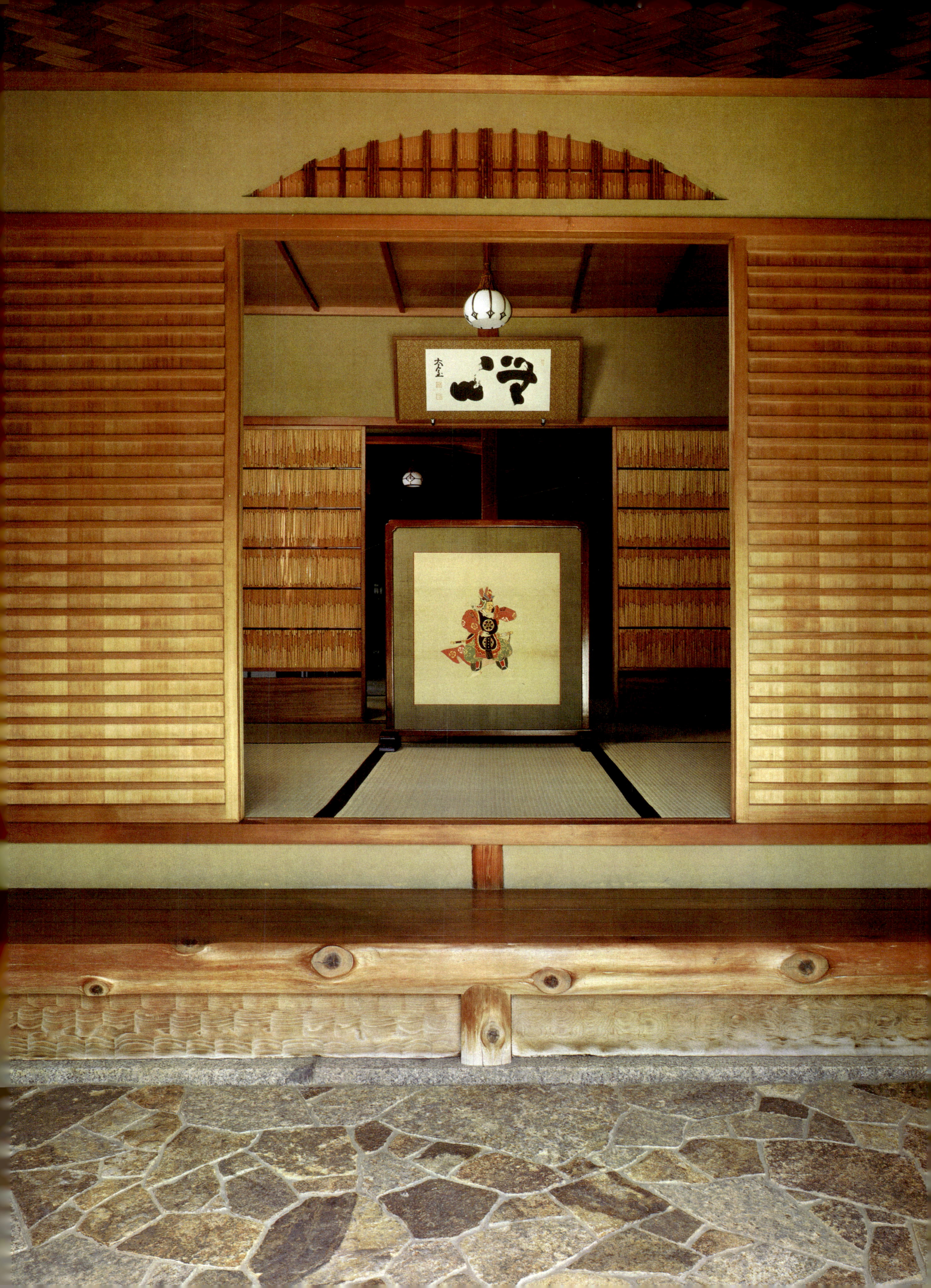

松井邸

座敷　上＝壁龕　下＝床脇

松井邸 座敷 从邻室看到的主室

松井邸 座敷 从鞘之间看到的邻室

扇叶庄

外观

日本建筑集成　玄关与座敷

扇叶庄 座敷
上＝小柜橱拉手　右＝壁龛

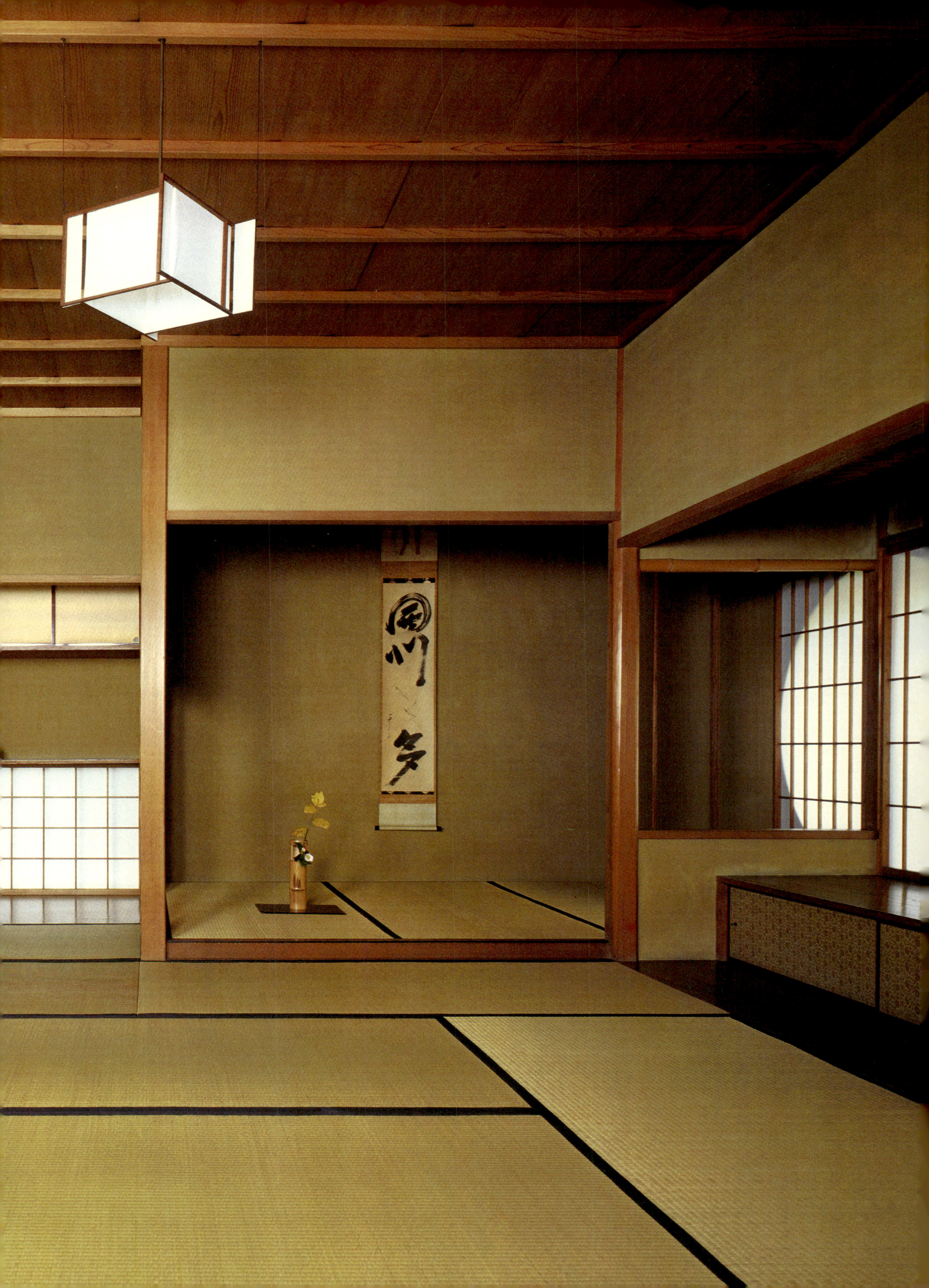

扇叶庄 座敷
上＝从邻室看到的主室
右＝从入口处看到的壁龛

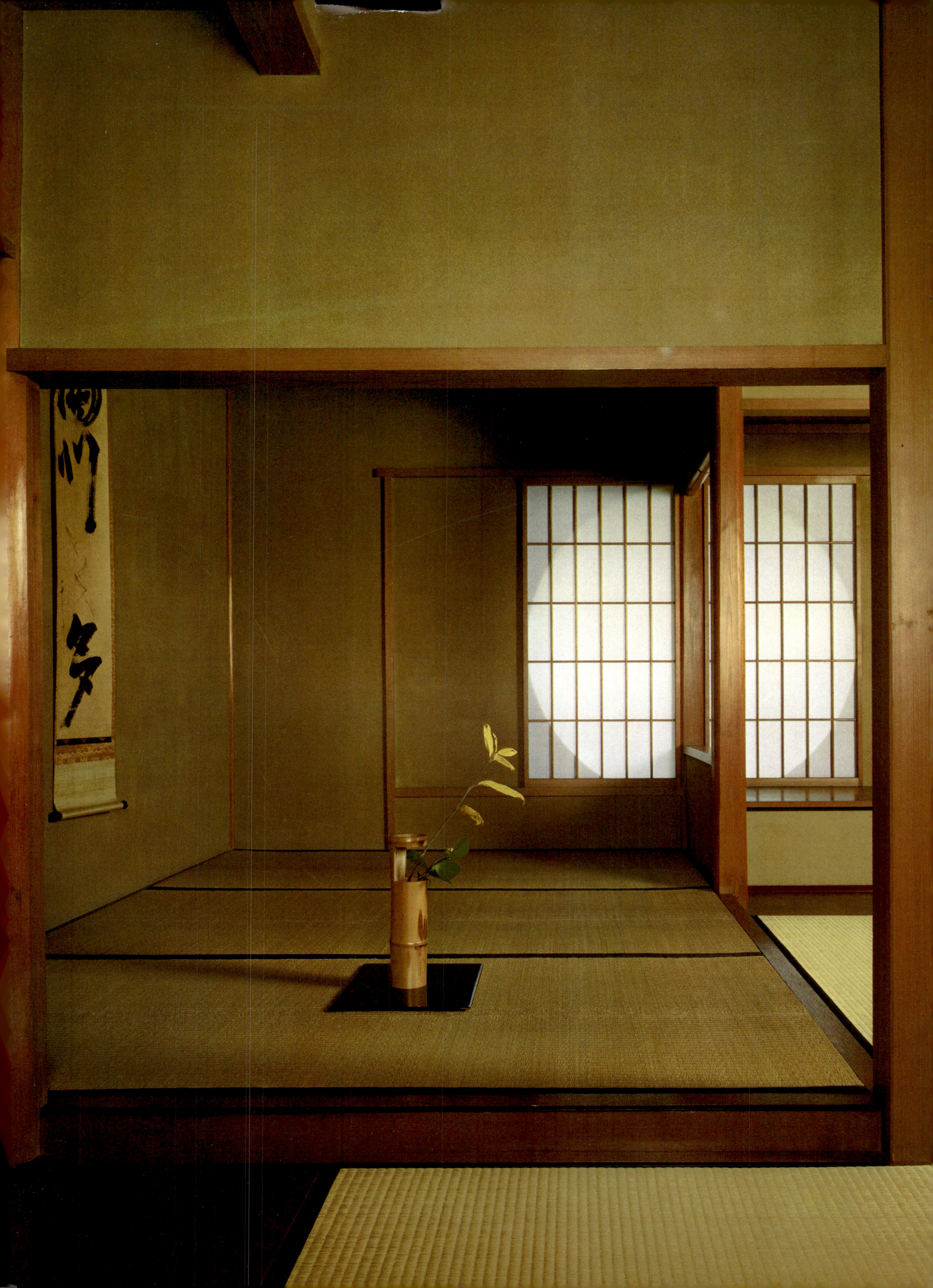

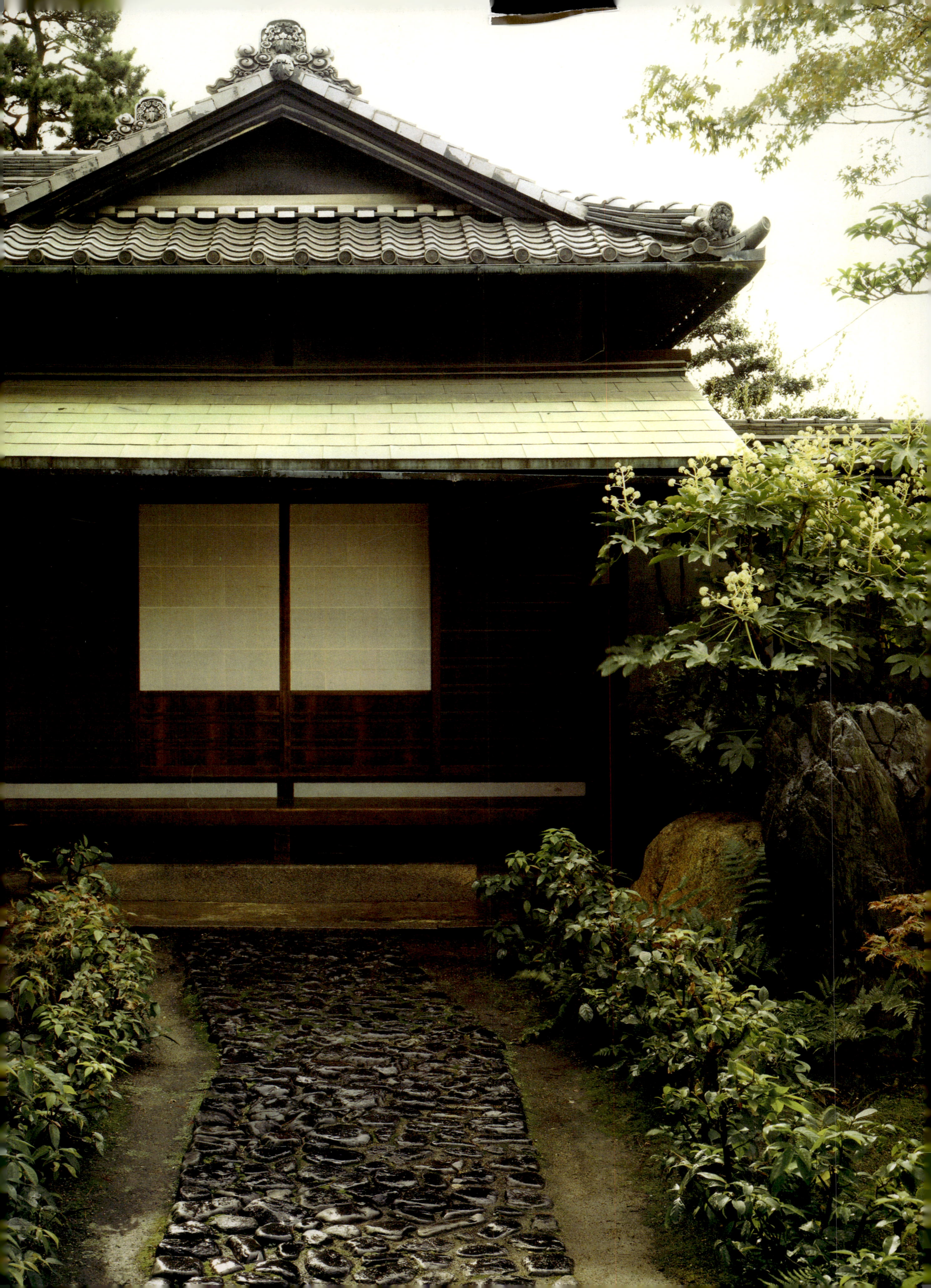

竹田邸

玄关　左=外观　上=玄关内部

竹田邸 主座敷
上＝壁龕　下＝壁龕天花板

竹田邸 主座敷 从邻室看到的主室

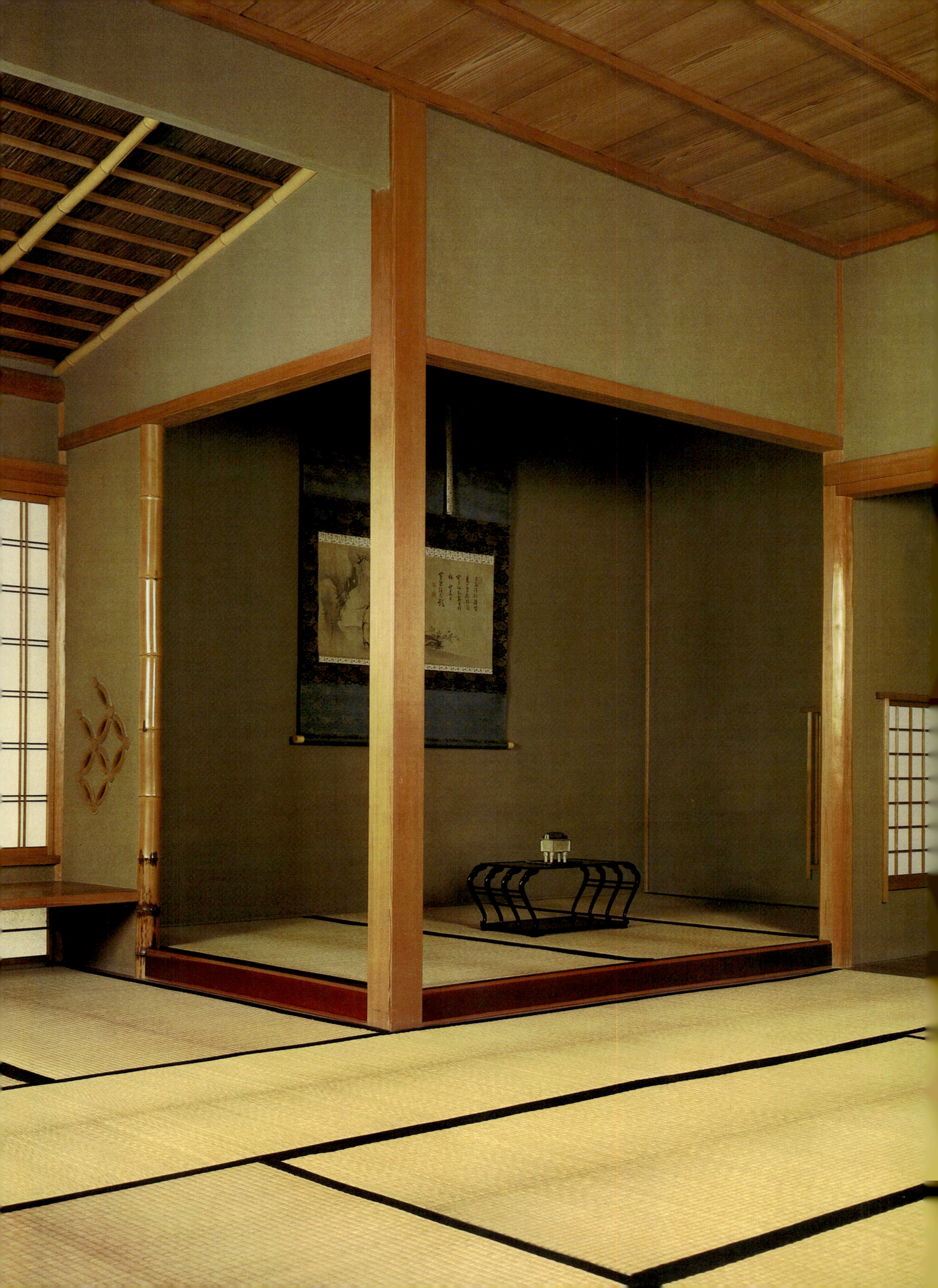

T氏邸

一楼座敷
上＝天花板　下＝床胁
左＝壁龛

T氏邸 一楼座敷 书院

T氏邸 二楼座敷 壁龕

T氏邸 二楼座敷
右上＝弓形天花板和格窗　右下＝床胁
左上＝入口处的天花板　左下＝入口处

设计图详解（二）

这是一幢有着美丽庭院的建筑，由寄付（等候室）、大厅以及3叠大小的茶室组成，可以在此举办品茗会。另外，还有附带缘廊的内客厅。与此设计相映衬的，是面向道路的朴素的围墙。

透过门口的格子门，所看到的玄关前的庭院也飘荡着一股茶的意蕴。虽然都说这幢建筑是由精通茶道的吉仓总左设计建造的，但不知他是建造了整幢建筑还是单单建造了茶室及其附近区域。

由玄关处的格子门进入，左手边是小巧玲珑的等候室，对于放一些随身行李而言十分便利。旁边就是通往厨房的矮门。四周的腰板由舟板木制成，略高于其他部件，等候室反面的墙上则准备了伞架。左手边和寄付之间开有底窗。虽然是平淡无奇的玄关，但是这些仅有的装饰、门以及窗户的安置等都营造出了茶的氛围。每日的清扫使各个房间看起来不染纤尘、光洁如新。

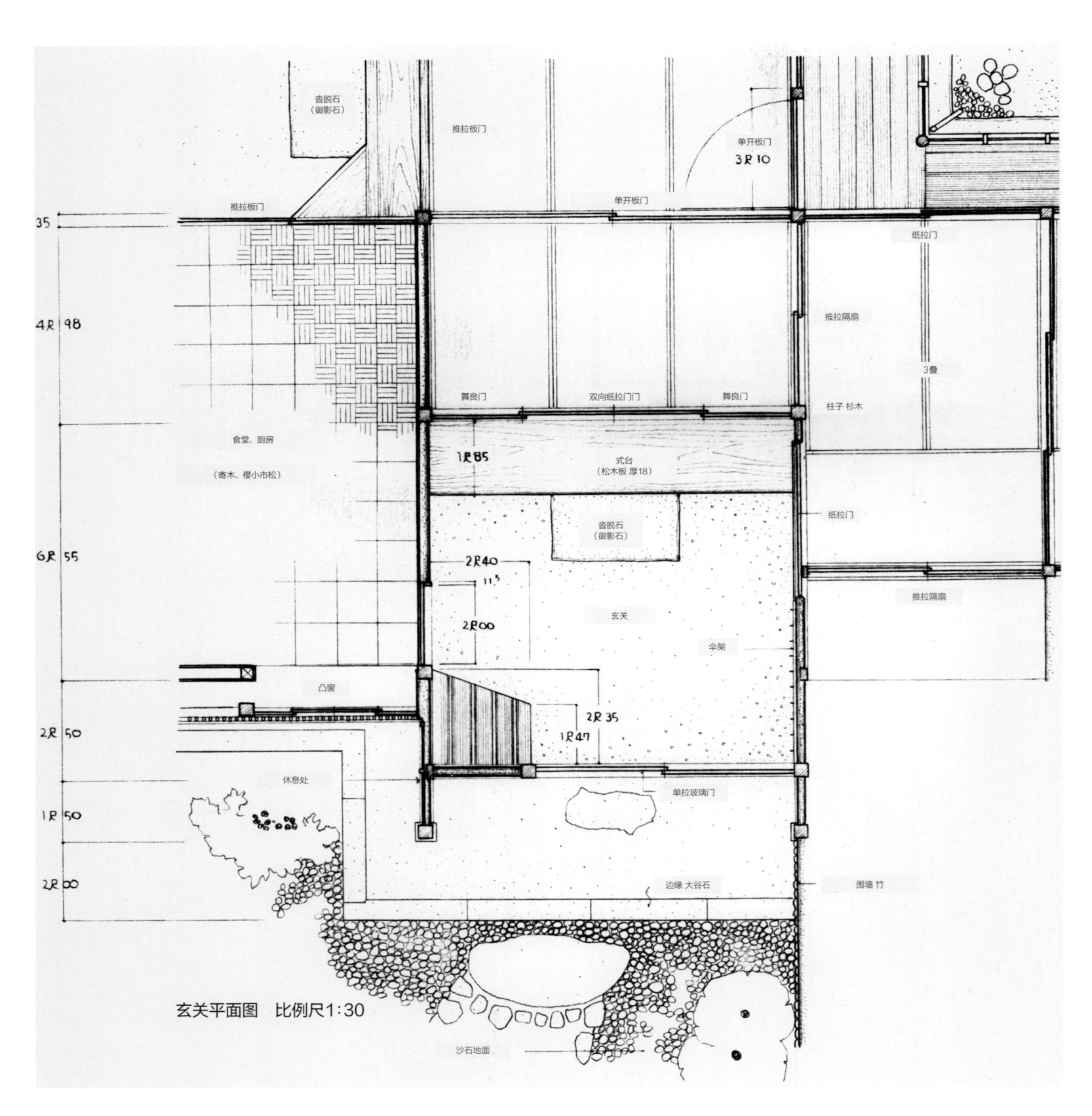

园邸	
所有者	园酉四郎
所在地	石川县金泽市
建造时间	1919年
设计	吉仓总左
施工	不明

玄关平面图　比例尺1:30

园邸　实测图

从玄关看过去的景象

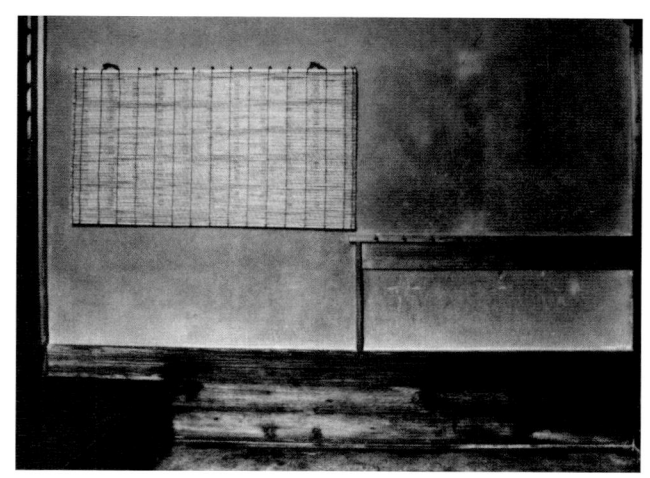

底窗和腰板

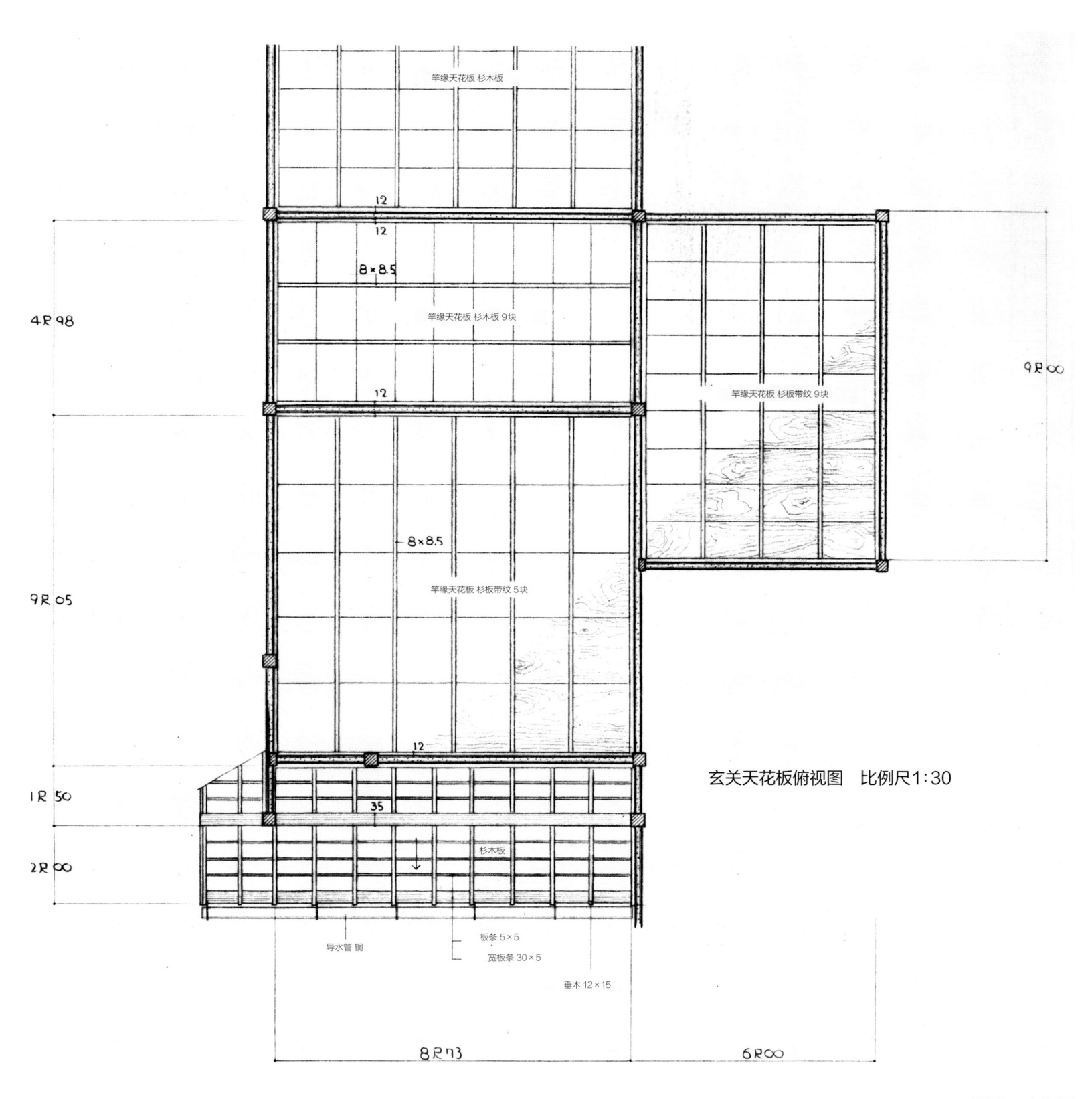

玄关天花板俯视图 比例尺1:30

园邸 实测图

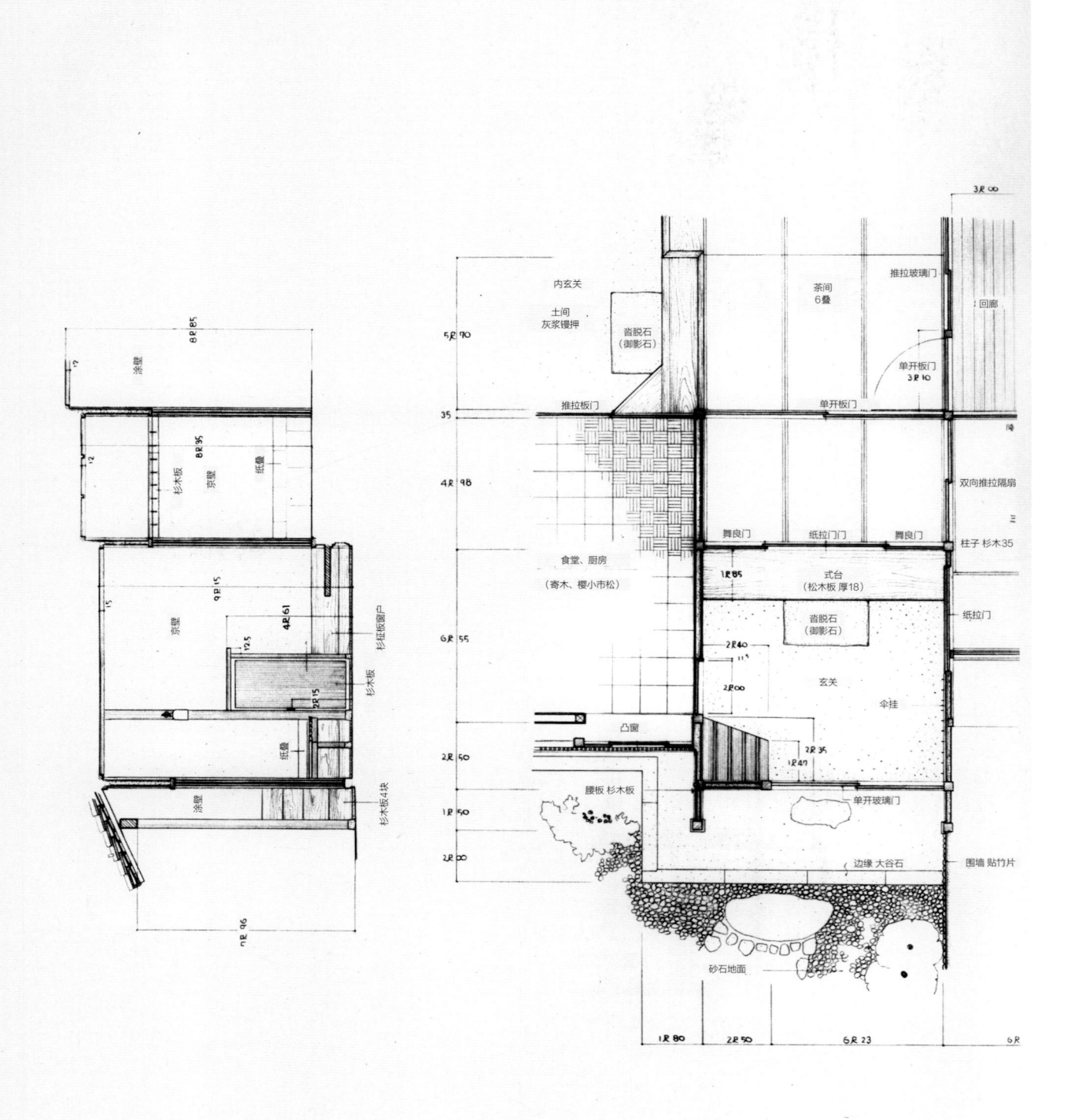

玄关平面详细图及展开图　比例尺1:50

园邸　实测图

园邸　实测图

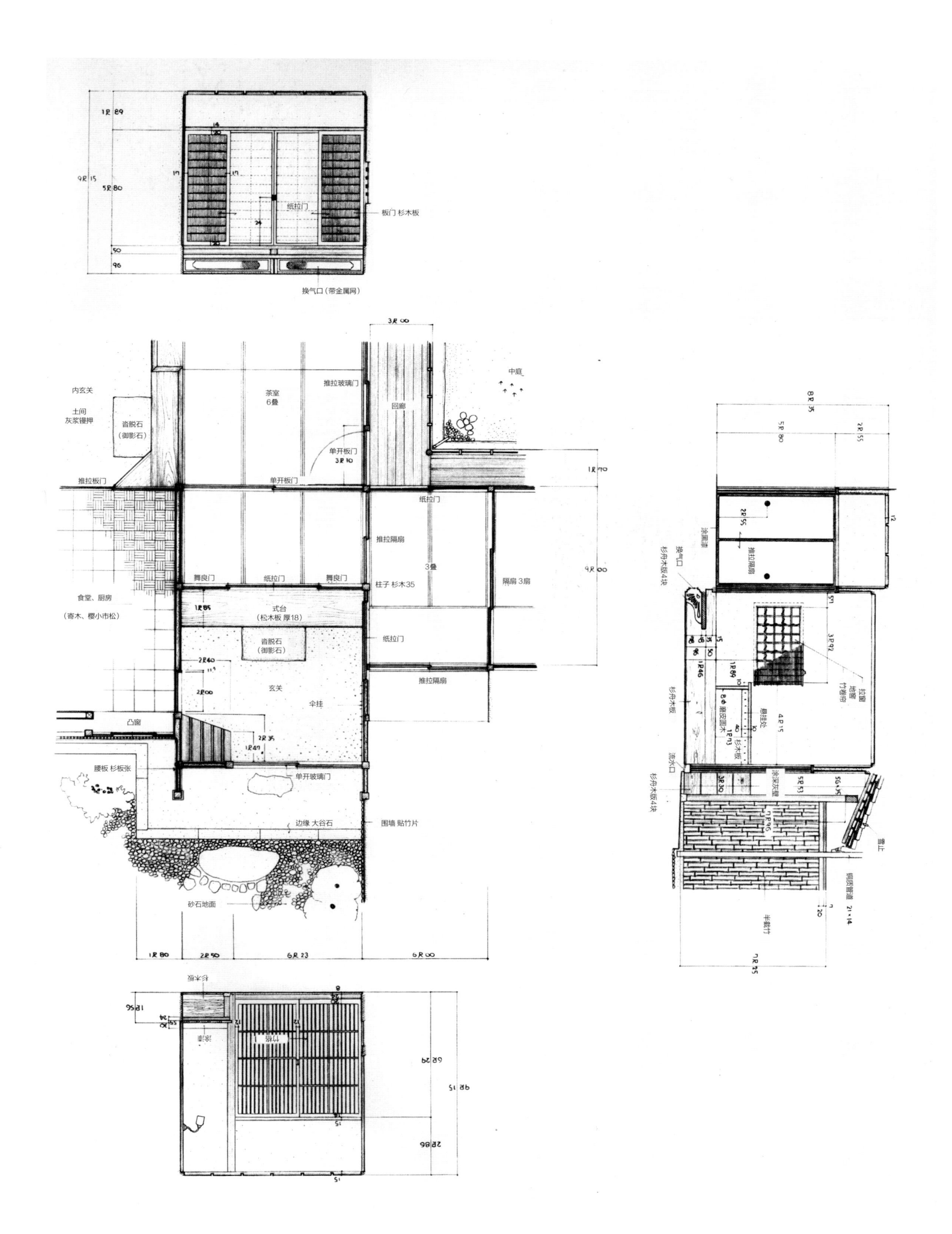

竹腰邸

所有者	竹腰建造
所在地	兵库县西宫市
建造时间	大正时代
设计、施工	大原万吉

屋主在移居至兵库县三田时，将心仪的房室建筑移筑至西宫，形成了如今的住宅。虽然移筑过程中多少有改动，但是据说主厅还保留了原有的样式。这一过程出自名为大原万吉的工匠之手。

座敷的中间是壁龛，左侧是琵琶台，朝着右侧走廊方向开有凸窗，这都是传统的规制。尤其是床胁右侧，铺设着的草席使房间呈现出宽阔之感。只不过，房间中所选用的木材较为粗大，直到凸窗中部都有内法长押，透过格窗上下能看到小墙，这些设计未免有些厚重之感。

另外，障子门的腰板部位，在金箔之上覆盖有丝绸，这一独特设计是为了遮盖金箔的光辉。

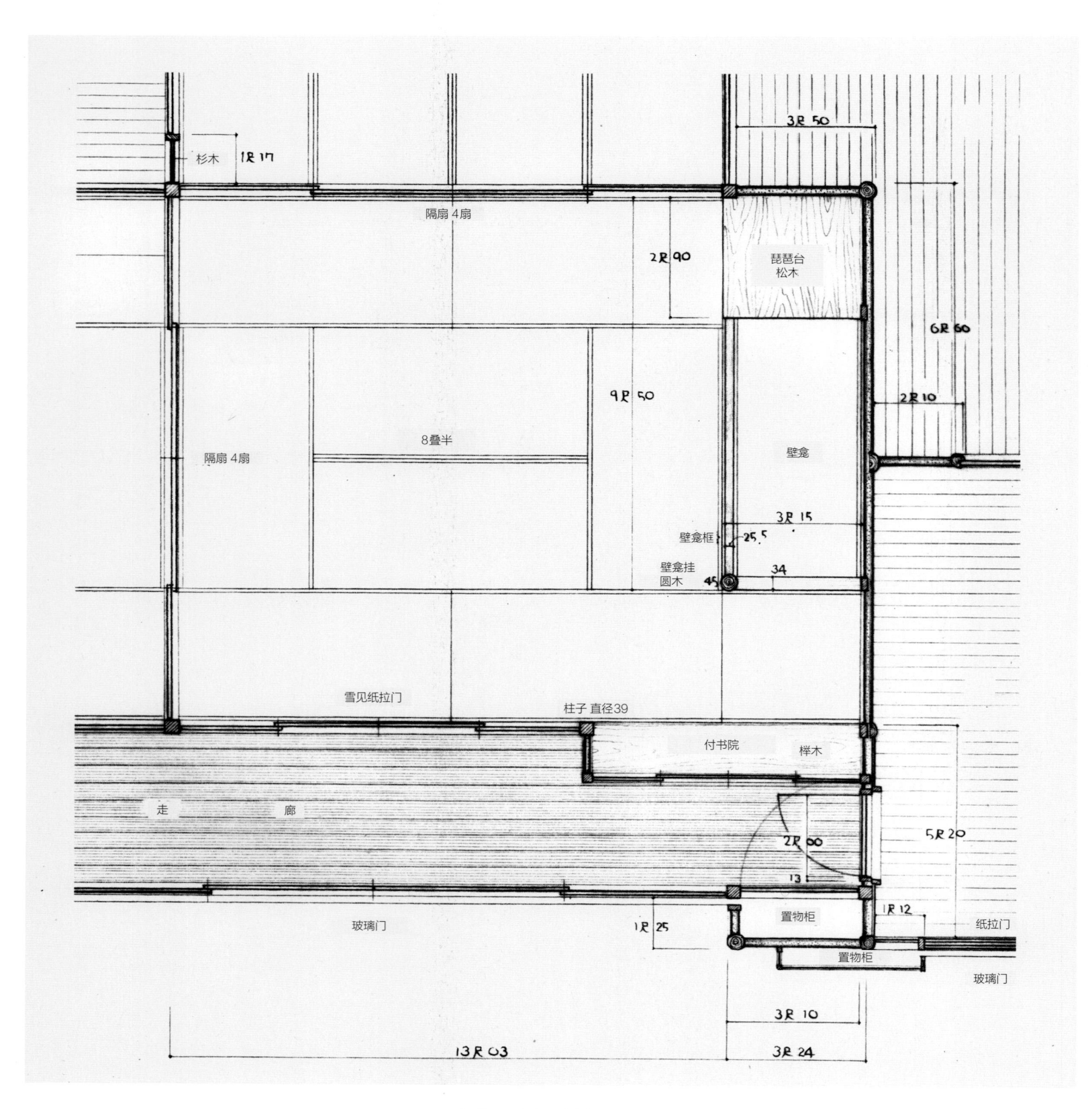

座敷平面图　比例尺1:30

竹腰邸　实测图

格窗的一部分

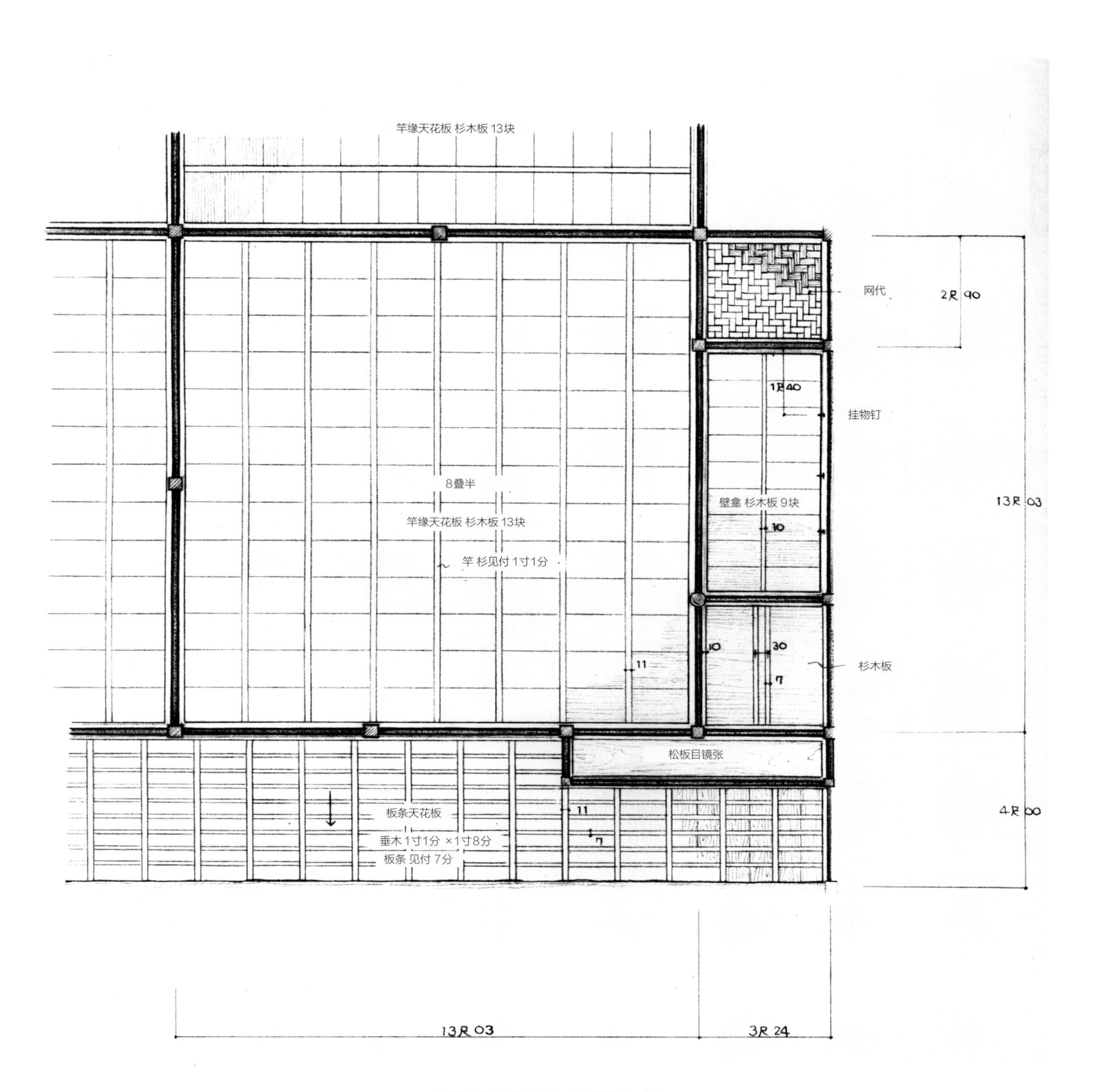

座敷天花板俯视图　比例尺1:30

竹腰邸　实测图

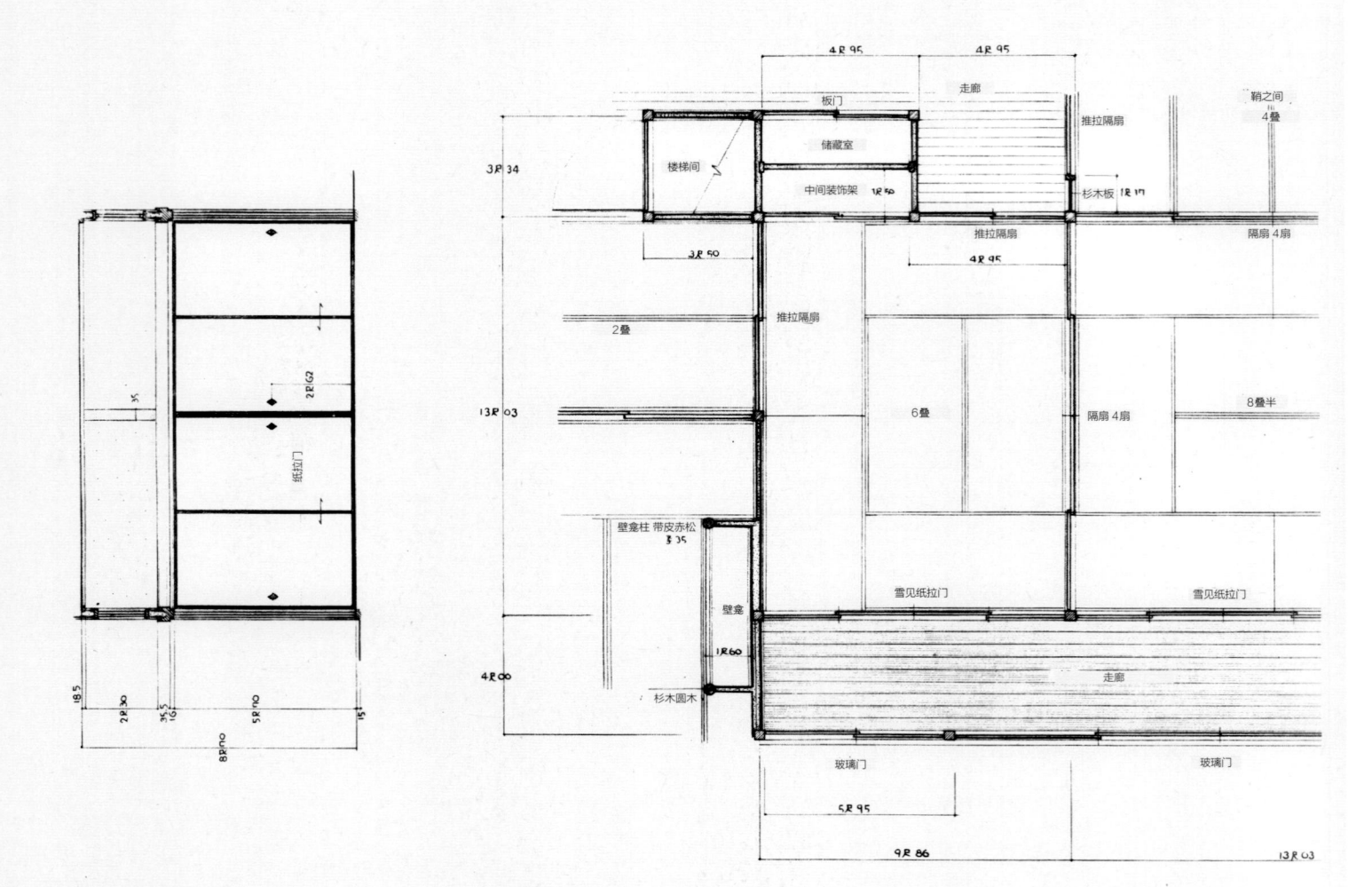

座敷平面详细图及展开图　比例尺1:50

竹腰邸　实测图

竹腰邸　实测图

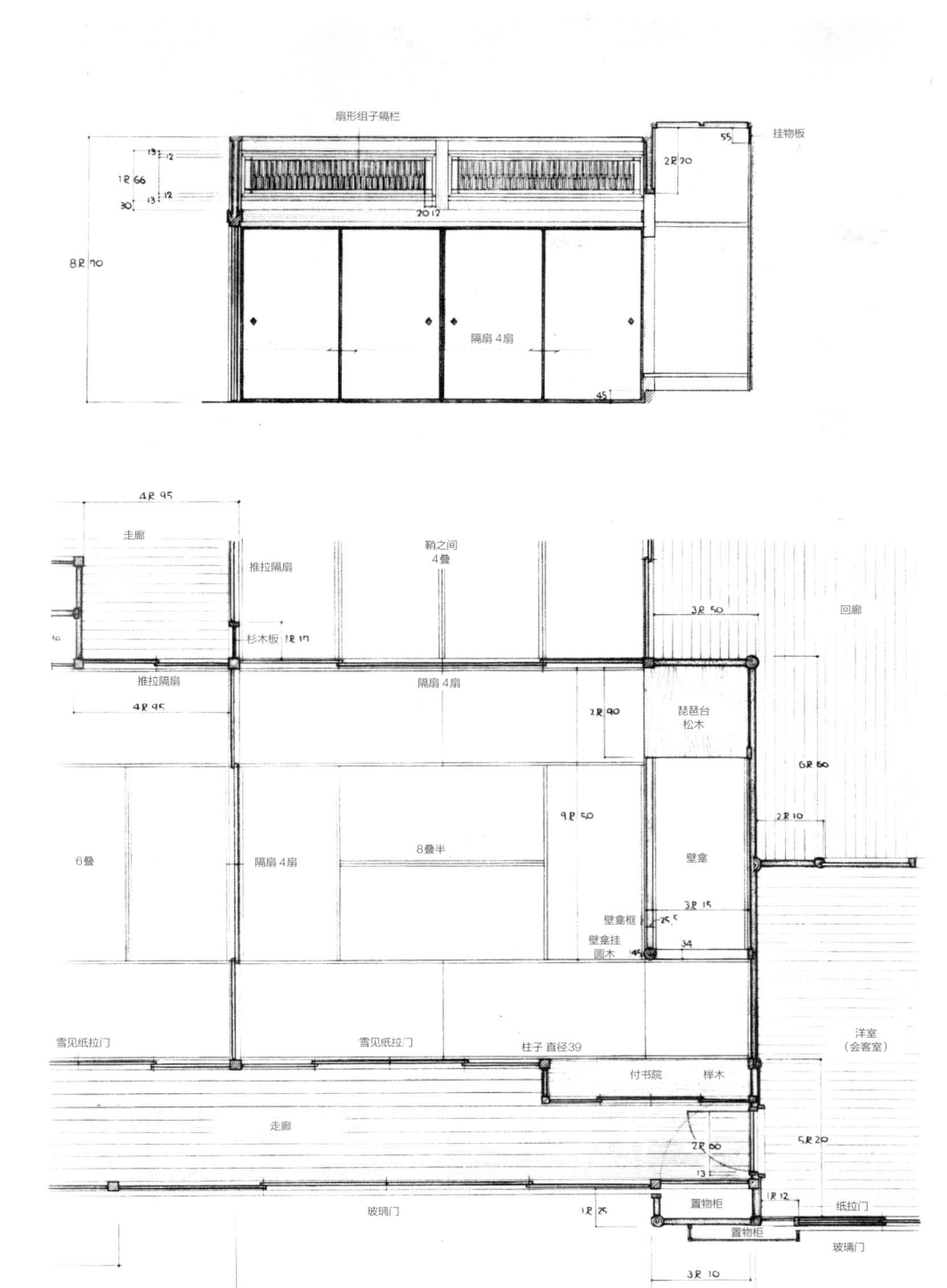

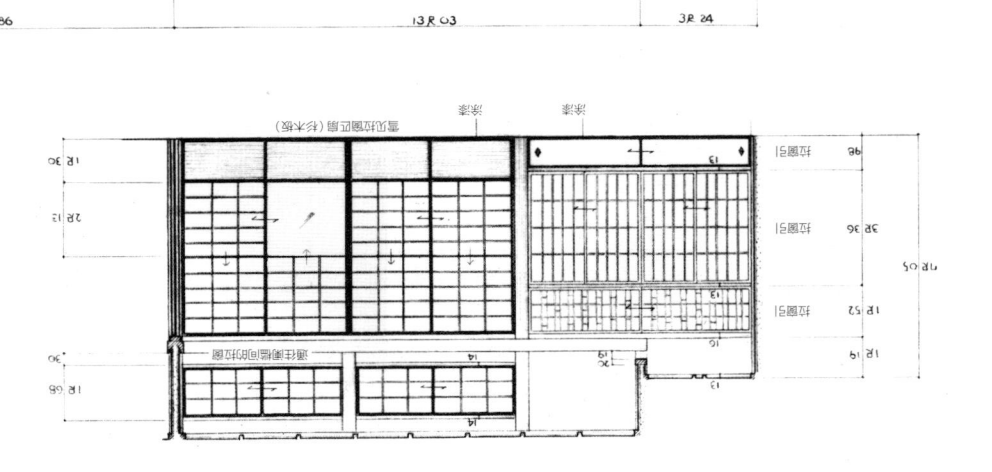

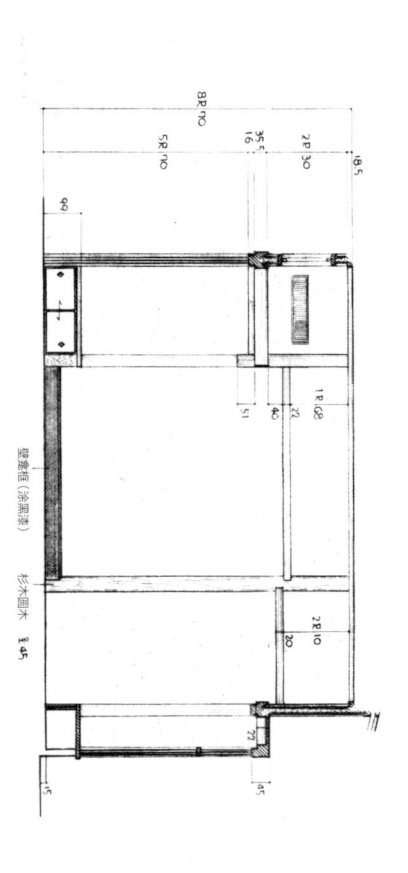

山翠楼

所有者　株式会社翠芳园
所在地　名古屋市中村区
建造时间　1917年
设计　山田龟太郎
施工　高松定一

本节介绍的是位于名古屋市纳屋町的旧高松邸里的山翠楼，内含若干座敷。曾十分有名的位于宅邸庭院内的太郎庵的茶室，如今已移筑至现在的翠芳园内。后来的所有者将道路拓宽，然后进行平移，虽然也因此对庭院和建筑物进行了一定的改变，但是基本上还是能从中看到高松邸座敷的影子。

大部分座敷都建于1917年，出自山田龟太郎之手。但是随着高松家的人一代比一代热衷于茶道，同时也受到了当地的风俗习惯的影响，山翠楼的设计应该还采用了茶道师傅的建议。

山翠楼内的诸多座敷，各自的结构、设计、用料的配合都是耗费了主人精力和心血的，并且展现了其爱好。

泉之间（8叠）、邻室（6叠）

房间内设有长押，正面两间处的中央有赤松皮的壁龛柱。一间长的壁龛和床胁正中间设有凸窗。平书院上方直到深处都带有长押，显得端庄严谨。经过庆春涂技法打磨的邻室的格窗上，嵌入了带有波涛纹路的木板。这一带波纹的格窗和被称为八幡泉坊的遗址内的座敷采用了一样的设计。

宝之间（8叠）

此房间内同样设有长押。房间正面的两间处中央设有壁龛，右侧是琵琶台，左侧带有小柜橱。从壁龛柱到琵琶台为止，都设有落挂。琵琶台的顶板由短柱支撑，这样的结构显得干净利落。左侧床胁砌有小墙，形成吹拔结构（通高的

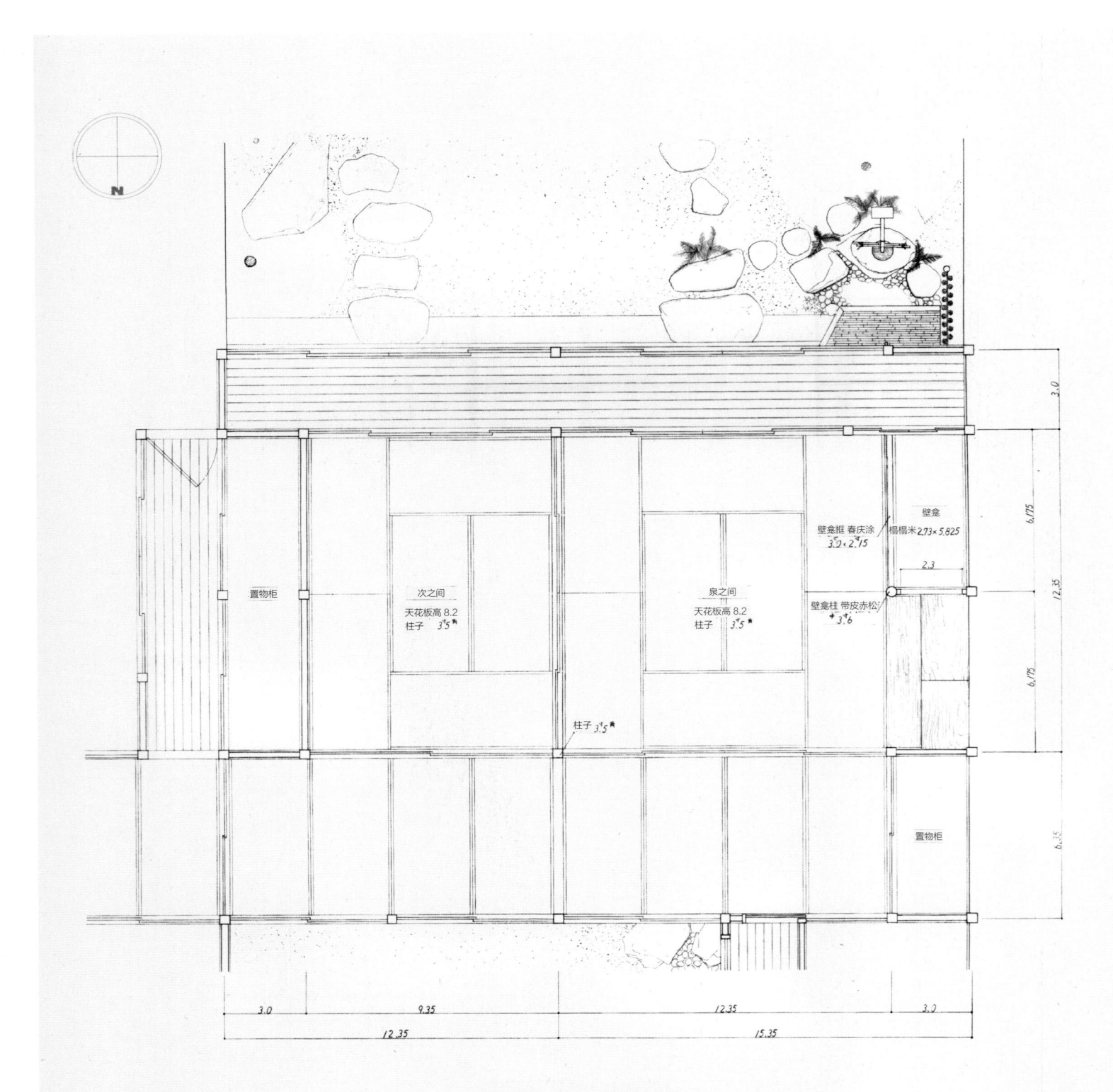

泉之间平面图　比例尺1:50

山翠楼　实测图

直到顶棚的空间）。室内以竹片并排排列，形成两条通道，这一设计展现了啐啄斋式的风格。壁龛柱也好、窗框也好，都采用了上好的杂色圆木，壁龛柱外表面也保留其原本的样子。

吹上之间（20叠）

这个房间可以说是高松邸内最传统、正规的座敷。室内天花板高10尺。室内设置内法长押。角柱处装饰有掩盖钉子的金属铁片。房间正面为一间半长的壁龛和一间长的床胁。房间整体设置属于格调高雅的书院造风格，但是壁龛内部开有凸窗，床胁处为小壁橱，总体而言并非过于严肃庄重的设计。邻室嵌有镂空设计的窗户等大概是出自吉川恒道之手吧。

白兰之间（4叠半）

因为面积较小，该房间内即使是地板结构的设计都显得精细无比。整间房都铺上了地板，落挂为竹制，壁龛柱是赤松皮的，床胁处的单字架上有焙烙棚（安放洗茶器的一种临时存放架）。另外，拉门上的冰裂纹，也十分少见。

水仙之间（6叠）

一走进玄关，立马就是作为寄付的水仙之间。这一房间的地板结构和白兰之间有着异曲同工之妙。但是与白兰之间不同的是，竹制落挂变成了以剖面呈太鼓形的圆木制作成的落挂，展示架也变成了小柜橱和一重棚的组合方式。为了与其配合，风炉处的两面屏风的设计也改变了。在采用了现代茶室设计常用的方式的同时，还辅以其他的设计方法。

泉之间付书院

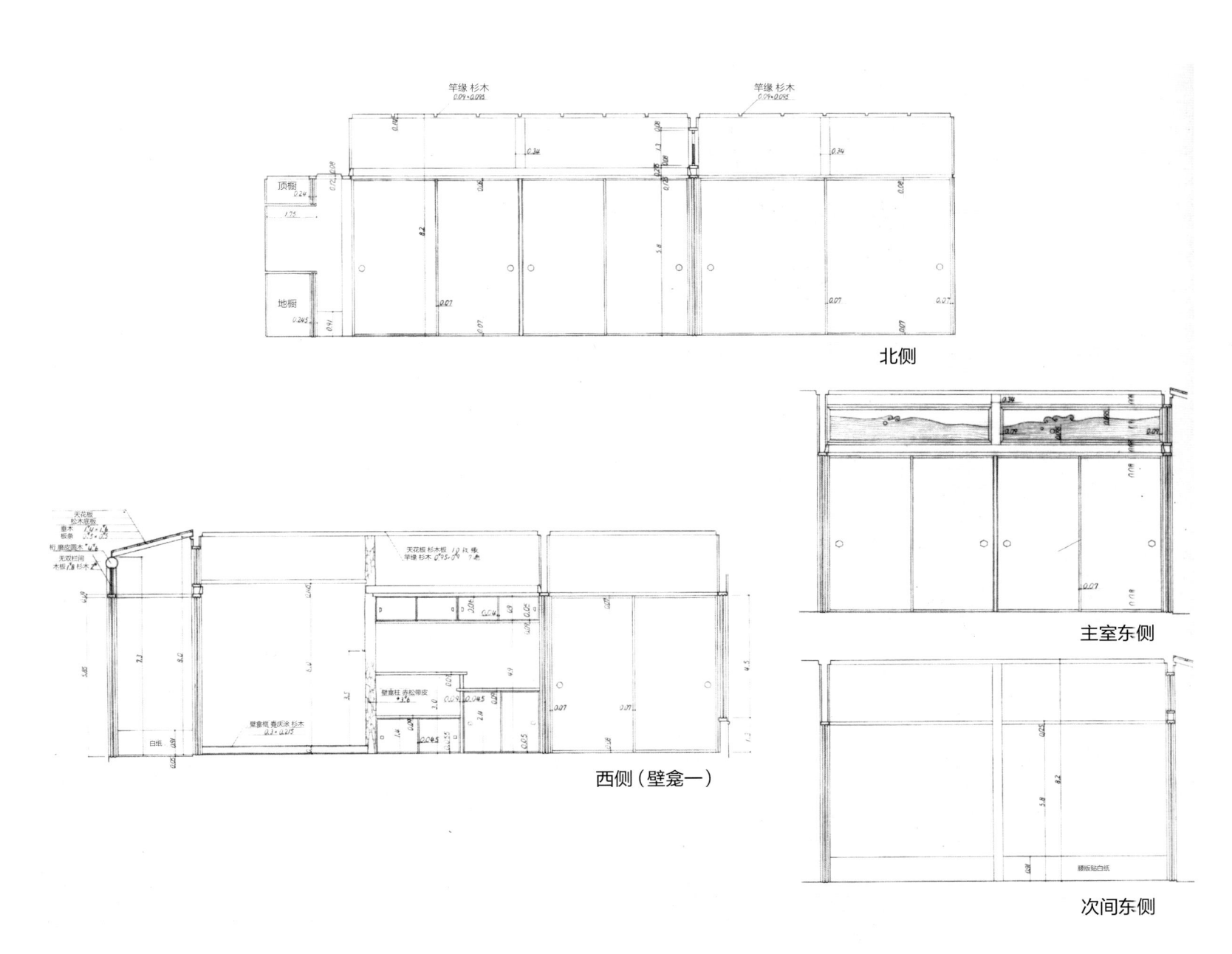

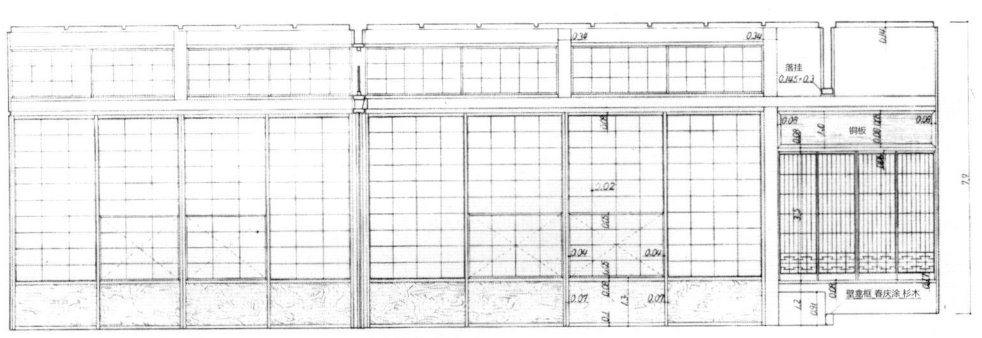

北侧

主室东侧

西侧（壁龛一）

次间东侧

泉之间展开图　比例尺1:50　　南侧（付书院一侧）

山翠楼　实测图

琵琶台
3.18
2.96

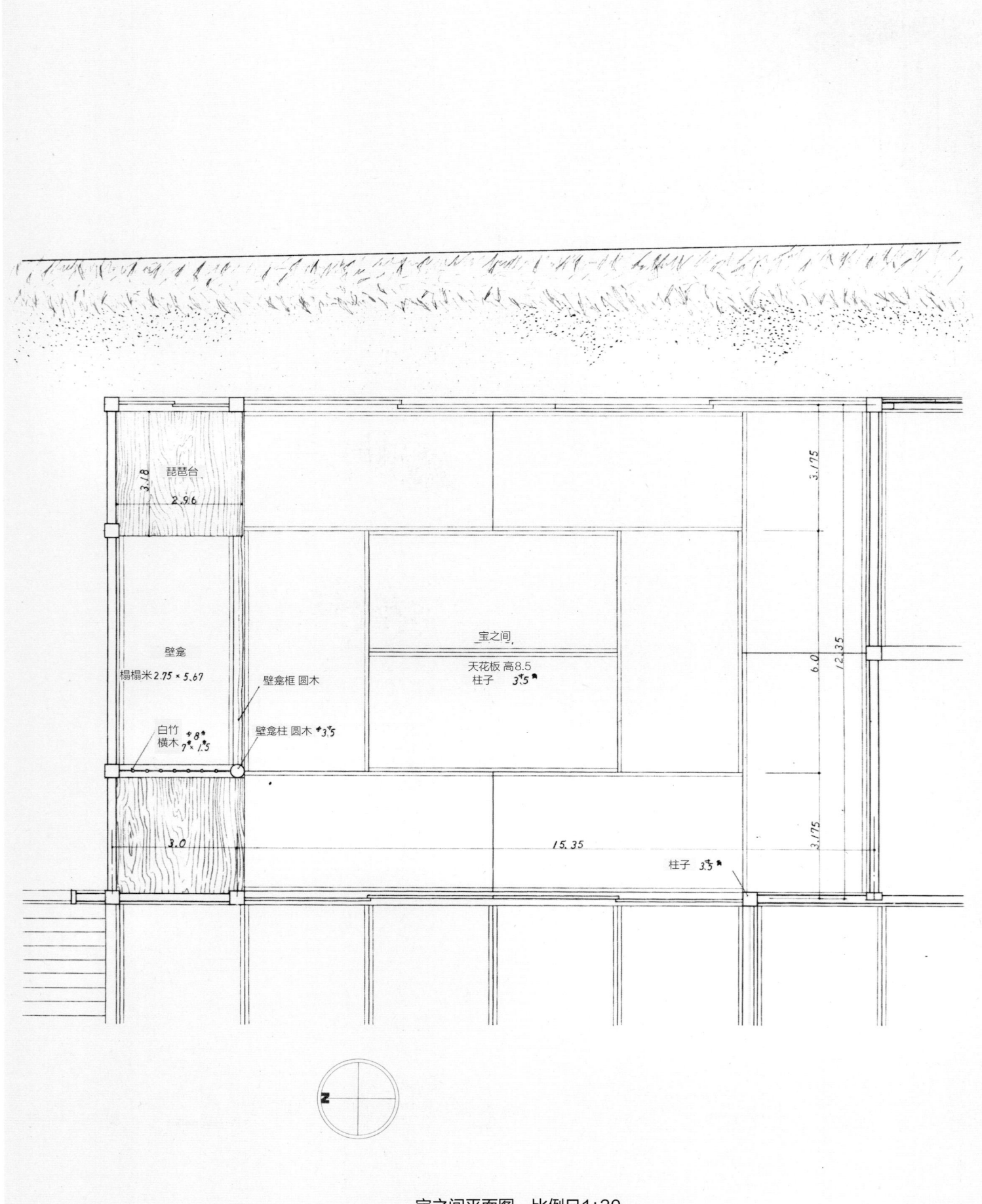

壁龛
榻榻米 2.75×5.67

壁龛框 圆木

白竹
横木 +8* 7*1.5

壁龛柱 圆木 +3.5

宝之间
天花板 高8.5
柱子 3.5*

3.175
6.0
12.35
3.175

3.0
15.35

柱子 3.3*

宝之间平面图　比例尺1:30

山翠楼　实测图

南侧

北侧（壁龛一侧）

床胁天花板 杉木板

挂物钉

东侧

天花板 杉木板：10枚张
竿缘 杉木板 1"×0.95

顶棚

腰板贴白纸

宝之间展开图　比例尺1:30　　西侧

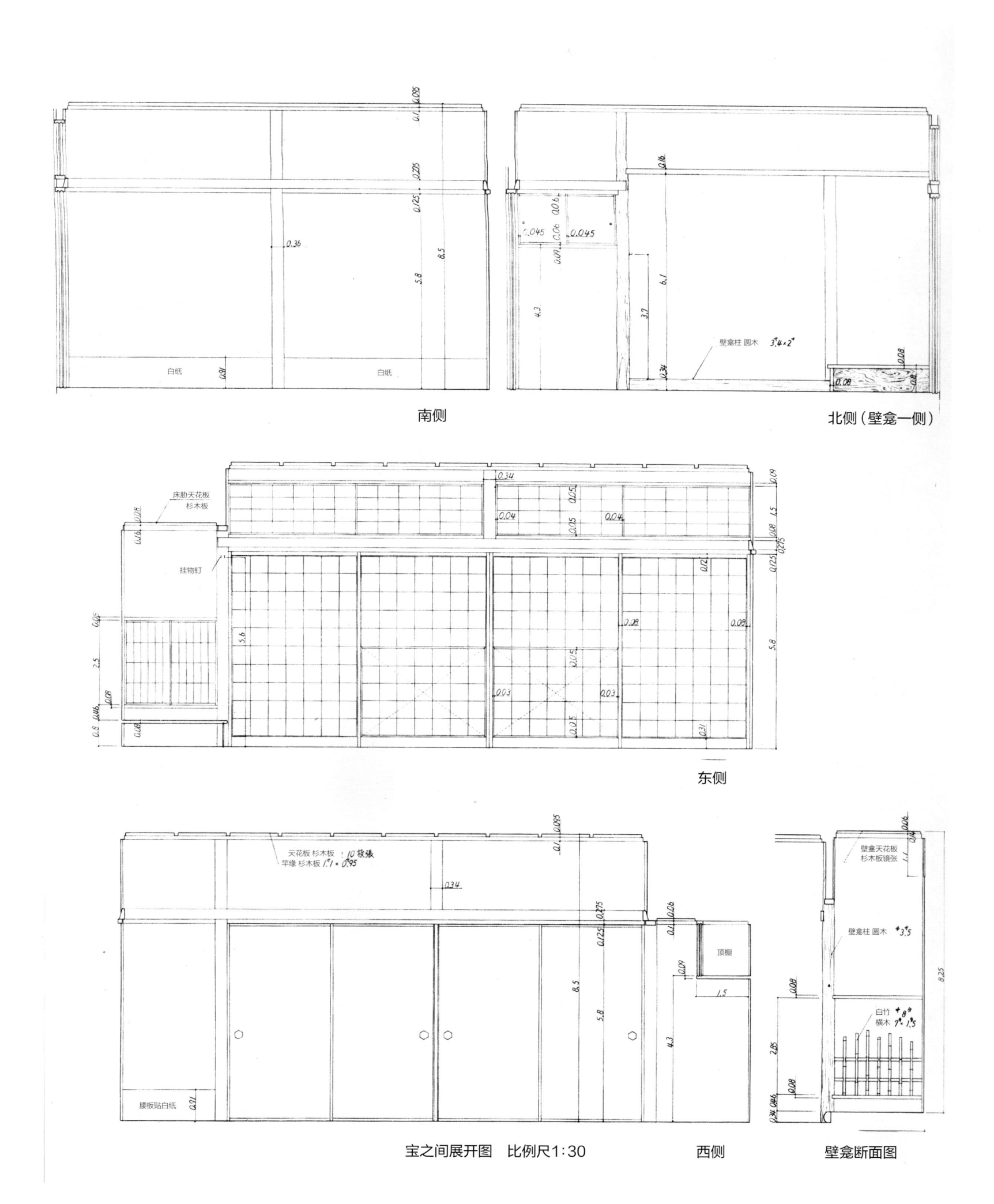

壁龛天花板
杉木板镜张

壁龛柱 圆木

白竹
横木

壁龛断面图

山翠楼　实测图

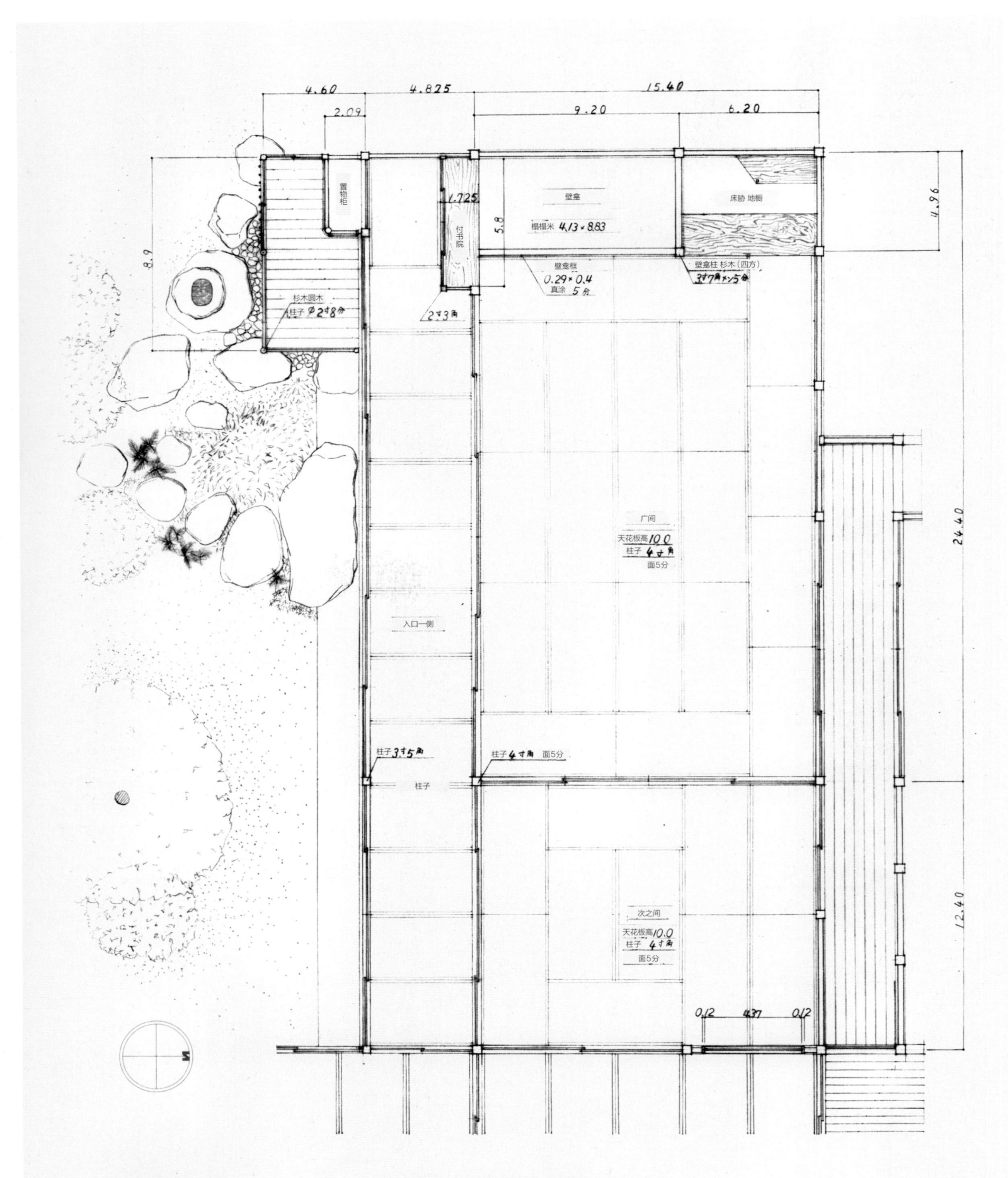

吹上之间平面图　比例尺1:50

山翠楼　实测图

北侧

主室东侧　　　　　　　次间东侧

西侧（壁龛一侧）　　壁龛断面图　壁龛断面图

吹上之间展开图　比例尺 1:50　　　南侧（付书院一侧）

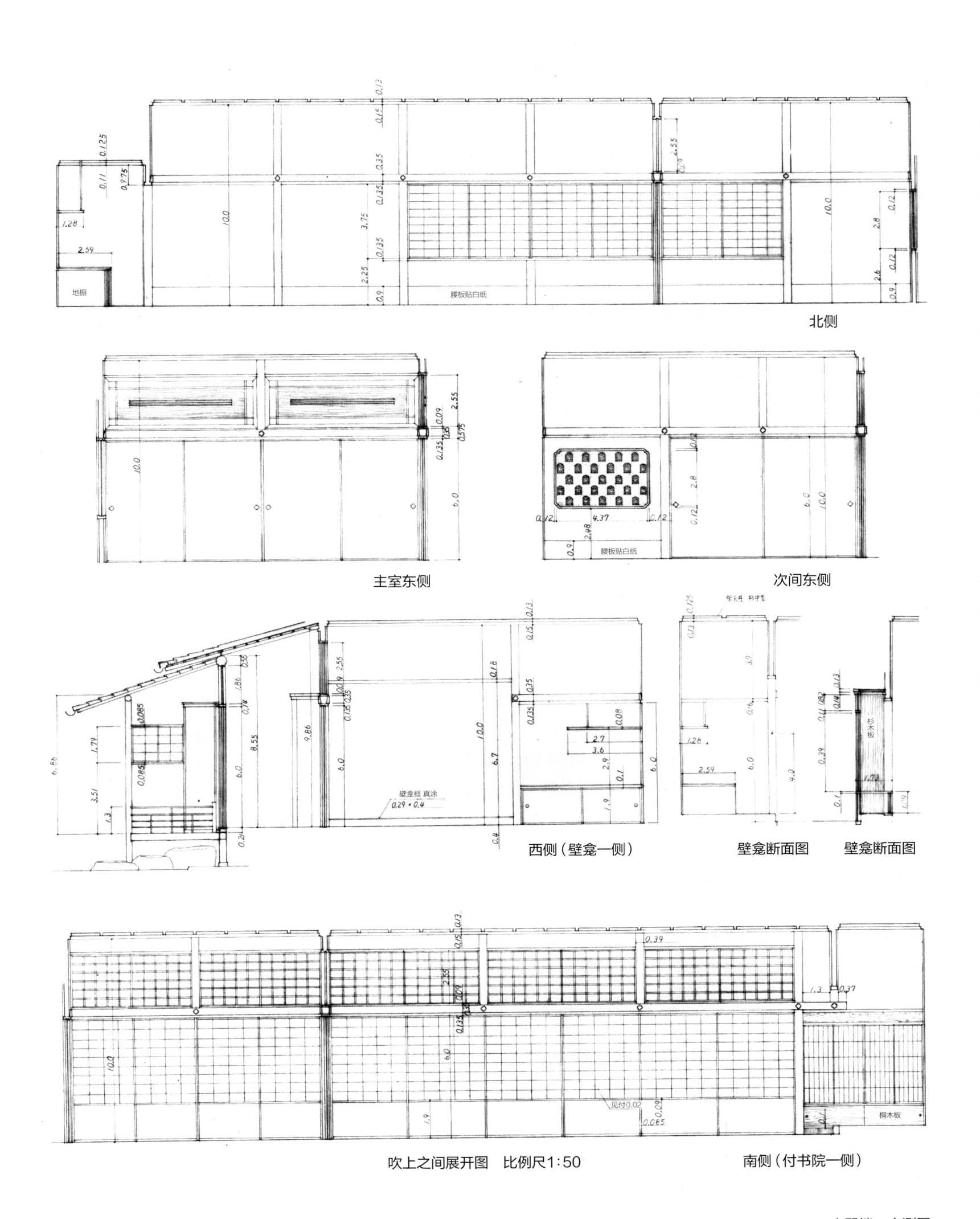

山翠楼　实测图

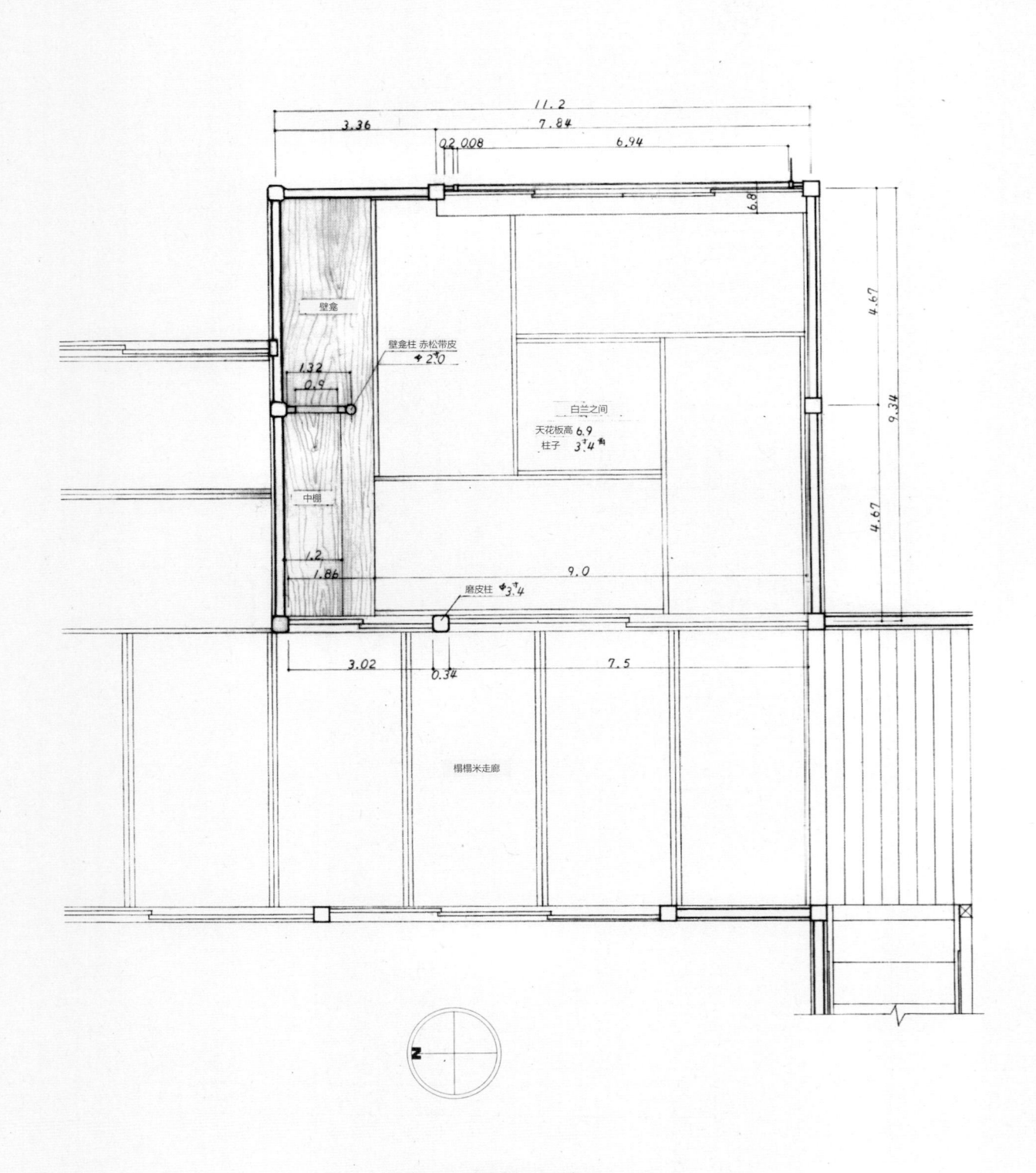

白兰之间平面图　比例尺1:30

山翠楼　实测图

壁龛断面图

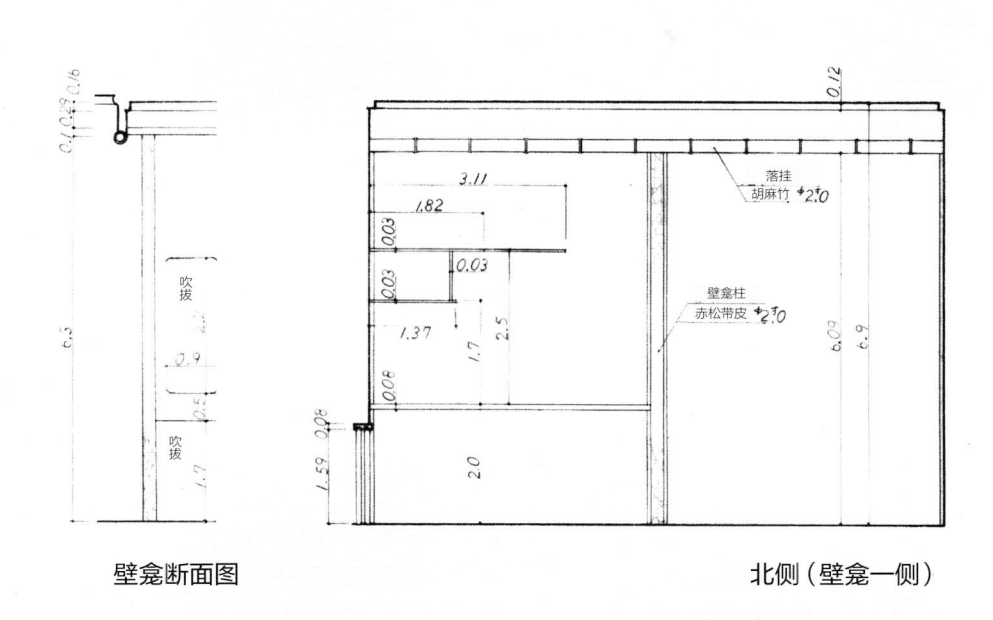

北侧（壁龛一侧）

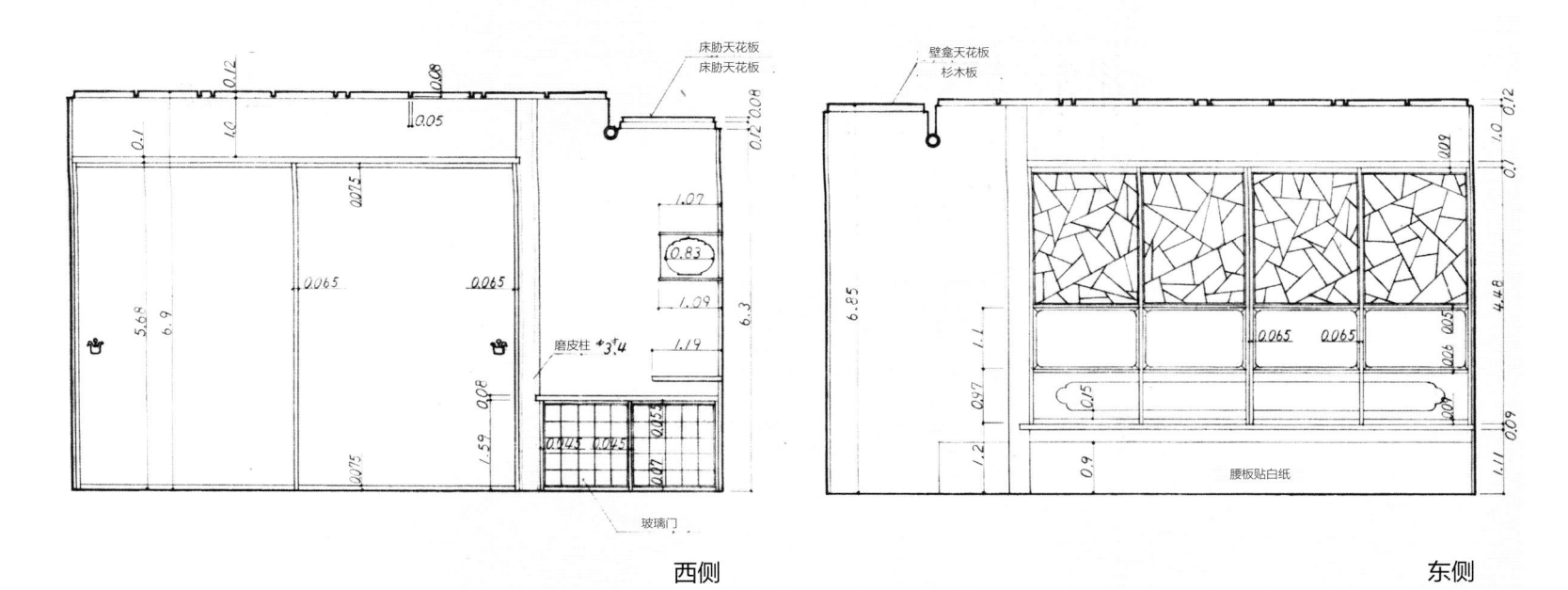

西侧

东侧

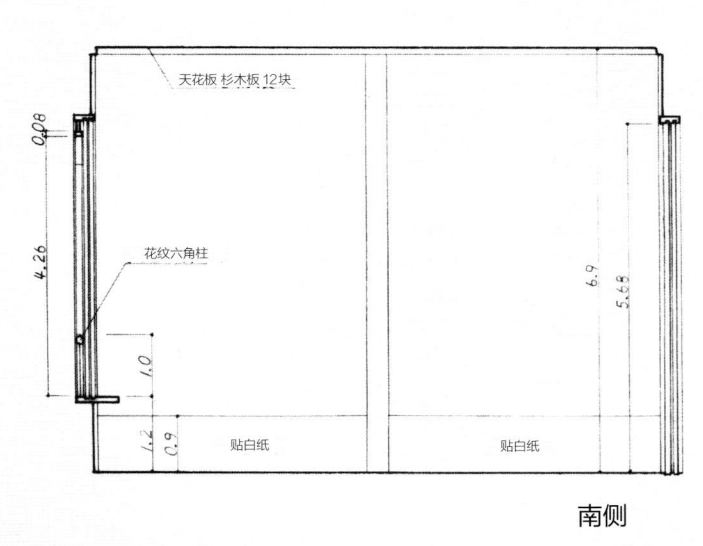

南侧

白兰之间展开图　比例尺1:30

山翠楼　实测图

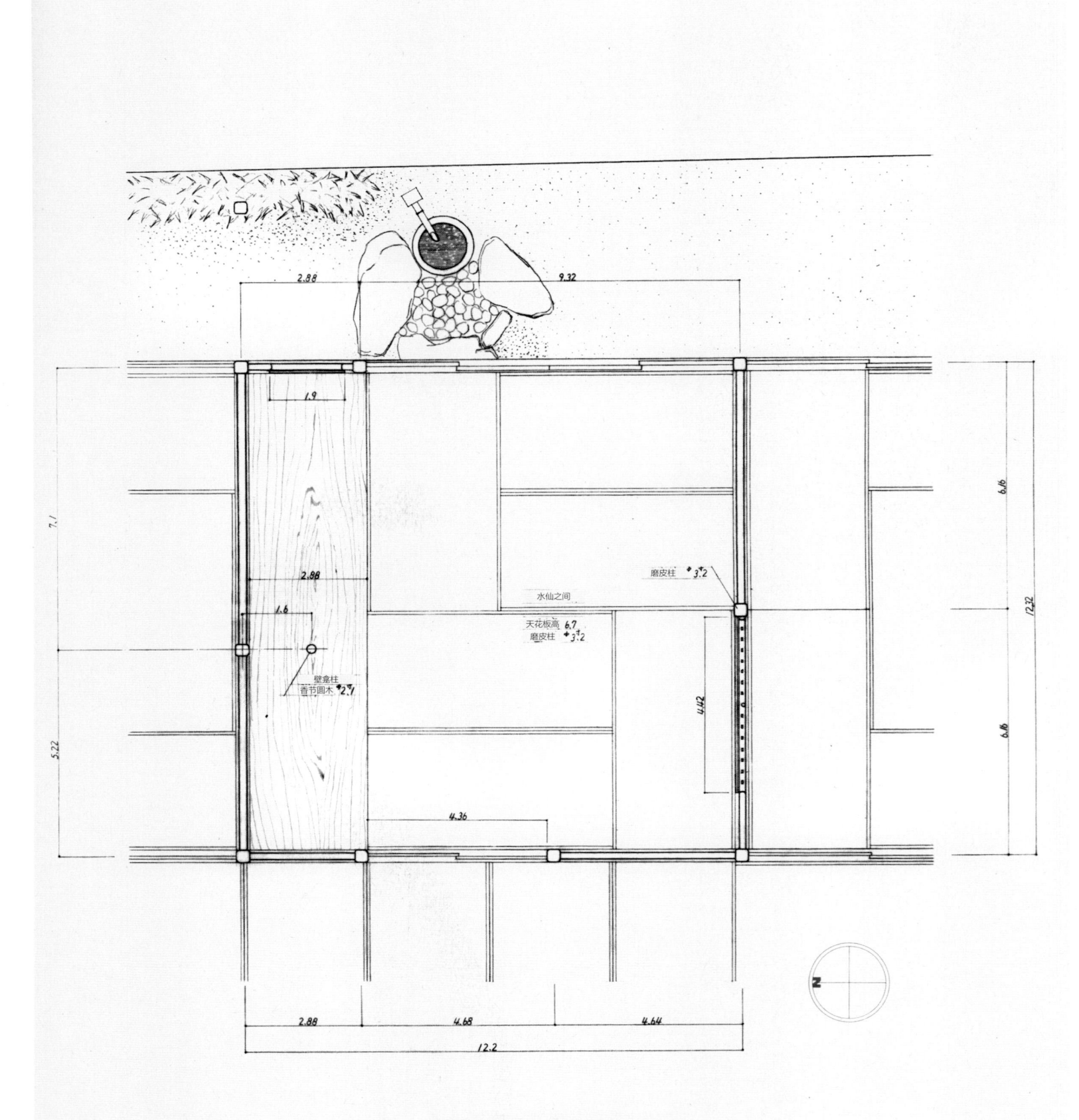

水仙之间平面图　比例尺1:30

山翠楼　实测图

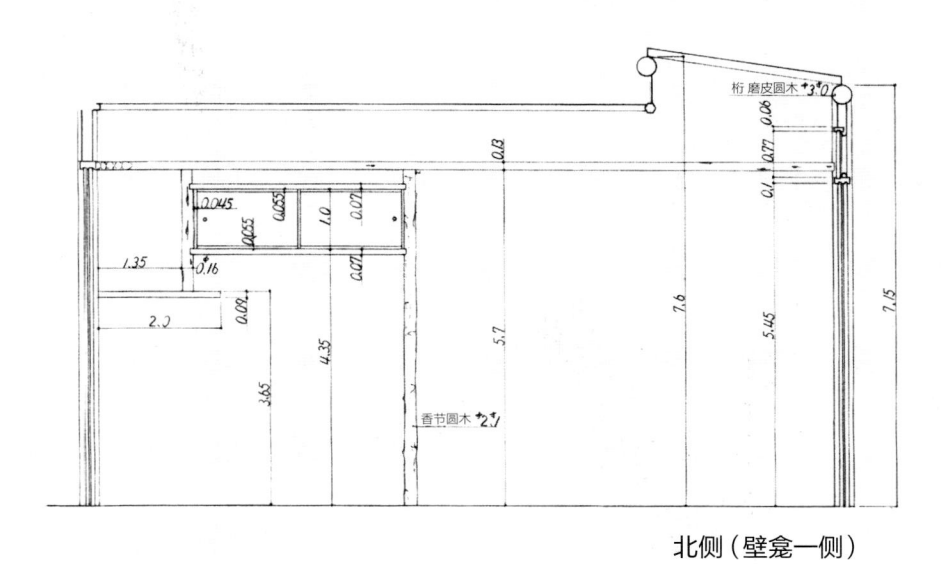

北侧（壁龛一侧）

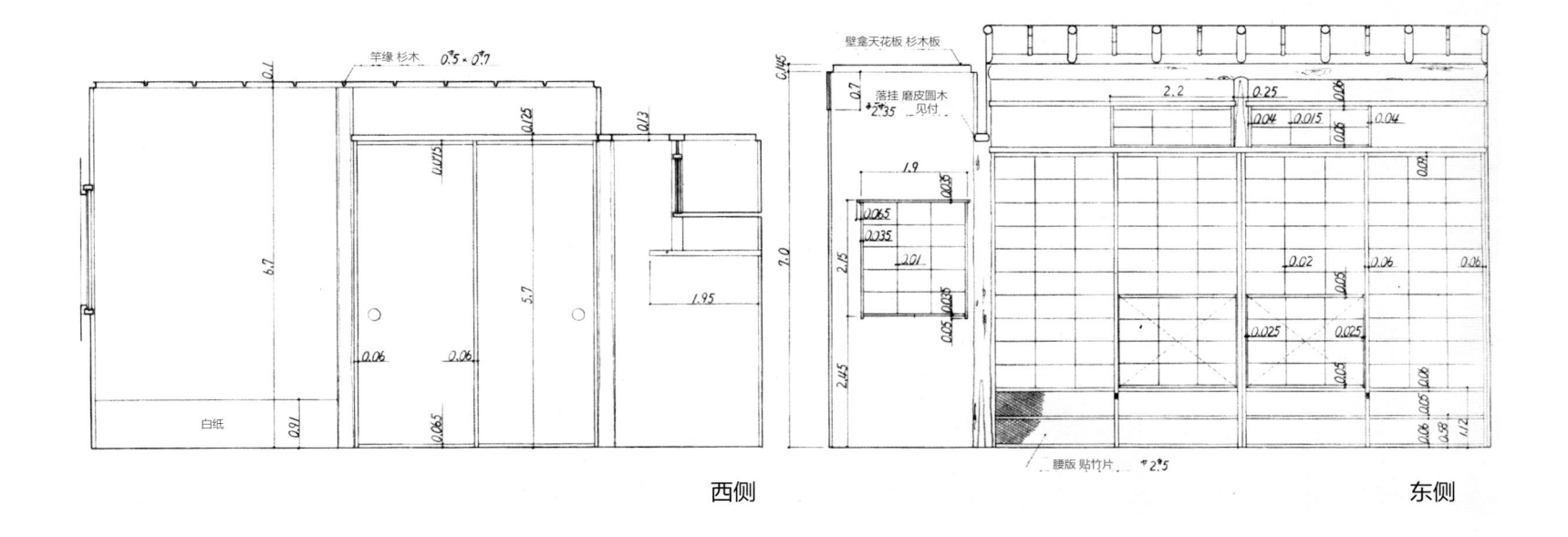

西侧

东侧

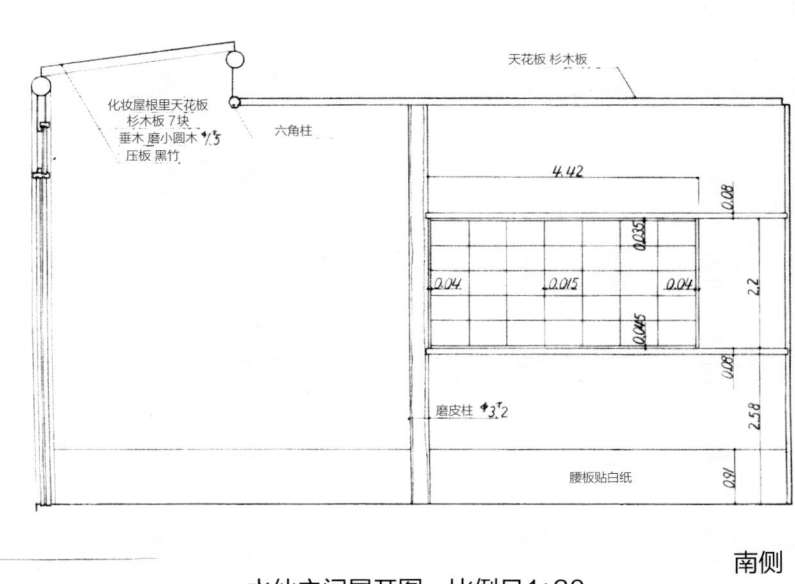

南侧

水仙之间展开图　比例尺1∶30

山翠楼　实测图

该建筑采用了日式住宅常见的玄关结构。

入母屋造结构的斜屋面朝向正面，前面略低，形成房檐。入口上方的小墙部位没有任何的格窗。格子门和篱笆等的设计，土间以及式台的地板框等，无一不展现了主人的风格品位。

看日庵

所有者　铃木晶三
所在地　京都市右京区
建造时间　不明
设计、施工　不明

外玄关化妆屋根里天花板

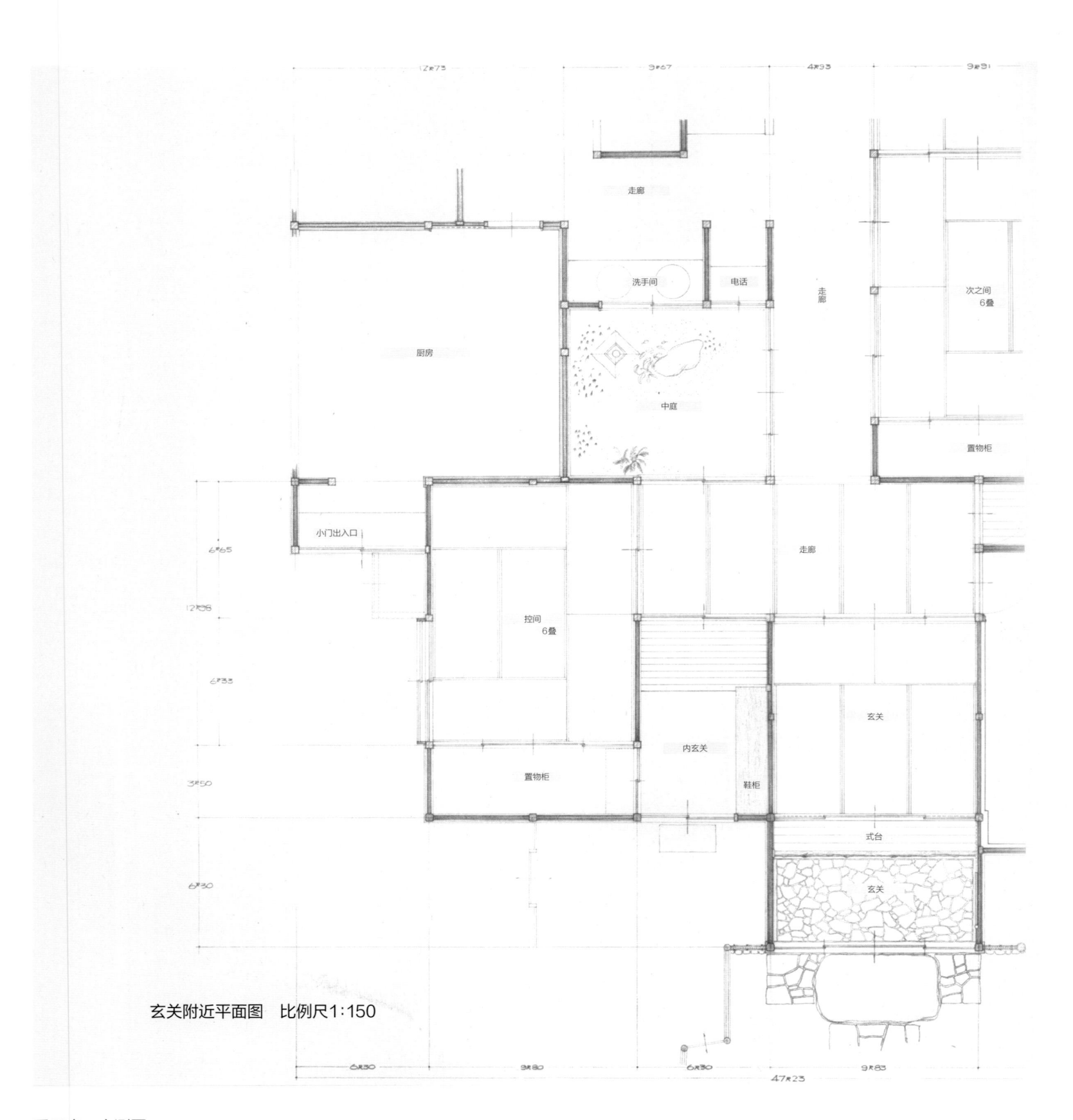

玄关附近平面图　比例尺1:150

看日庵　实测图

仰视天花板　　　　　　　　　　　橱窗　　　　　　　　　　　从玄关看到的景象

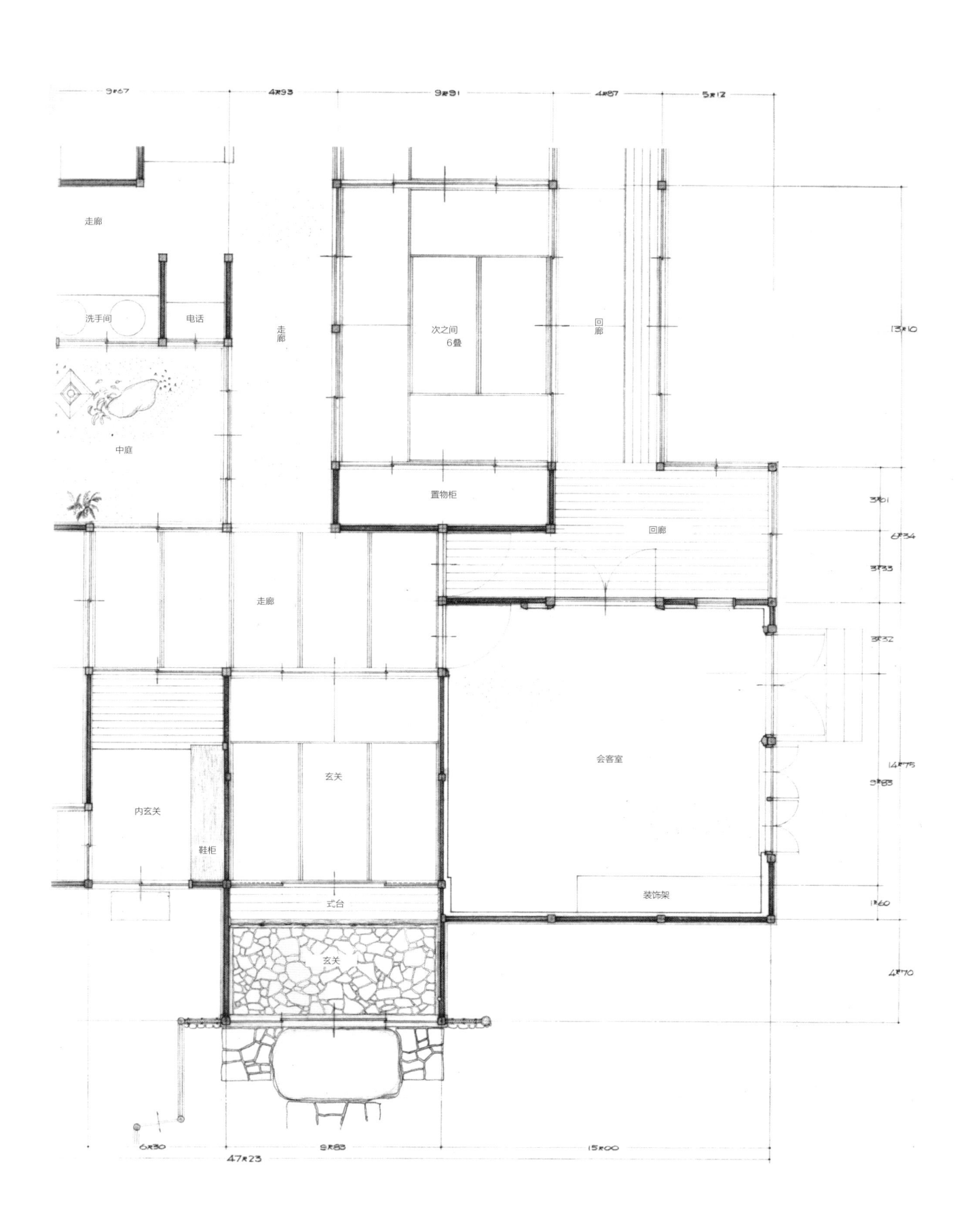

看日庵　实测图

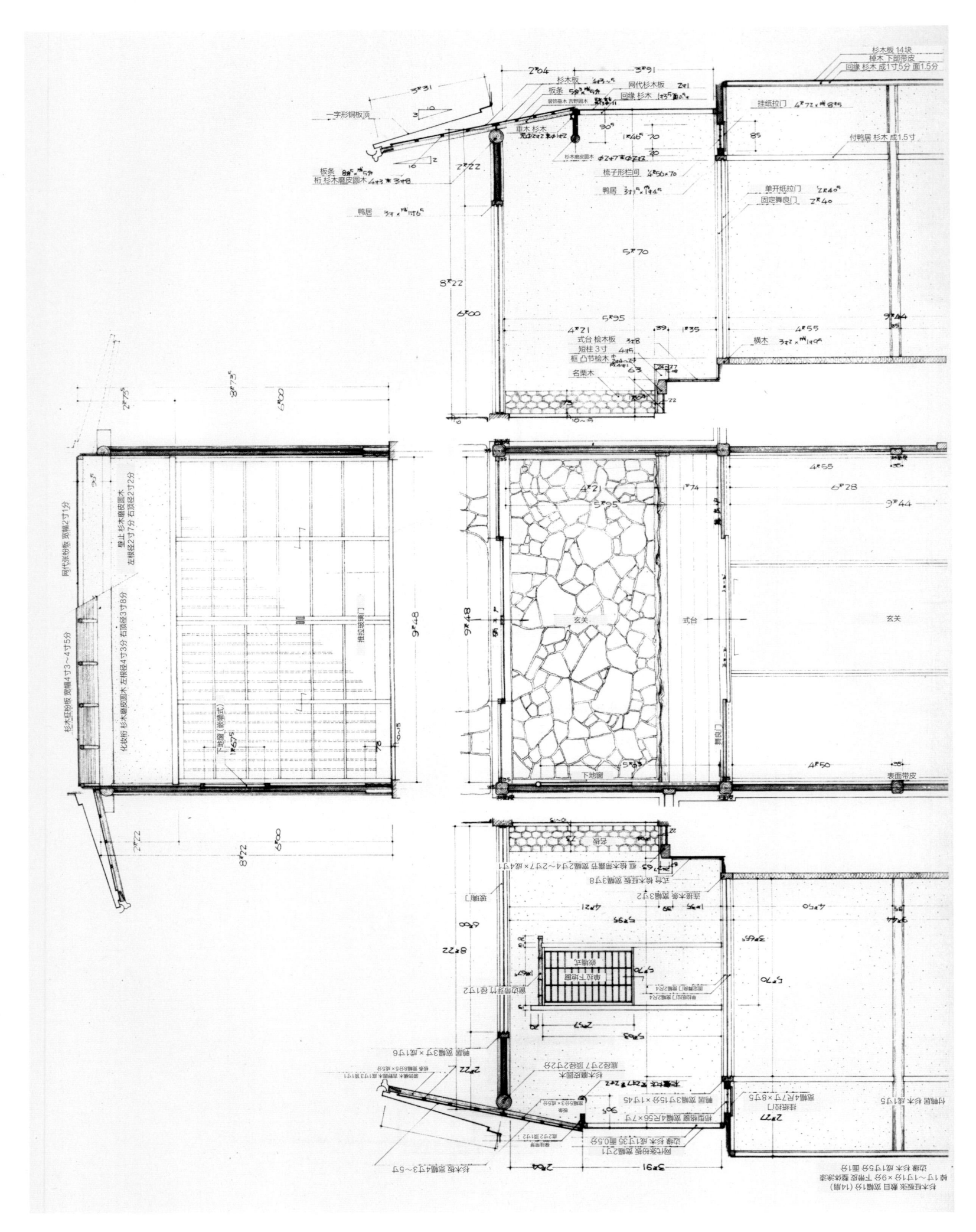

玄关平面详细图及展开图　比例尺1:30

看日庵　实测图

看日庵 实测图

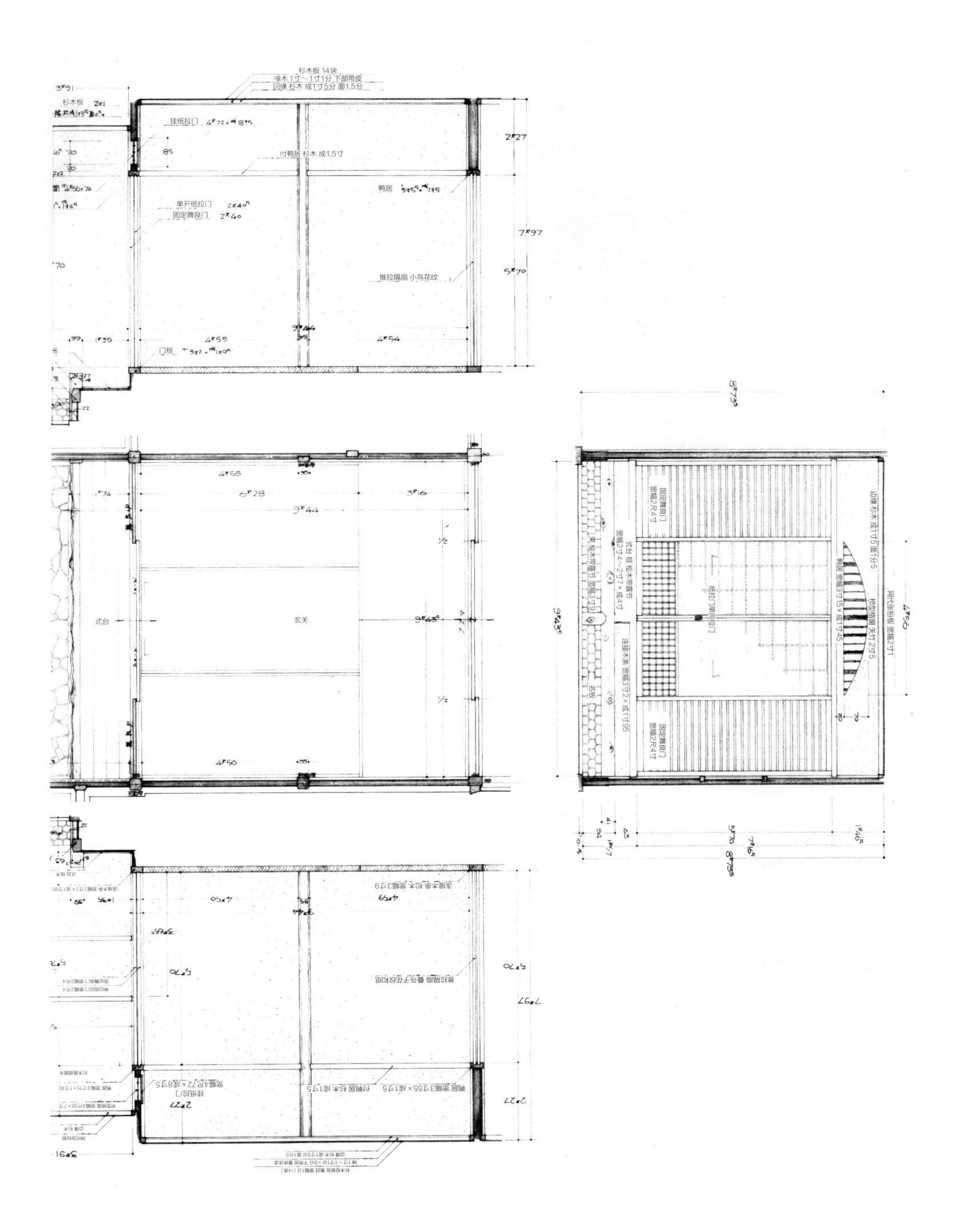

松井邸

所有者 松井利一
所在地 京都市右京区
建造时间 1935年
设计·施工 永井工务店

10叠大小的房间的邻室是6叠大小的房间。从玄关开始经过7叠大小的房间后来到邻室。

房间自东向南环绕着走廊，东侧走廊的北端是濡缘，且近庭院边的檐廊下有手水钵。现如今外廊处已经装上了玻璃门，但原本这里只有防雨门。

正面两间半宽的中央部位设有壁龛，左侧为墙，右侧为床胁。这间房左侧的榻榻米作为点前座，4叠半位置处设有火炉。

角柱没有长押，只有右侧的壁龛柱为杂色圆木。风炉所在的墙面处有付鸭居（一种装饰性的横木），邻室的格窗嵌有和残月亭如出一辙的梧桐纹样镂空的桐木板，这是充满千家风格的设计。

床胁作为台目，右侧较低，开有较大的底窗，风炉也较高。床胁的无目采用了比鸭居更低的设计，落挂（用在和室房间出入口以及设置门窗的拉门框）则高于鸭居，这样的设计显得和谐。

走廊侧的小墙配有梳子状的底窗。

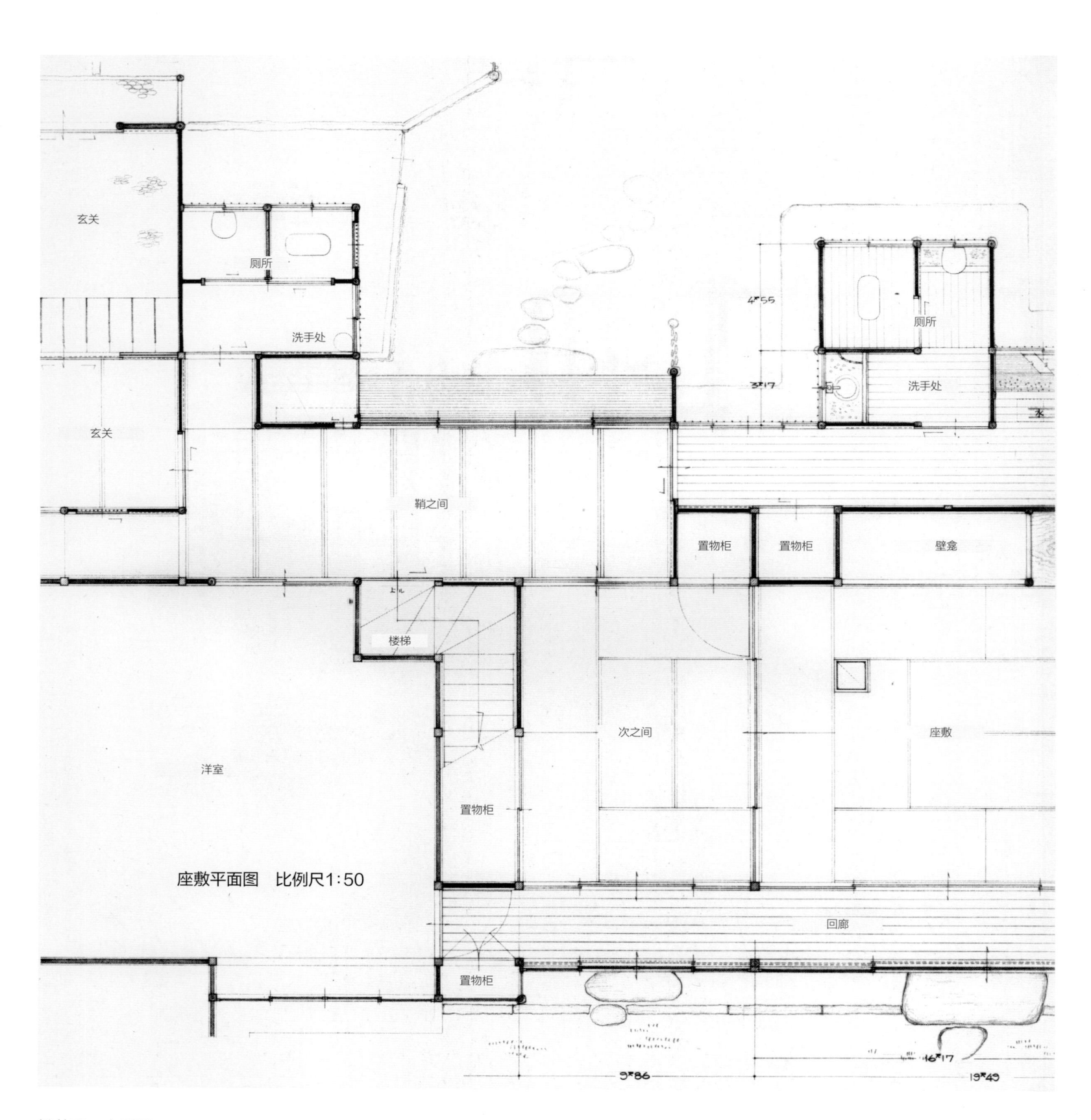

座敷平面图 比例尺1:50

松井邸 实测图

格窗（走廊一侧） 　　　　　　格窗（座敷一侧） 　　　　　　格窗的一部分

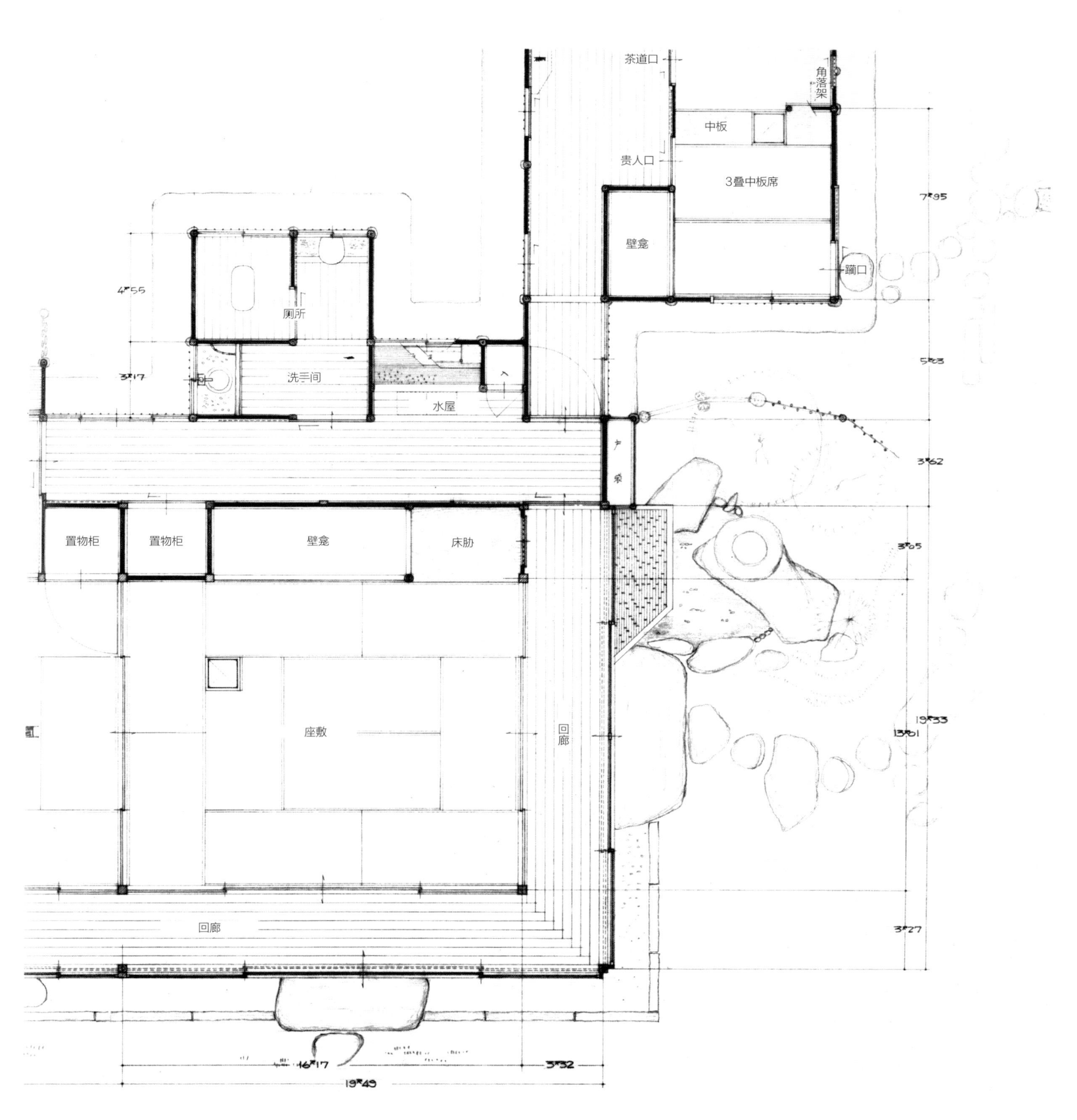

松井邸　实测图

雪见障子详细图　比例尺1:3

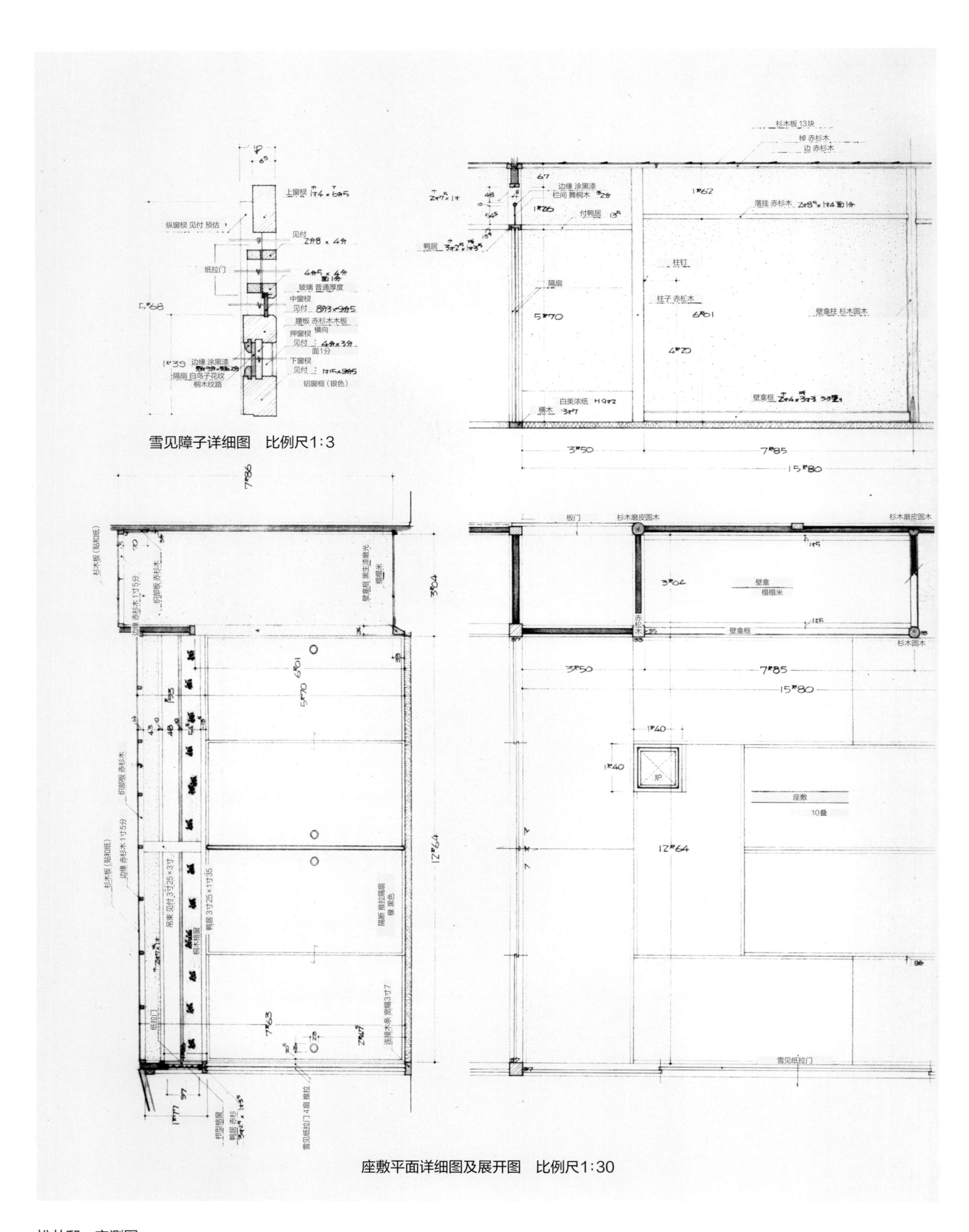

座敷平面详细图及展开图　比例尺1:30

松井邸　实测图

松井邸　实测图

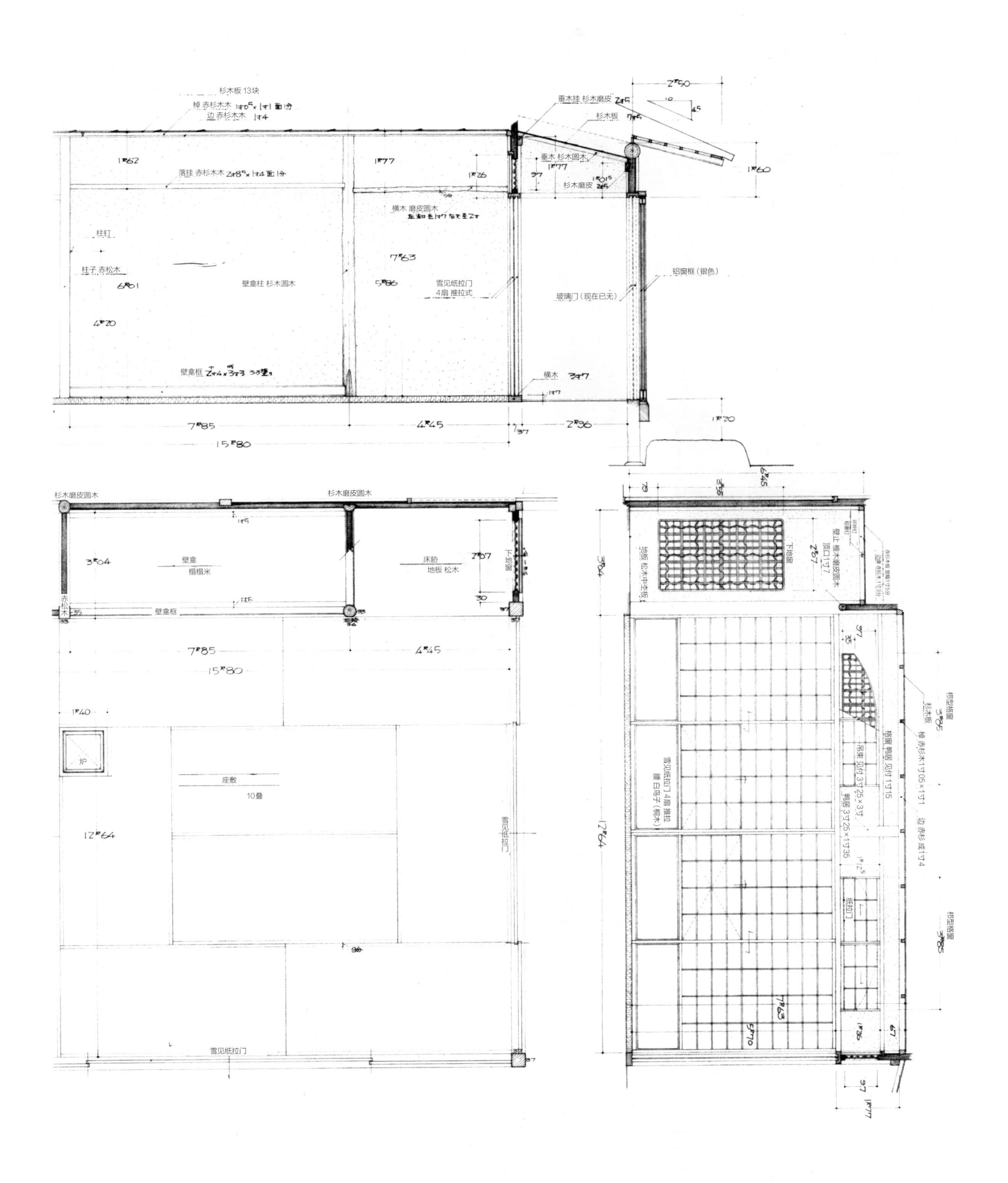

扇叶庄

所有者 中田新三
所在地 京都市上京区
建造时间 1938年
设计 藤井厚二
施工 Karakiya土木工务店

藤井厚二同武田五一一样，都是京都著名的建筑学家，为日本的近代建筑发展贡献了巨大力量。作为京都不能被遗忘的建筑学家之一，他和武田一样都曾是京都帝国大学的教授。

扇叶庄的座敷是藤井最后的作品。据说门之类的设计图都是他在病床上完成的，并通过远程指导建成座敷。座敷同时还可作为茶室使用，真正做到了一室二用。

这个房间中最能体现设计感的大概就是地板结构了吧。地板一角设有3叠大小的上段壁龛，出隅处立着壁龛柱。该柱子是呈倒角状的杉木四方柱。壁龛旁有小壁橱，东侧墙上开有圆窗，并带有凸窗。这样的结构可以说是和残月亭如出一辙的。创作者大概就是以残月亭为灵感进行建造。但是它和残月亭也有不同之处，那就是它摆脱了凸窗的固有形状。靠近壁龛一侧的书院窗呈圆形。并且壁龛和小橱柜之间立有柱子。袖壁连接着天花板。圆窗位于壁柱的中央。之所以装在这一位置，是为了使其同时具备墨迹窗和书院窗的功能。与此相对，床胁（西侧）到小柜橱处立着的柱子之间的圆窗，也是具有独特设计感的。床胁有1叠大小，铺设木板，其上带有小墙，与壁龛之间不见一柱。这样的设计是为了使床胁处的空间显得更高。因为是13叠大小的座敷，设计者在大空间的地板结构上颇费了一番心思，在那新颖的结构之中充满了设计者的热情。

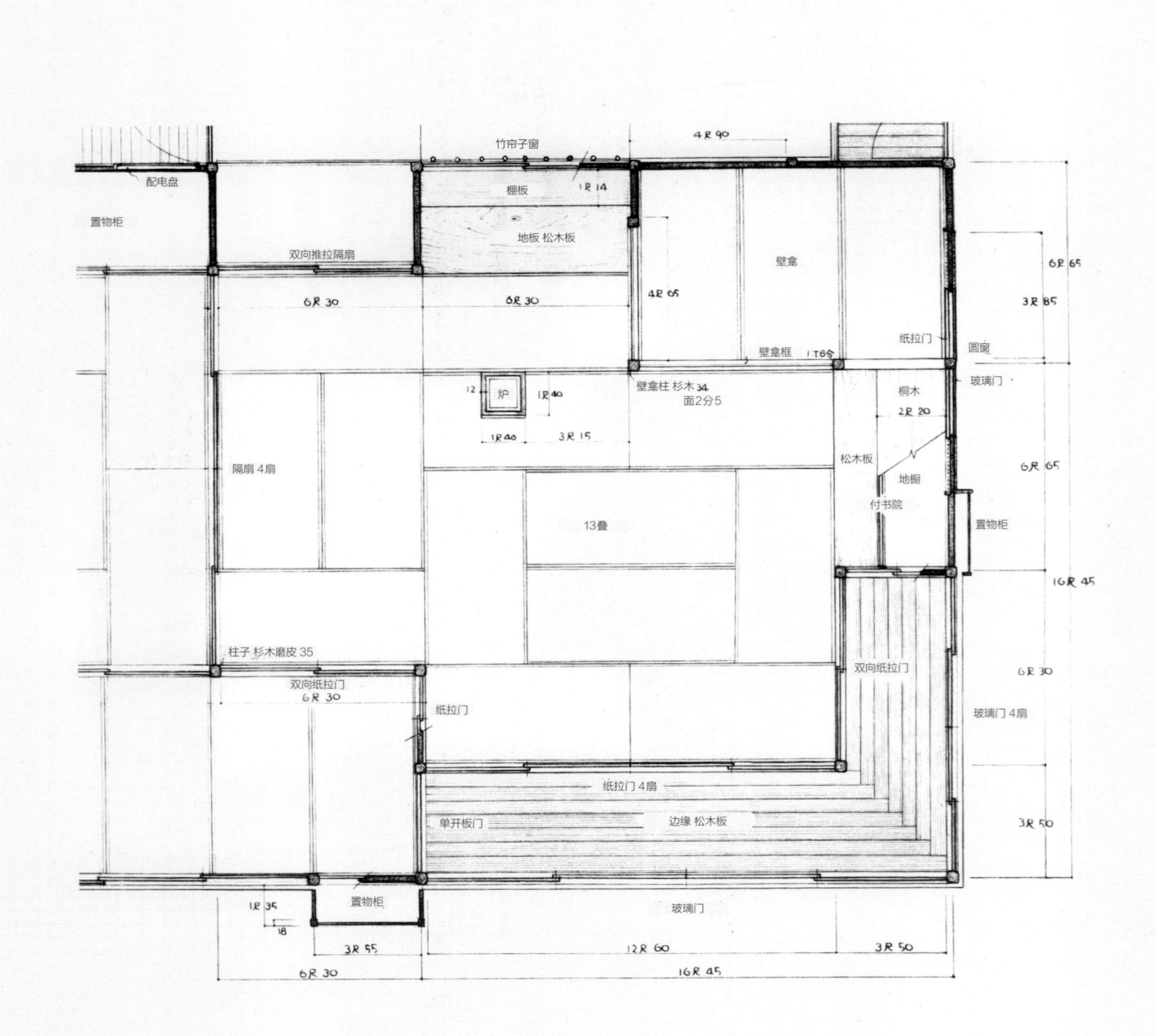

座敷平面图　比例尺1:50

扇叶庄　实测图

入口处的网状天花板和通气孔　　从主室看到的邻室　　从主室看到的庭院

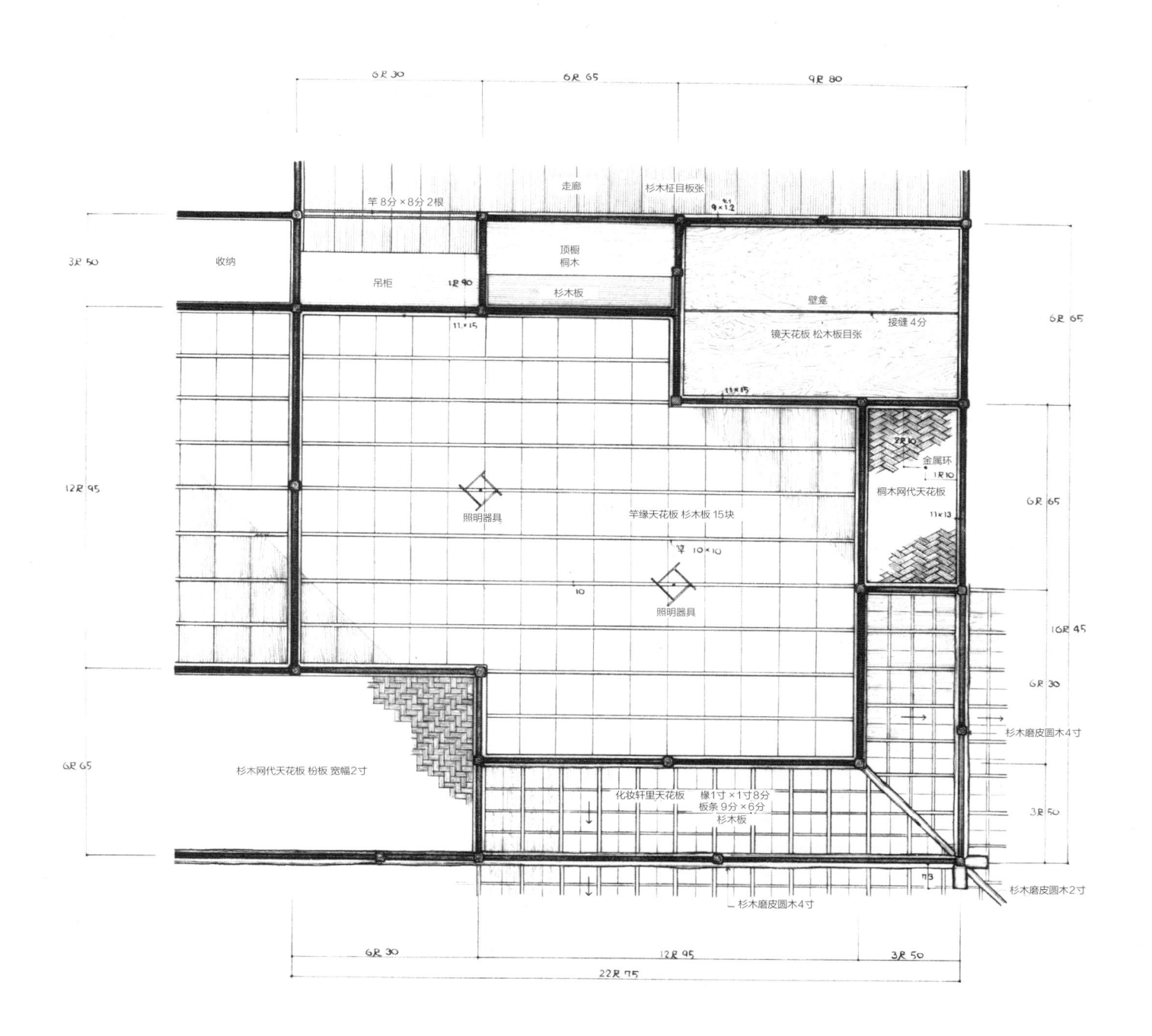

座敷天花板俯视图　比例尺1:50

扇叶庄　实测图

座敷平面详细图及展开图　比例尺1:50

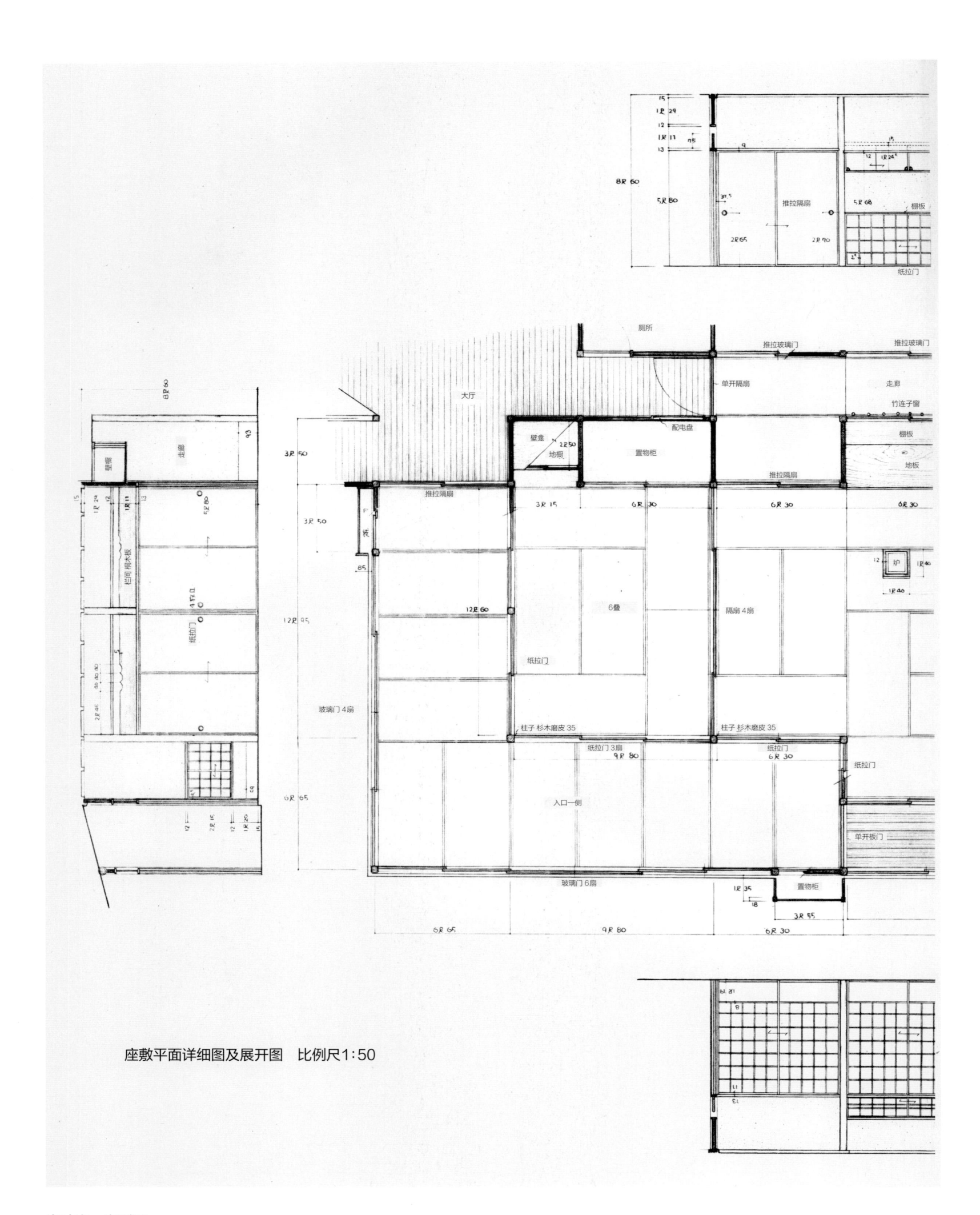

扇叶庄　实测图

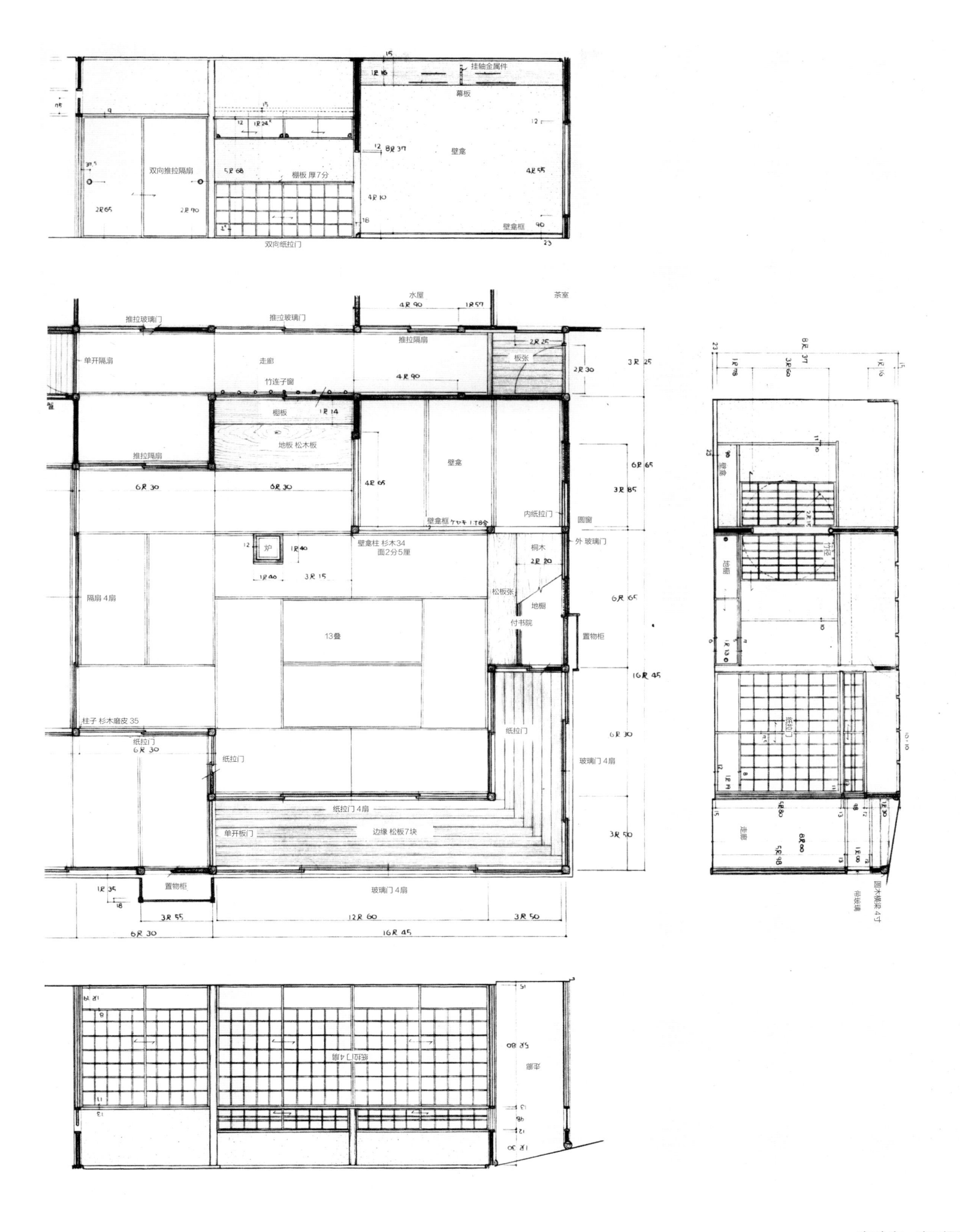

扇叶庄 实测图

竹田邸

所有者 竹田喜兵卫
所在地 名古屋市绿区
建造时间 1919年
设计 吉田绍清
施工 安藤惣兵卫

以绞染闻名的爱知县有松町，时至今日仍保留着曾经的街道。竹田邸也保留彼时的风貌，临街而建，外观格外豪华。朝向主屋的右手侧，是大气的街门，从那里可以走进内客厅的玄关。

玄关大小为4叠，正面铺有木板芯的草席以加大纵深，左端的隔扇是茶室入口，透过竹格子的垫板窗可以看到茶室内部。西侧墙面的长押下方被小墙隔开，嵌入了竹子和方格板，在那里钉有竹钉，可以用来挂帽子。木板芯的草席可以用于放置客人随身物品，是极具爱好茶道的人的品位的玄关结构。

主室大小为13叠半，右侧床胁处有2叠大小的台目，中间是横宽7尺多、深1间的壁龛。左侧的壁龛柱立于3尺处，因为横宽在1间至1.5间之间，所以右侧的壁龛柱位置偏向中心，右侧床胁可以说是成了台目的正面。也就是说，壁龛并没有处于真正的中间位置。壁龛是上段床类型。右侧床胁的墙上加入火灯缘形成了吹拔结构。和左侧床胁的边界不同，此处吹拔的设计格调显得尤为高雅。右侧床胁处的天花板为简化版的网状天花板。设有小柜橱，其下内角处有一重棚。

和邻室之间的格窗，有花菱状的镂空图案，带有涂黑的栏杆，环绕着窗边。

拉门腰部位置纸张上绘有新竹，其中一面带有金箔粉末。隔扇、贴纸、格窗、金属类拉手等设计，都体现了设计者——名古屋茶道家吉田家第三代继承人绍清的喜好，是被称为古川翠溪流的设计。

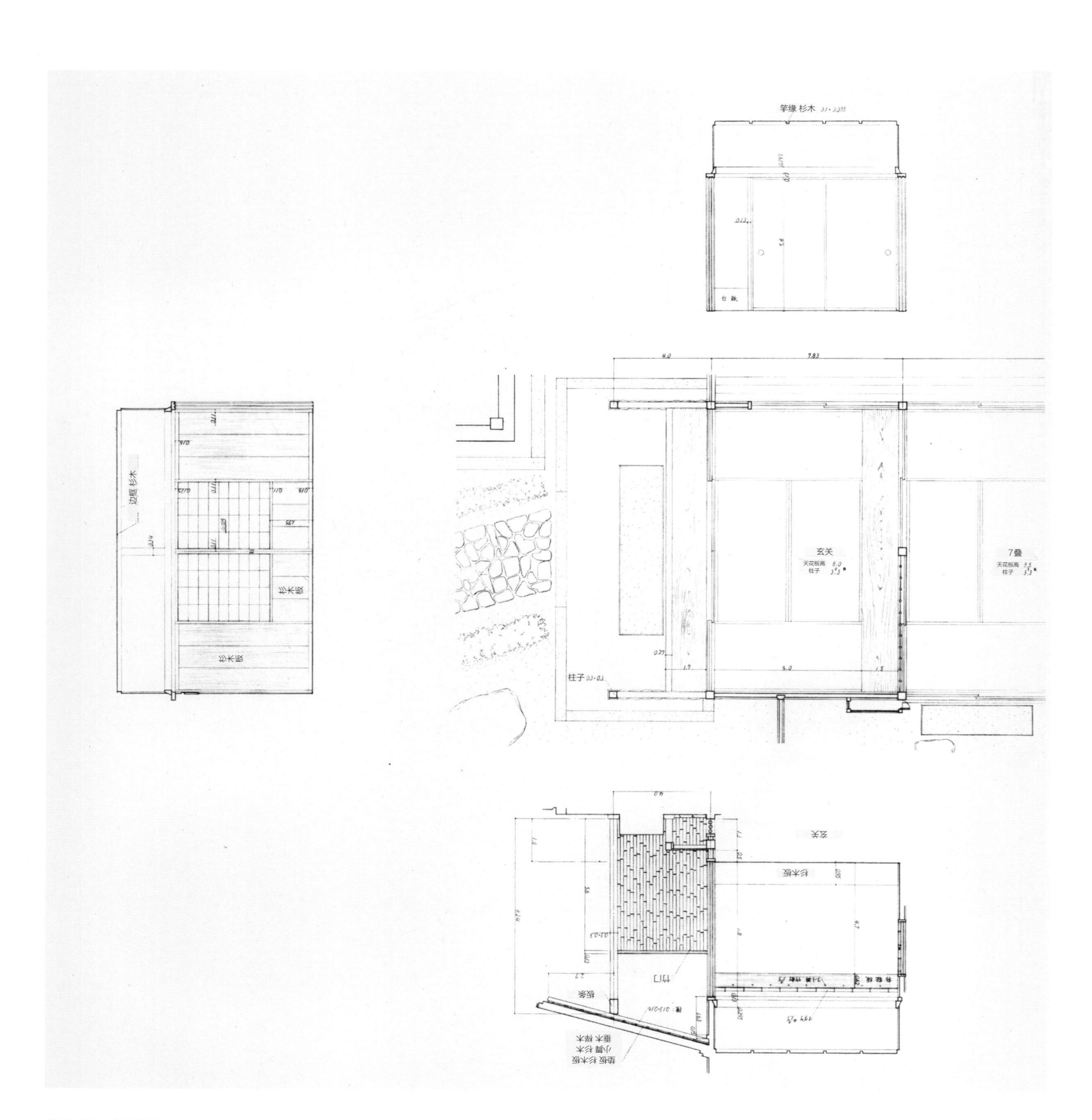

竹田邸　实测图

主座敷入口 　　　　　　　　　　　主座敷床胁　　　　　　　　　　　主座敷格窗的一部分

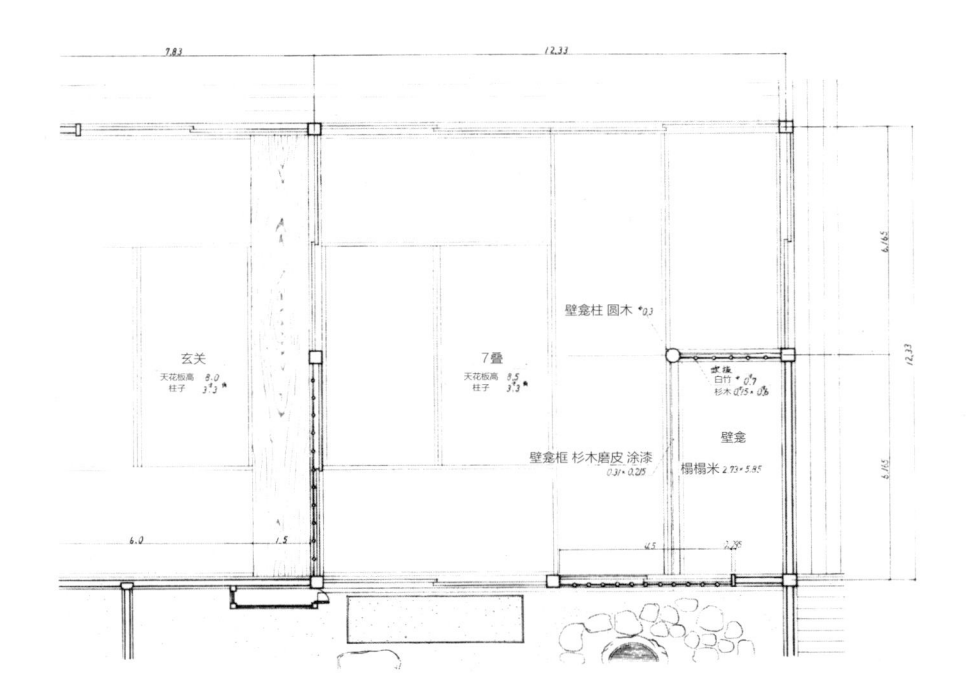

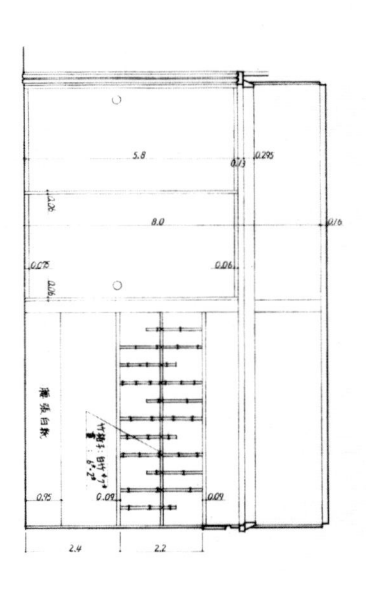

玄关、七里昂之间平面详细图及玄关展开图　比例尺1:50

竹田邸　实测图

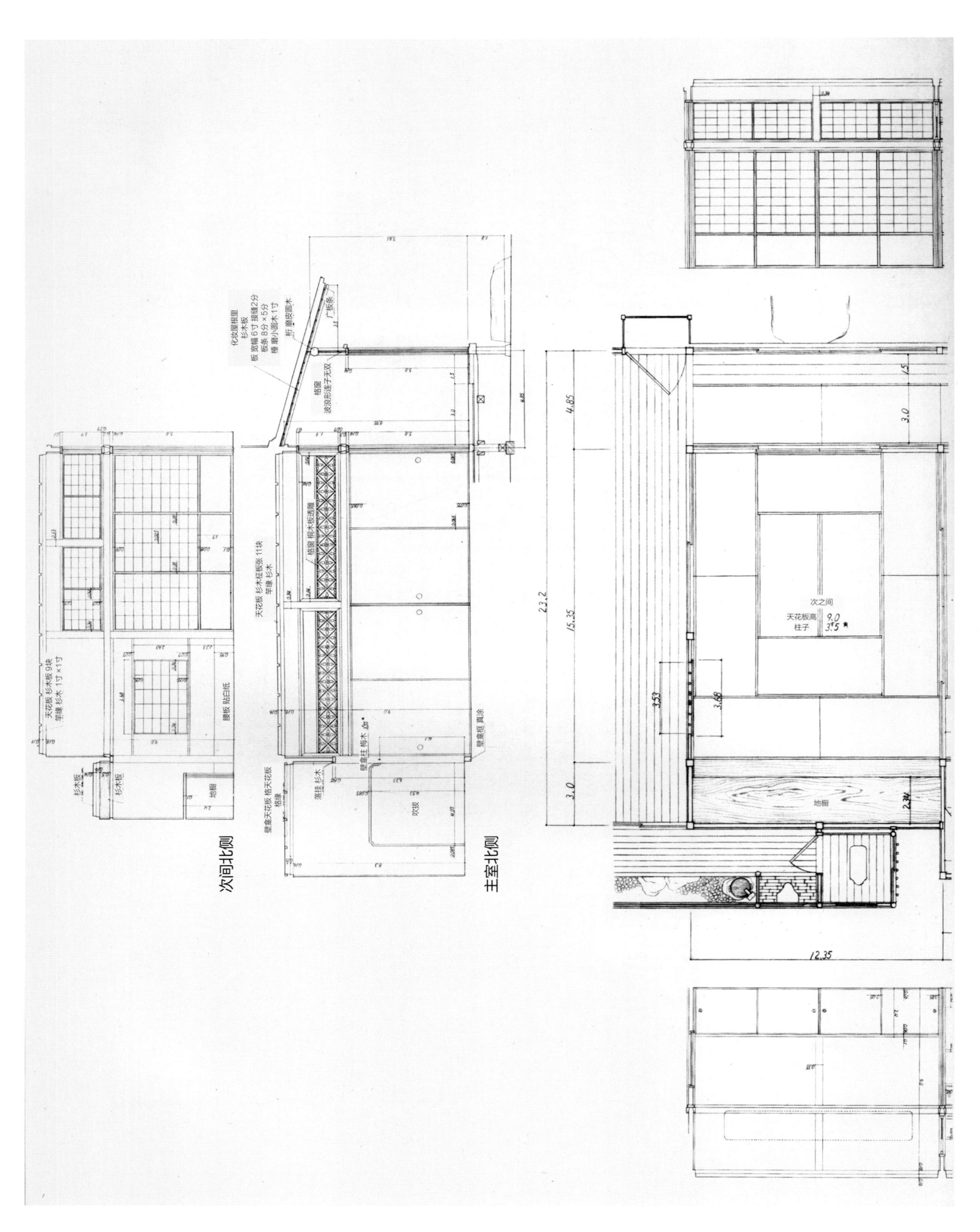

竹田邸　实测图

主座敷平面详细图及展开图　比例尺1:50

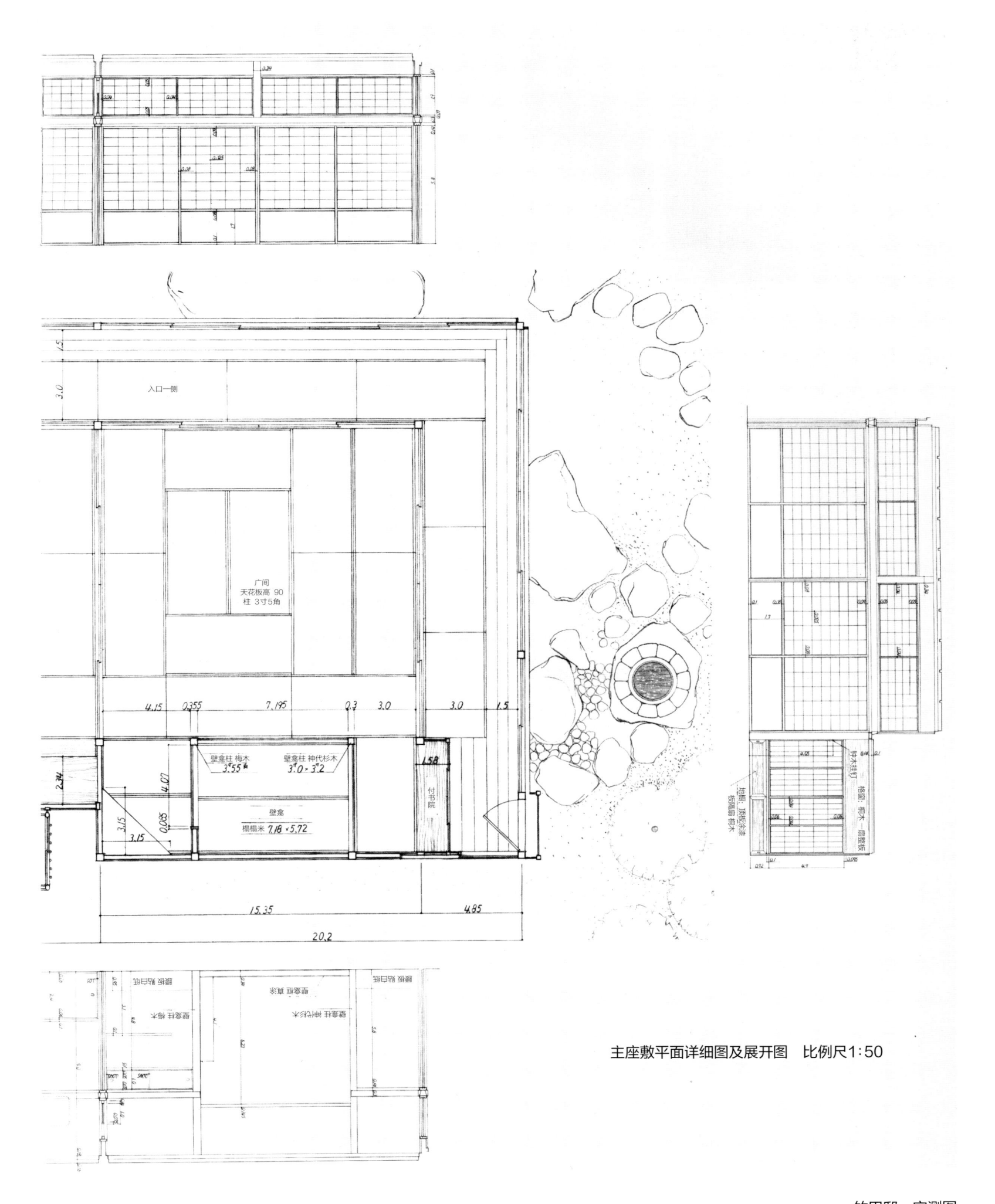

竹田邸　实测图

从壁龛看到的景象 　　　　　　　　床胁前的点前座 　　　　　　　　壁龛、凸窗

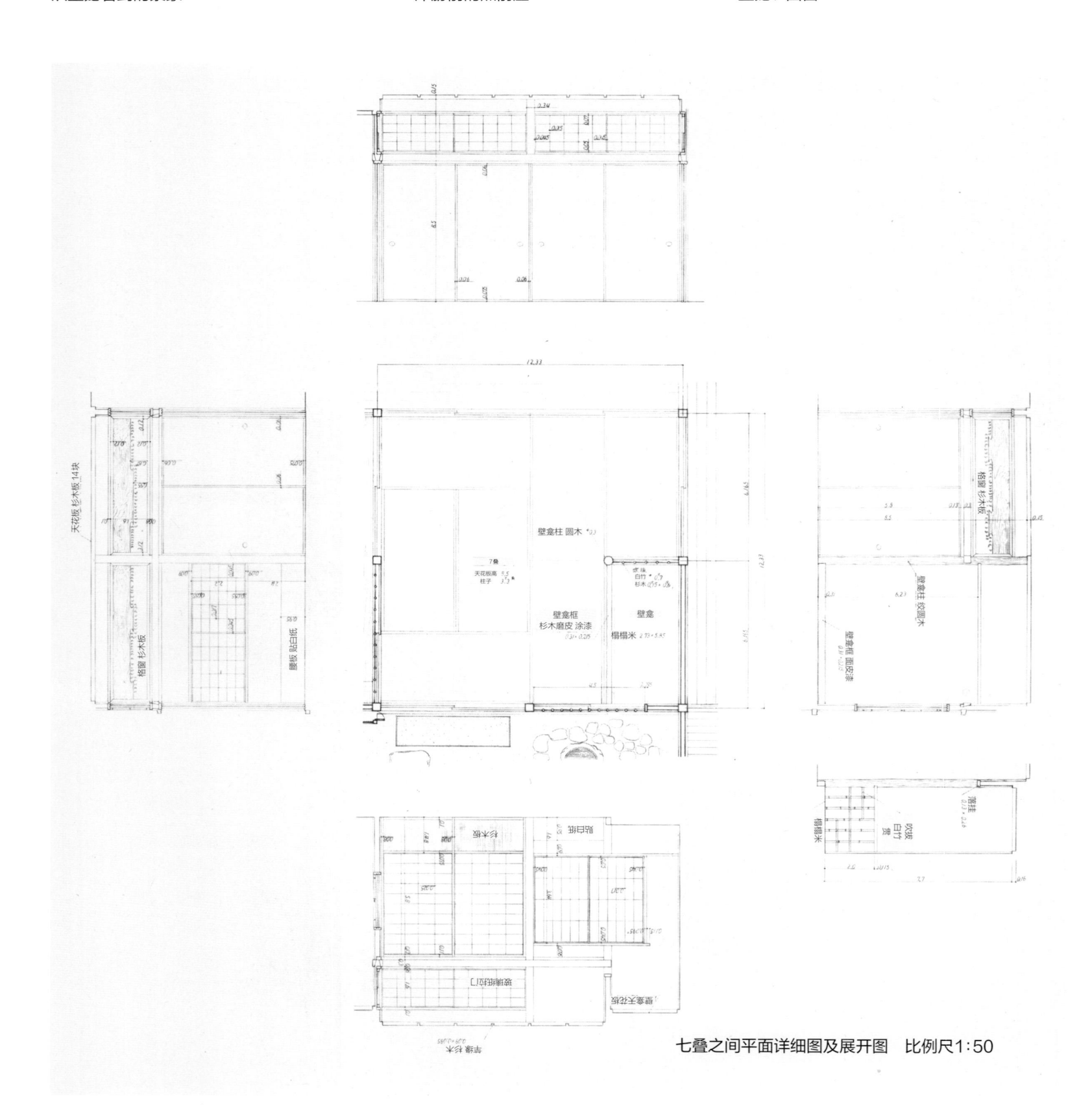

七叠之间平面详细图及展开图　比例尺1:50

竹田邸　实测图

T氏邸

所有者 京都市右京区
建造时间 1941年
设计 柴田碧水
施工 不明

6叠大小的鞘之间旁是13叠大小的座敷，室内设有长押。壁龛有3叠大小。天花板是化妆屋根里式的，屋内还设有凸窗。整个座敷以残月亭的结构为基础，汲取众家之长建造而成。每一个巧思背后都意蕴深长，十分讲究，当它们凝结在一起时，便形成了现如今的样貌。

此处座敷完美展现了过去的风貌。

一楼座敷书院南侧

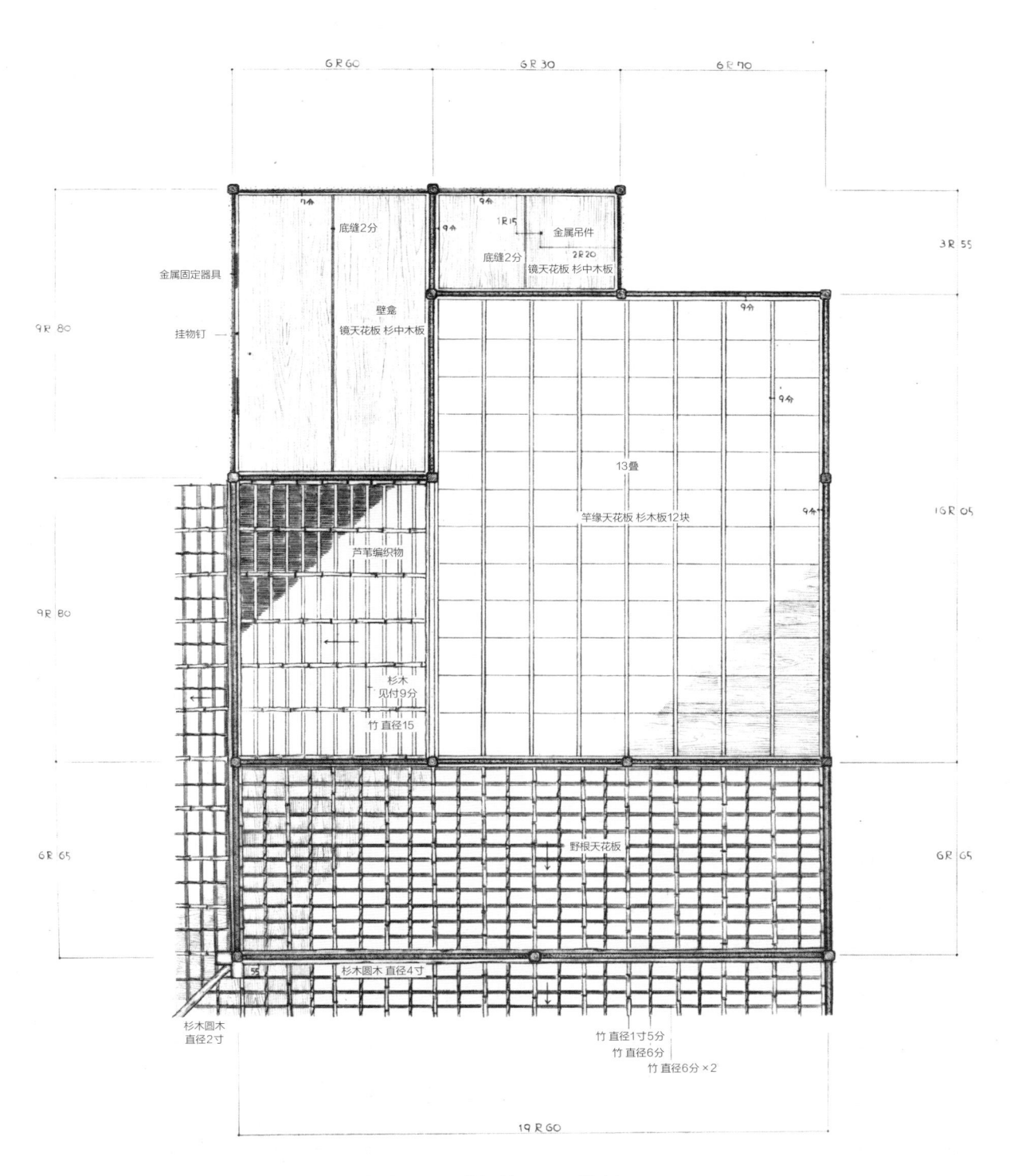

一楼座敷天花板俯视图　比例尺1:50

T氏邸　实测图

T氏邸　实测图

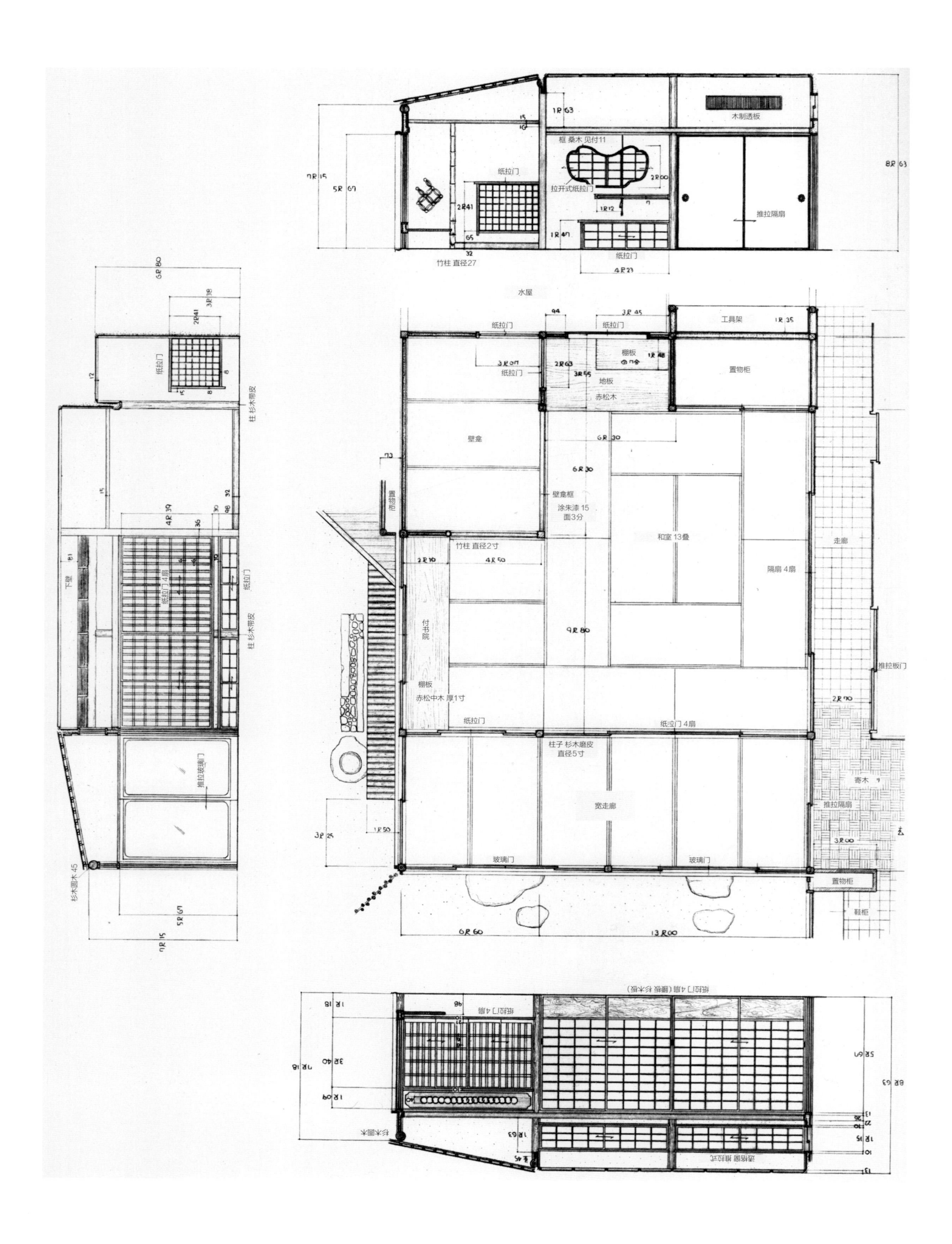

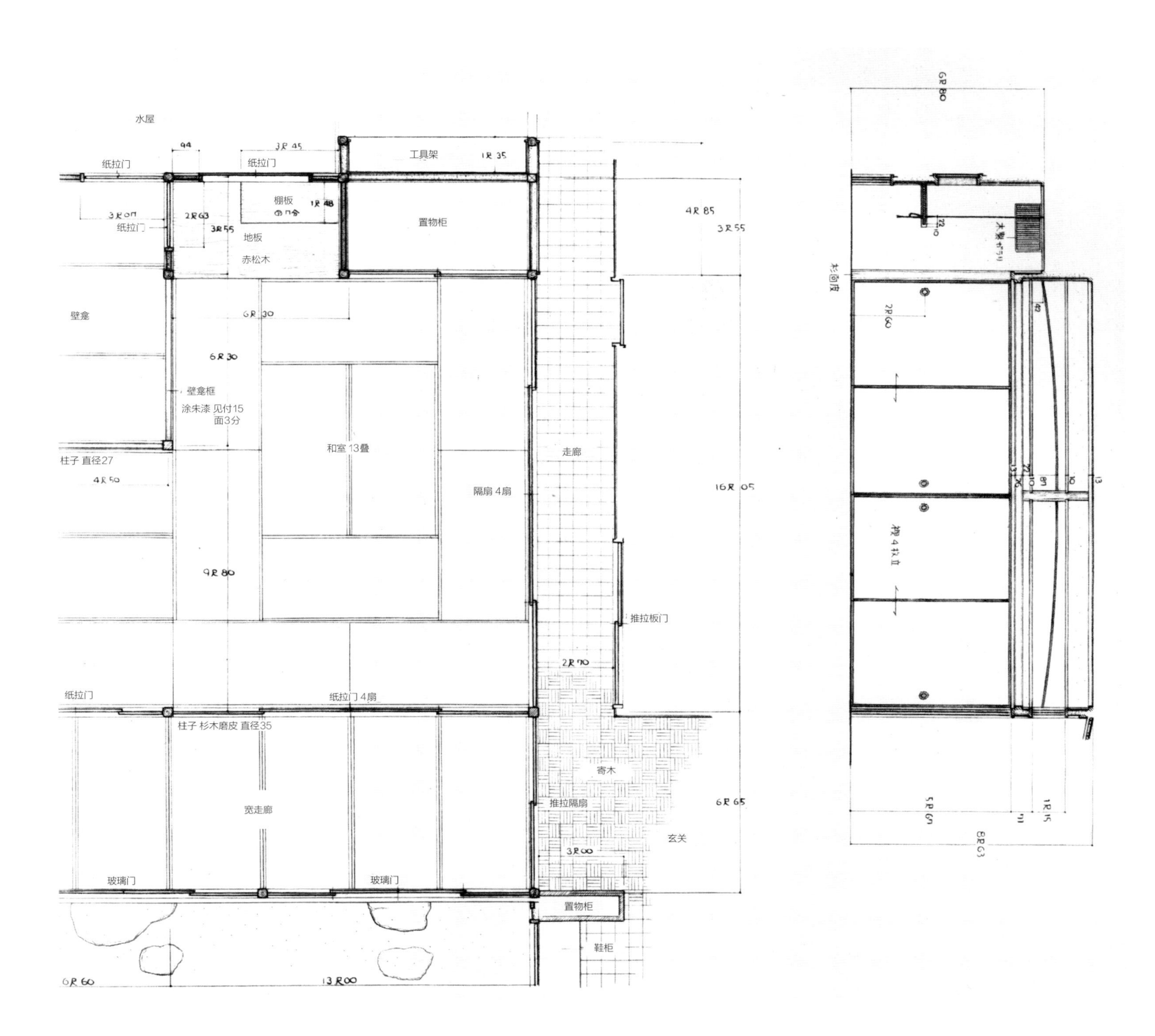

一楼座敷平面详细图及展开图　比例尺1:50

T氏邸　实测图

北村邸

玄关 外观

北村邸 玄关 从门口看到的景象

北村邸 玄关 内部

北村邸 玄关
上＝天花板　下＝土间

阿部邸

座敷 座敷外围的缘廊

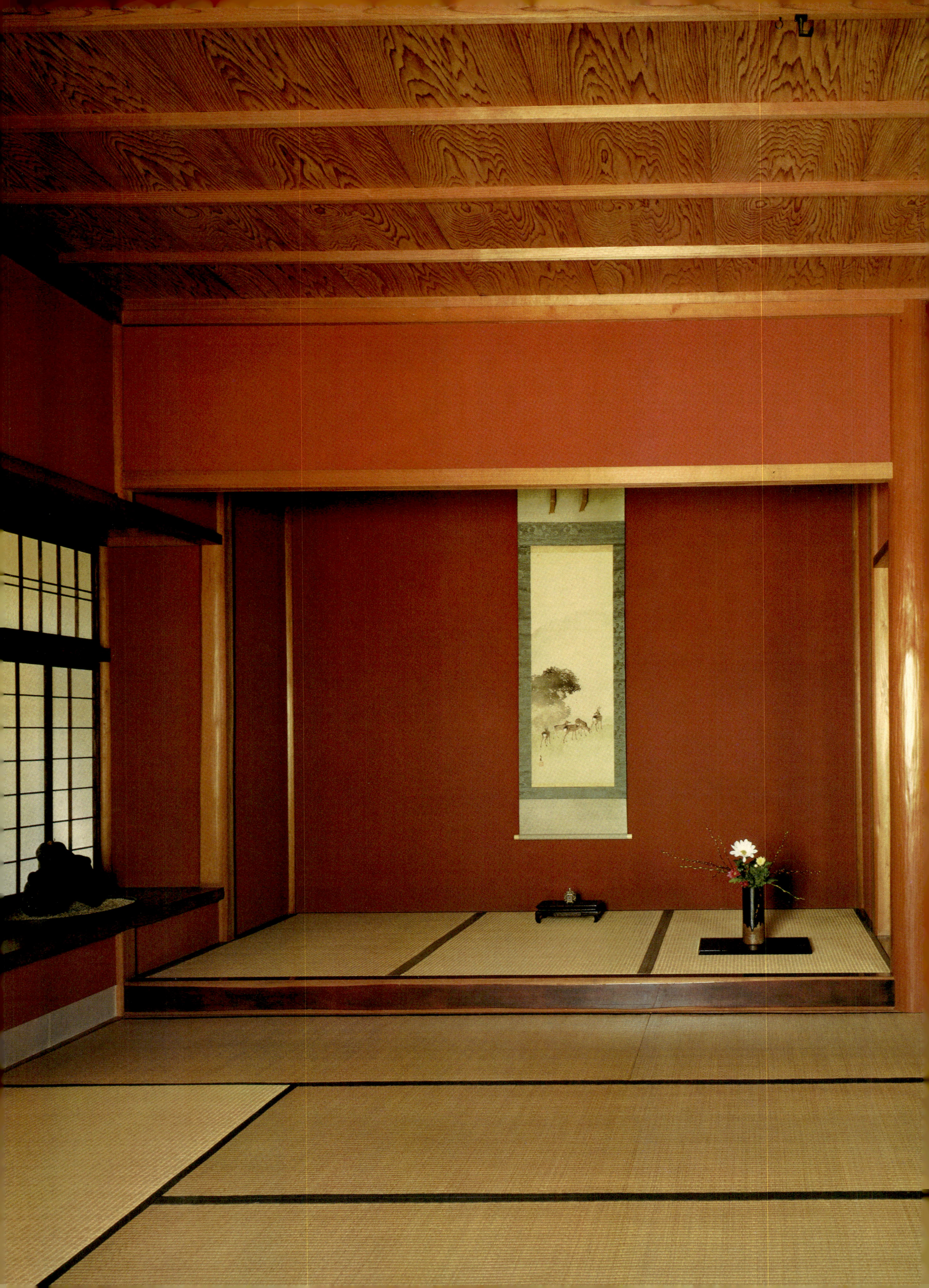

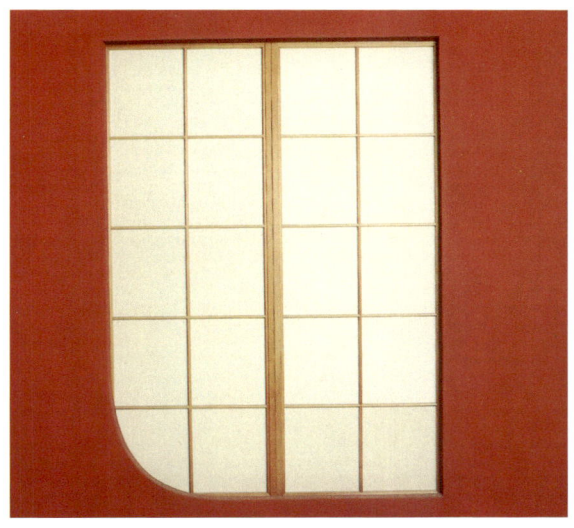

阿部邸 座敷
上＝格窗的一部分　下＝窗户
左＝壁龛

阿部邸 座敷 壁龛和凸窗

田中丸邸

玄関 内部

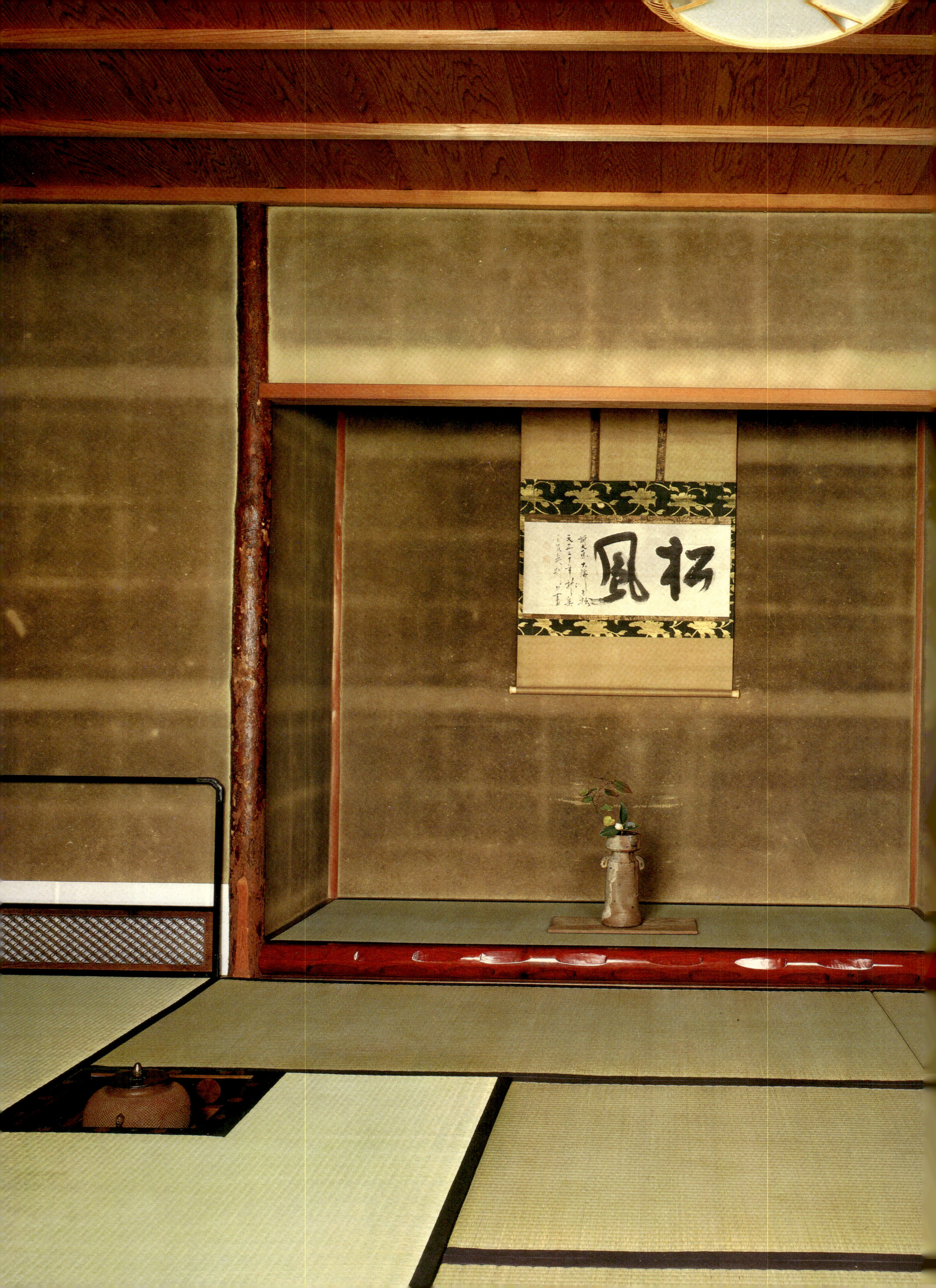
松風

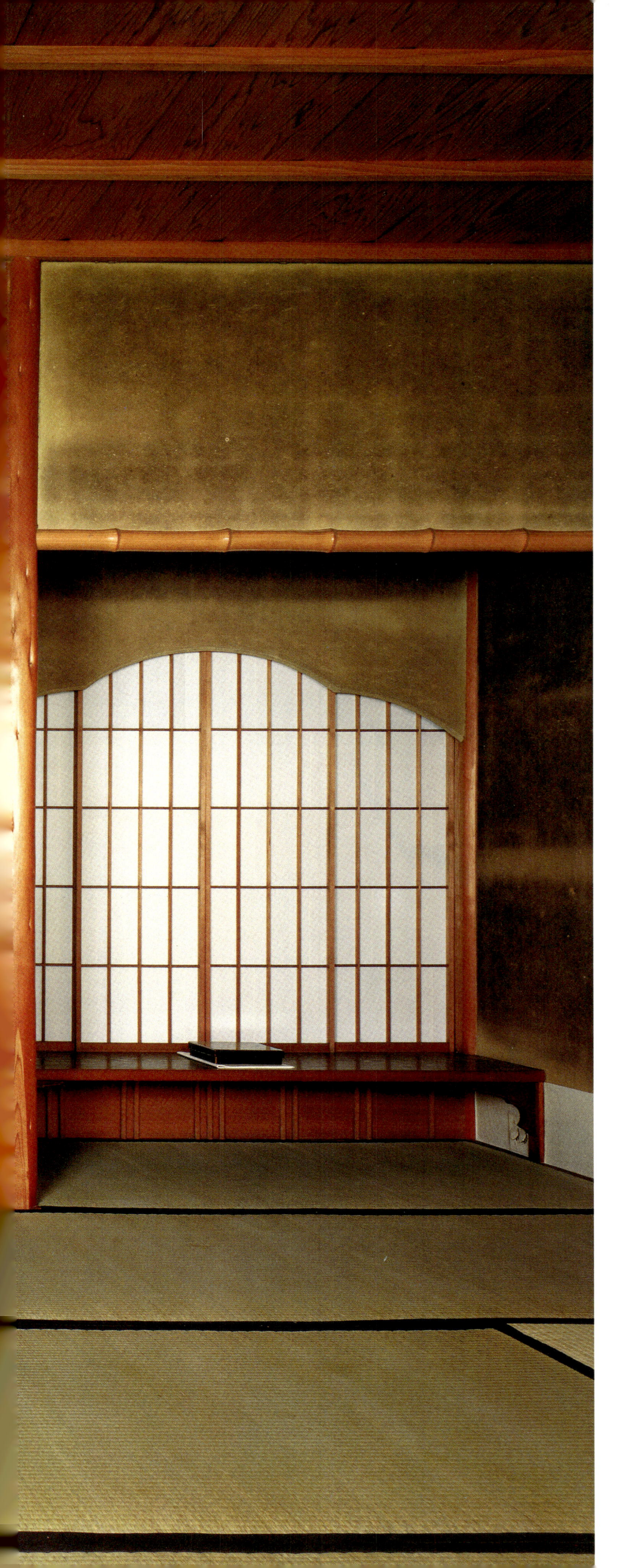

田中丸邸 独立建築物
上＝床脇
左＝壁龕

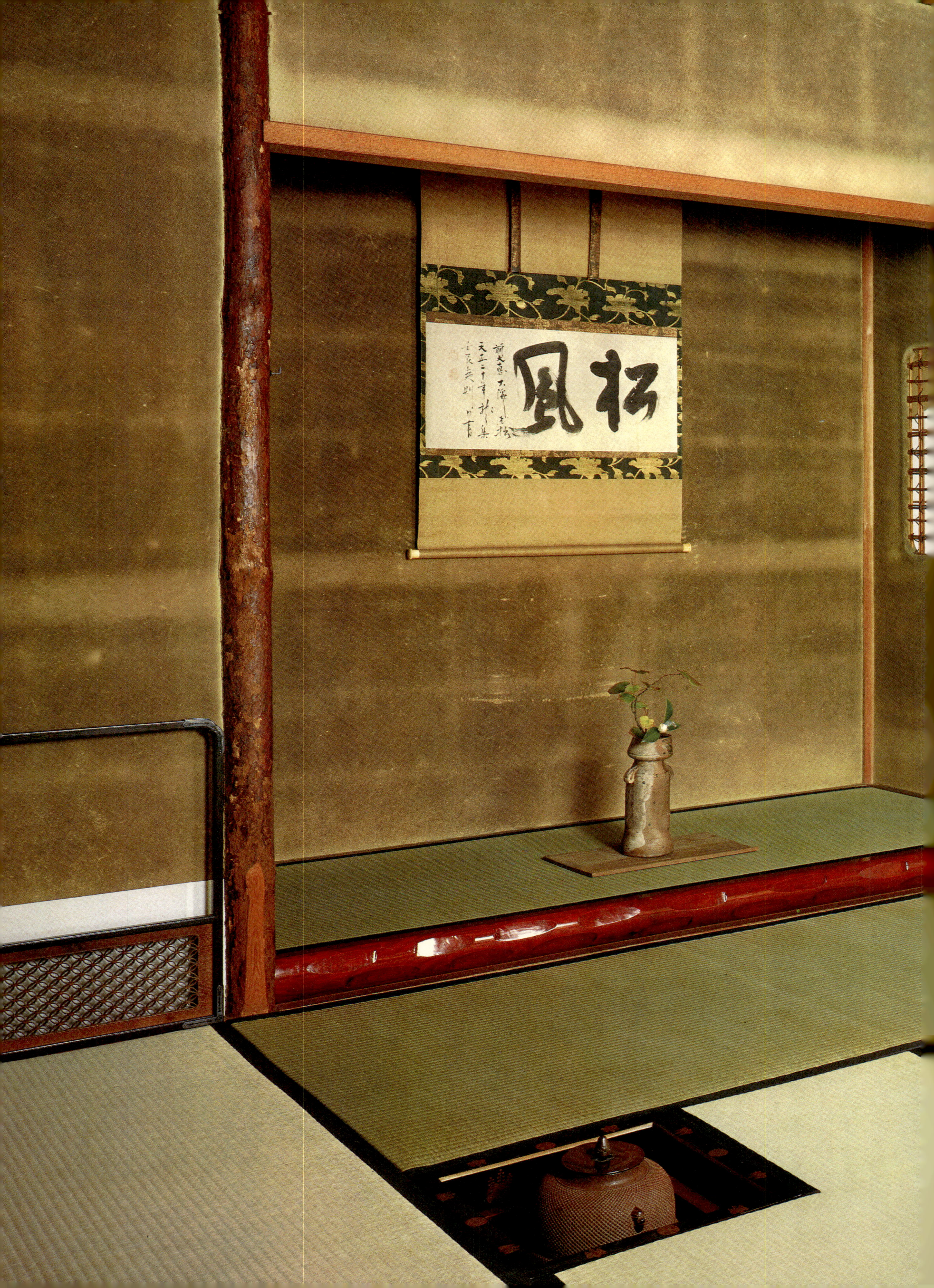
松風

田中丸邸 座敷

田中丸邸 主座敷

日本茶道学会

玄关 外观

日本茶道学会 玄关
上＝从土间看到的景象
右＝沓脱石和式台

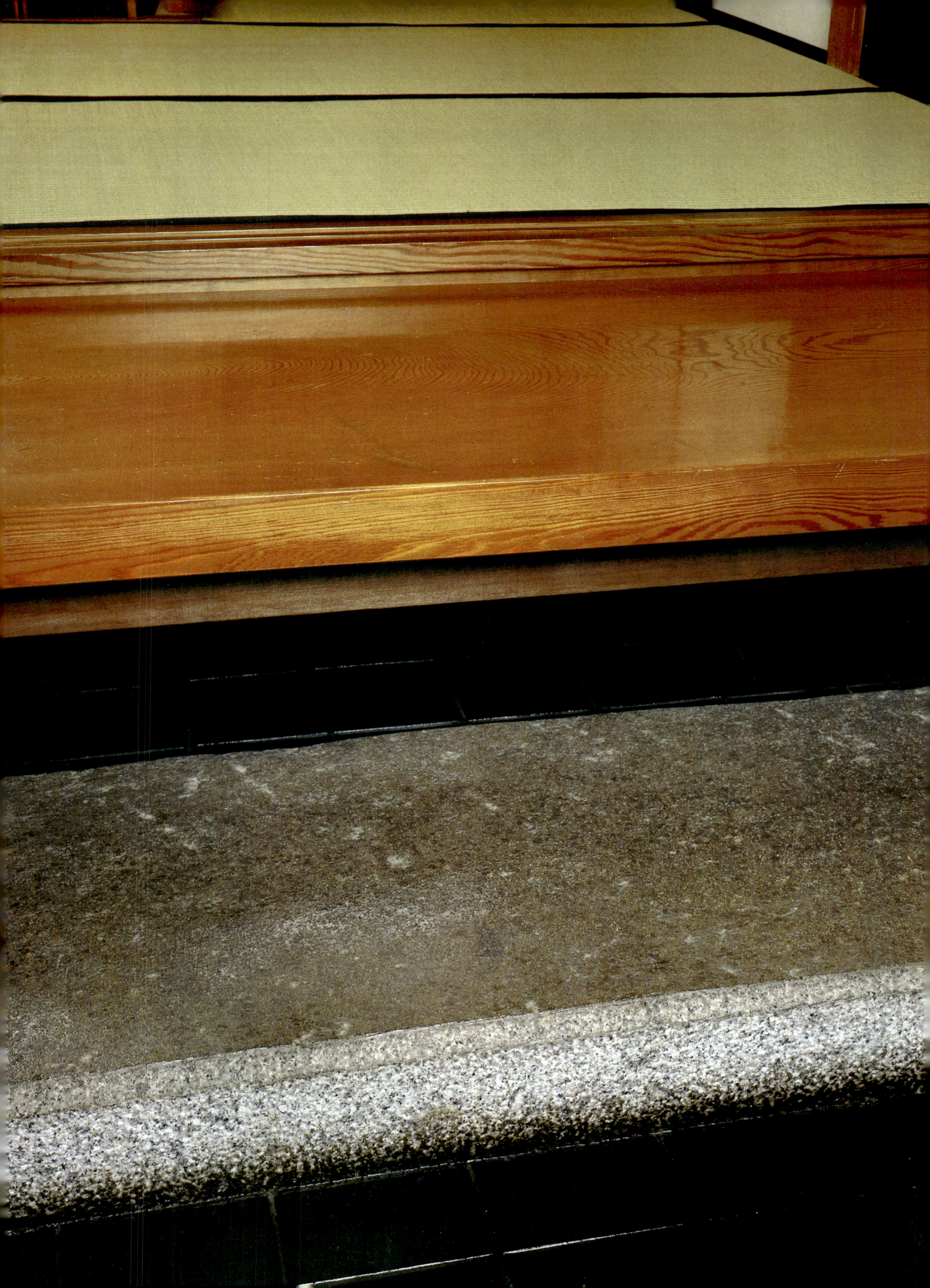

日本茶道学会 玄关
上＝玄关　下＝玄关处的内蹲踞

八胜馆

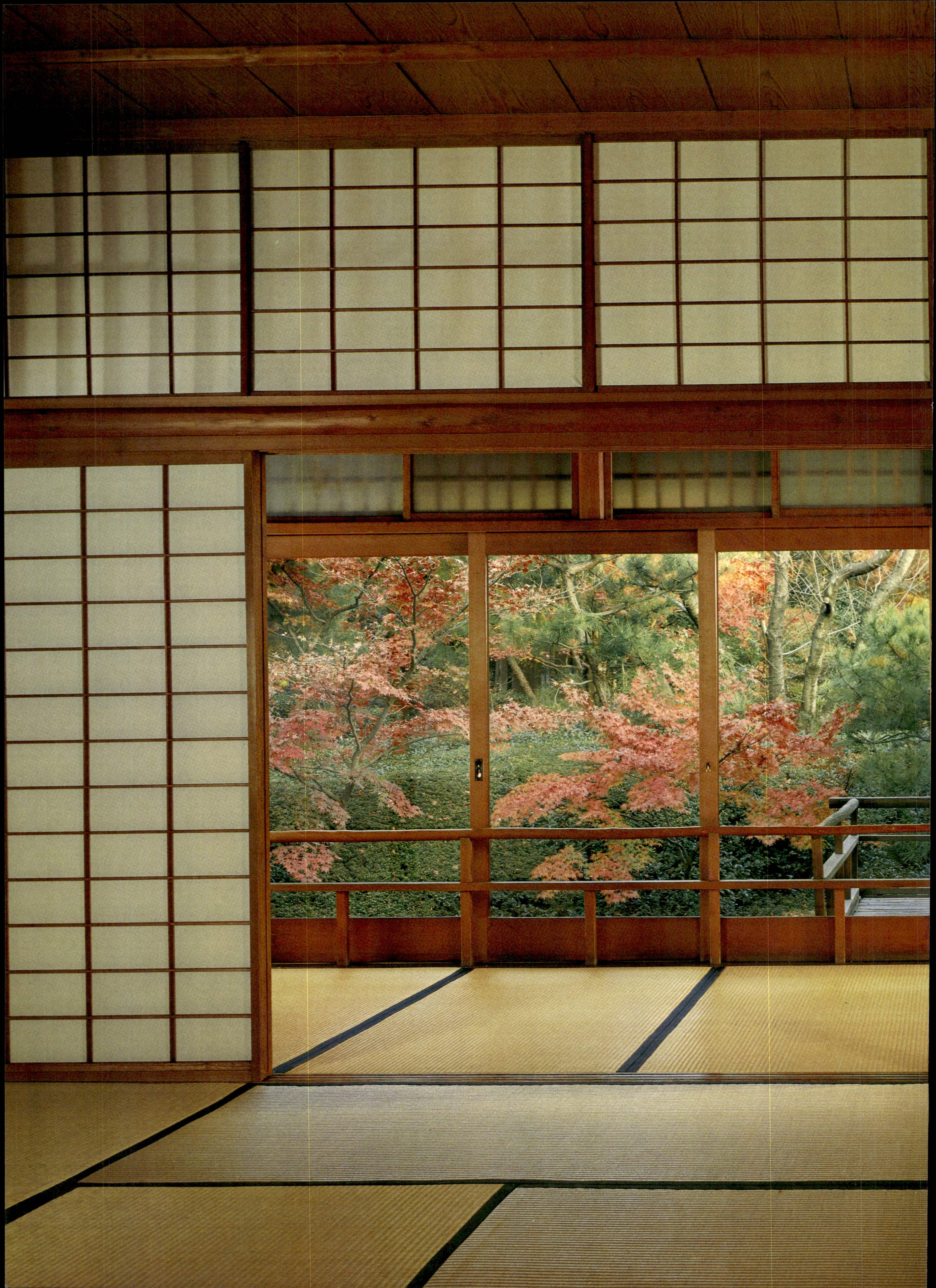

八胜馆 御幸之间 座敷和入口

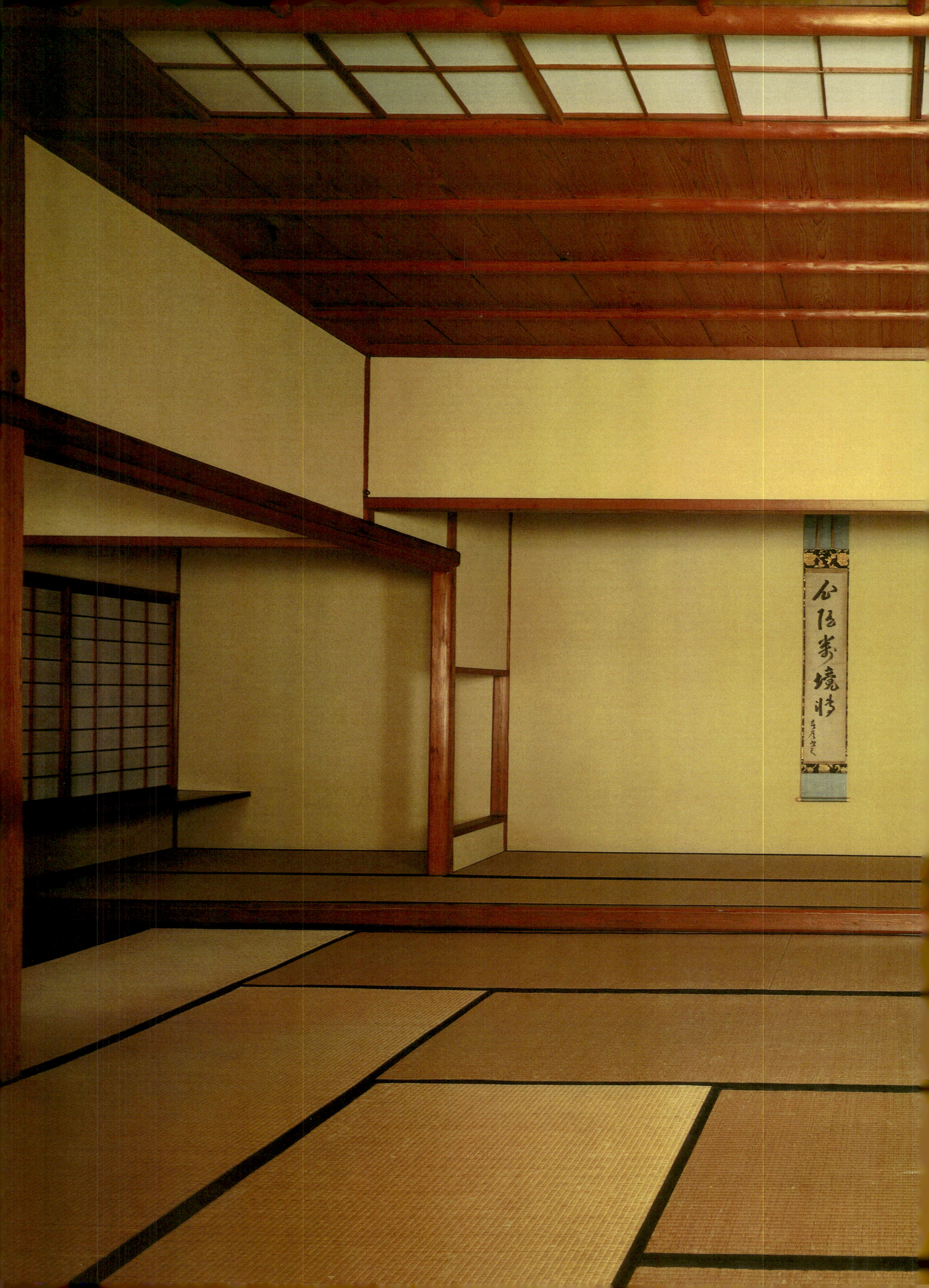

八胜馆 御幸之间
上＝床胁
左＝壁龛

八胜馆 御幸之间 间壁

八胜馆 御幸之间 从主室看到的邻室

八胜馆 樱之间
上＝壁龛　下＝天花板结构

八胜馆 樱之间
上＝从座敷看到的凉台　下＝小壁橱

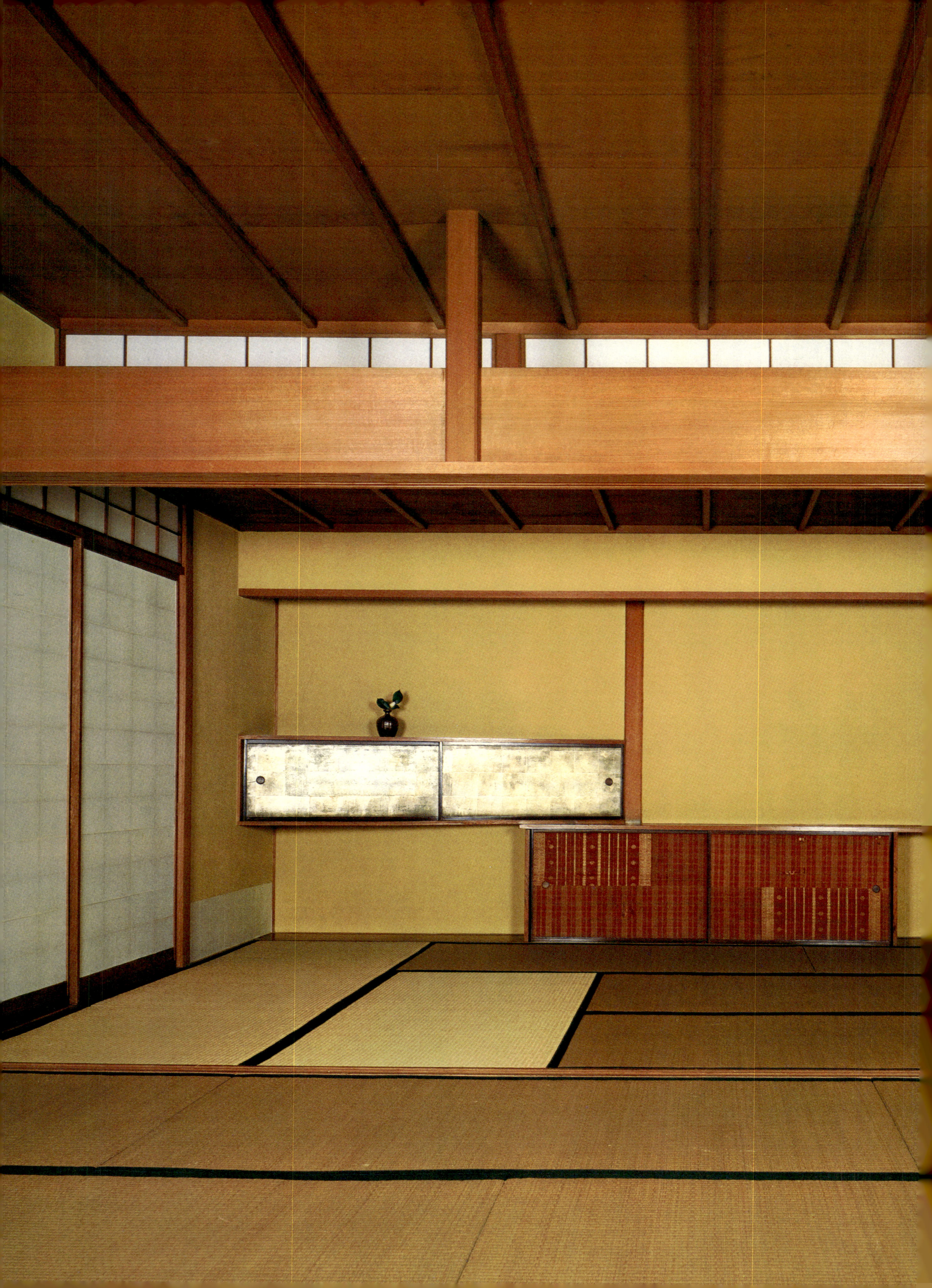

八胜馆 樱之间
上＝邻室的橱柜
左＝从主室看到的邻室

日本建筑集成　玄关与座敷　174

菖栖庵
玄关　上＝从大门看到的玄关　右＝外观

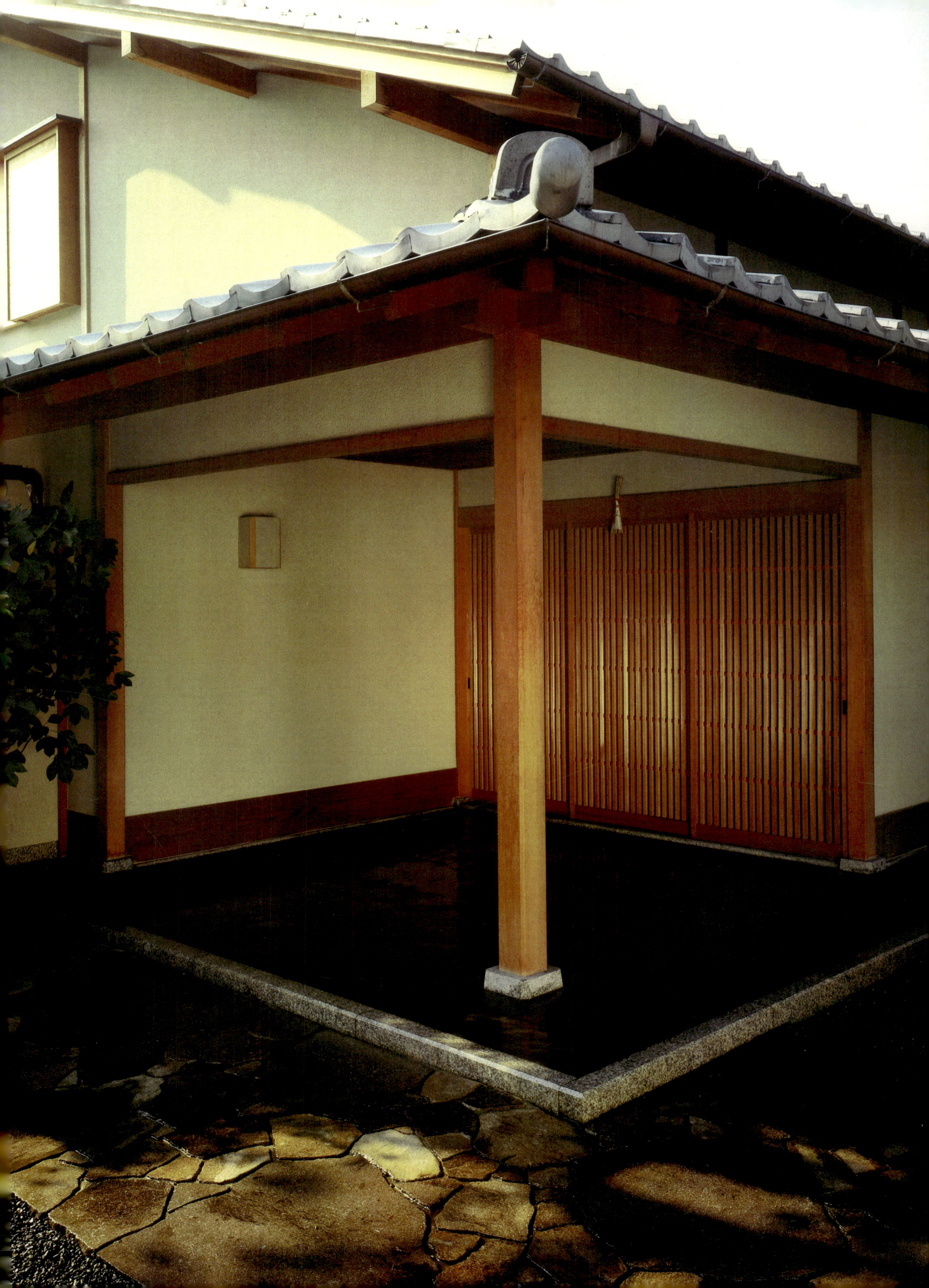

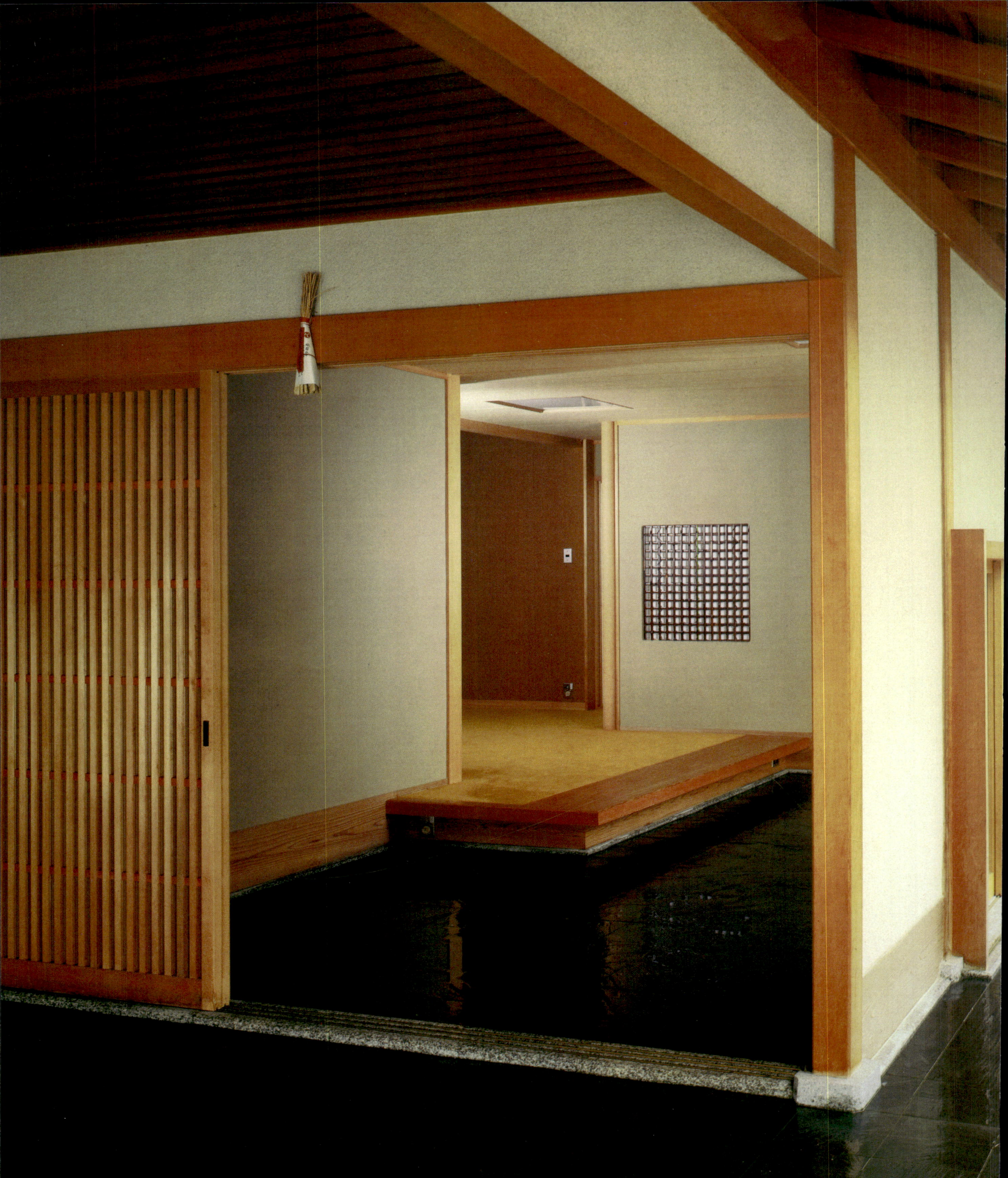

菖栖庵 玄关
左＝玄关内部
上＝从玄关看到的景象

菖栖庵 座敷
从邻室看到的主室

菖栖庵 座敷
上＝床脇　下＝凸窓和走廊

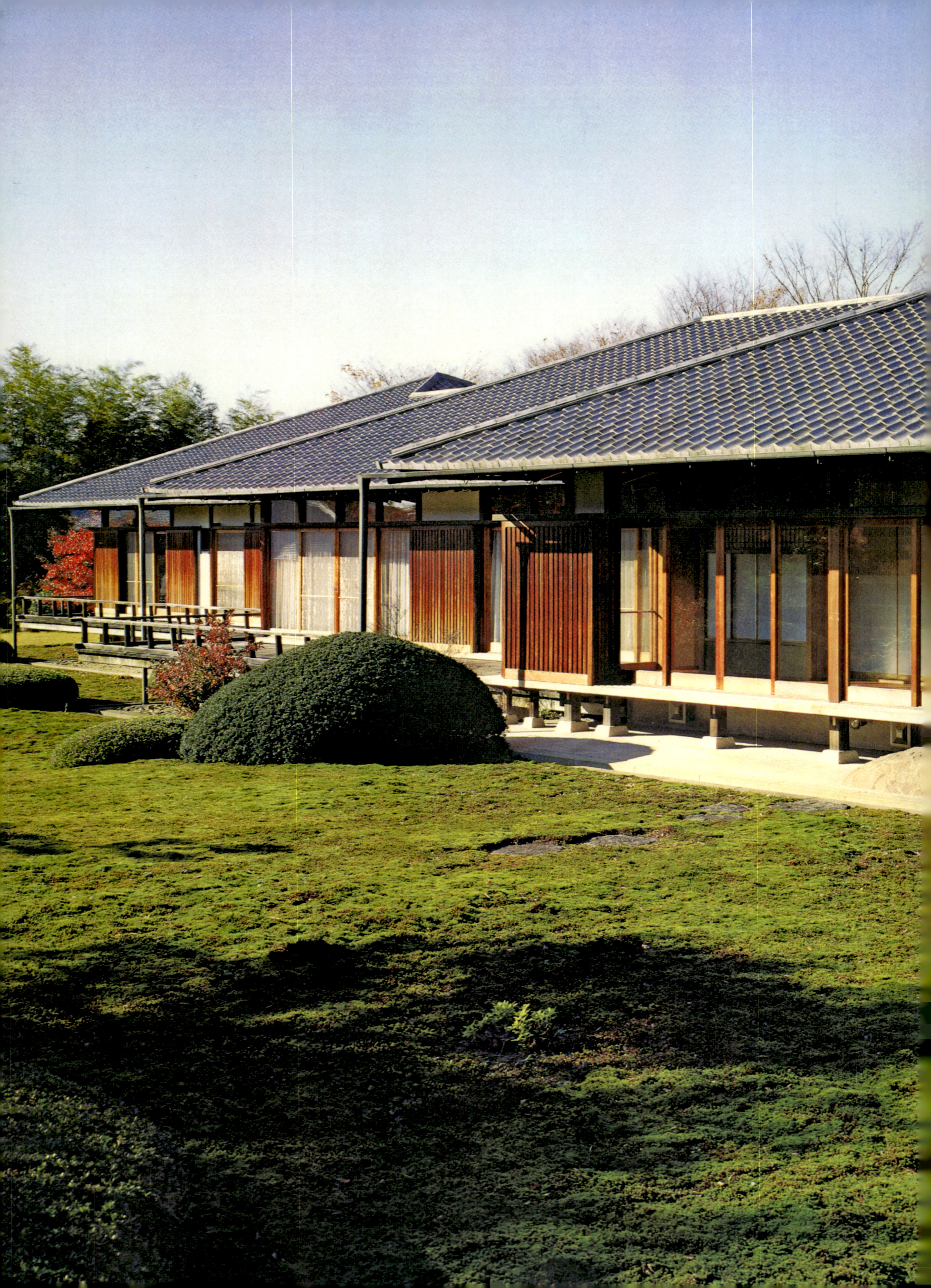

伊东邸

外观

伊东邸 座敷
上＝壁龛 下＝床胁

伊东邸 座敷 从主室望到的庭院

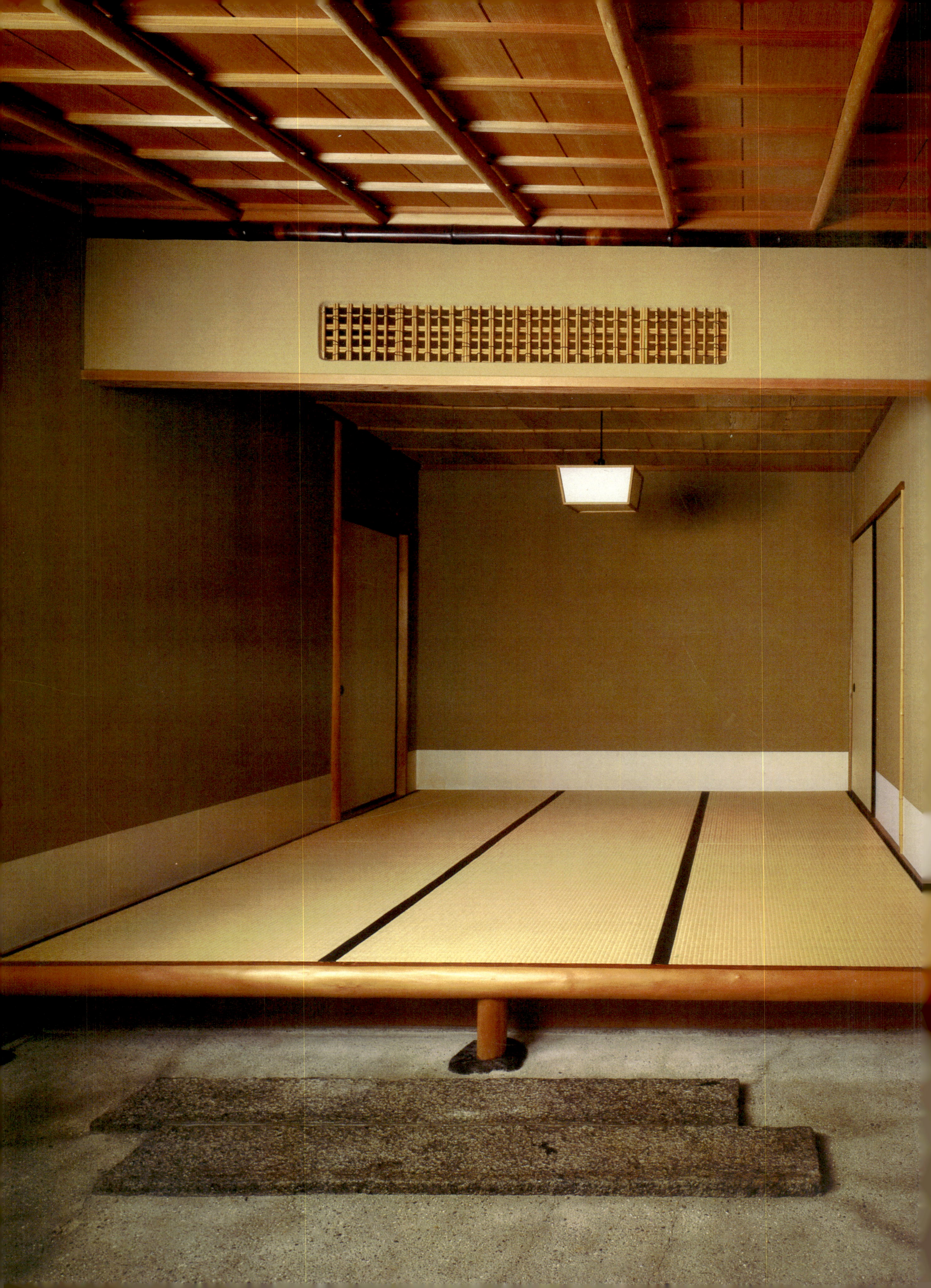

洗心洞

玄关 左＝内部 上＝玄关的景象

洗心洞 座敷 壁龛

洗心洞 座敷 从座敷看到的庭院景观

铃木邸

玄关 外观

铃木邸 玄关
上＝从式台看到的内部　下＝玄关

铃木邸 玄关 从玄关处看到的大门

田中邸

座敷 壁龕和祖堂

田中邸 座敷
上＝壁龛和庭院景象　下＝茶道口

设计图详解（三）

收集茶道名器，以茶道爱好者身份闻名的北村谨次郎虽然已有充满其个人特色的茶室，但还是委托挚友吉田五十八于1963年新建了一座建筑。该建筑拥有两间接连在一起的茶室。本节介绍的是该建筑的玄关部分。

吉田五十八，是终其一生致力于茶室现代化的建筑大师。他曾去欧美考察，坚信"应该通过日式建筑和西欧的名建筑一决高下"。并且，他认为"传统的日式建筑，通过与现代化的结合，必定能碰撞出焕然一新的日式建筑"，而要实现这一点，首先就要在"方便现代生活"和"茶室建筑现代化"上下功夫。茶室建筑现代化设计的焦点，他认为在于柱子和墙壁之间的结构，并由此展开设计。

北村邸展现了吉田的风格。屋顶较为低矮，显得小巧清秀，展现了这户主人谦恭的品格。入口处，置于一侧的腰高障子形成了角柄状的开口。内部与其说呈现出了轻松舒适的茶室基调，倒不如说是民风民味。或许视之为民风和茶室的中间体更为合适，总之这样的风格就是吉田流式的现代茶室。

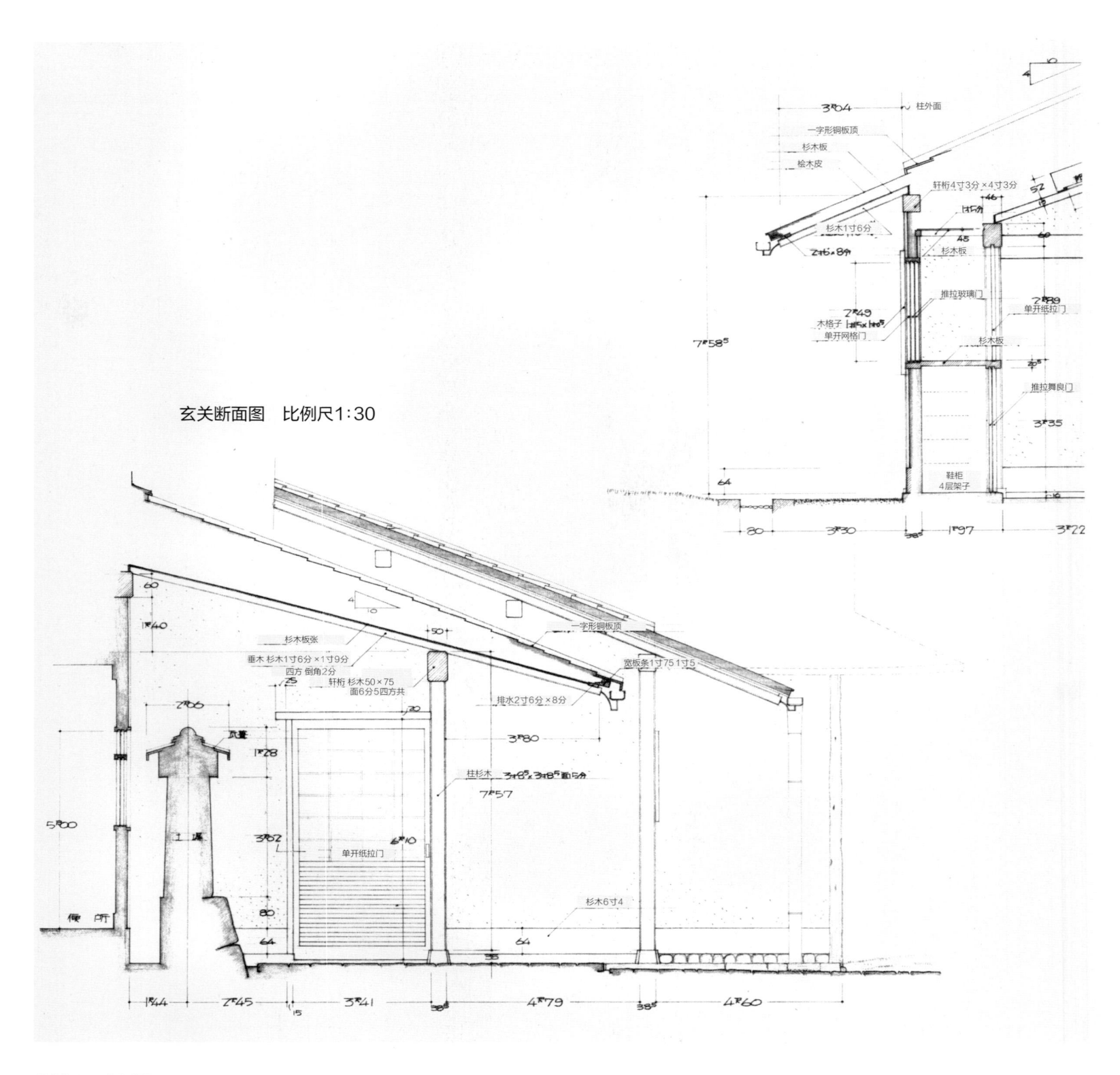

北村邸

所有者　北村谨次郎
所在地　京都市上京区
建筑年　1963年
设　计　吉田五十八
施　工　木林组

玄关断面图　比例尺1:30

北村邸　实测图

玄关前 　　　　　　　　　　玄关入口附近 　　　　　　　　玄关土间屋檐

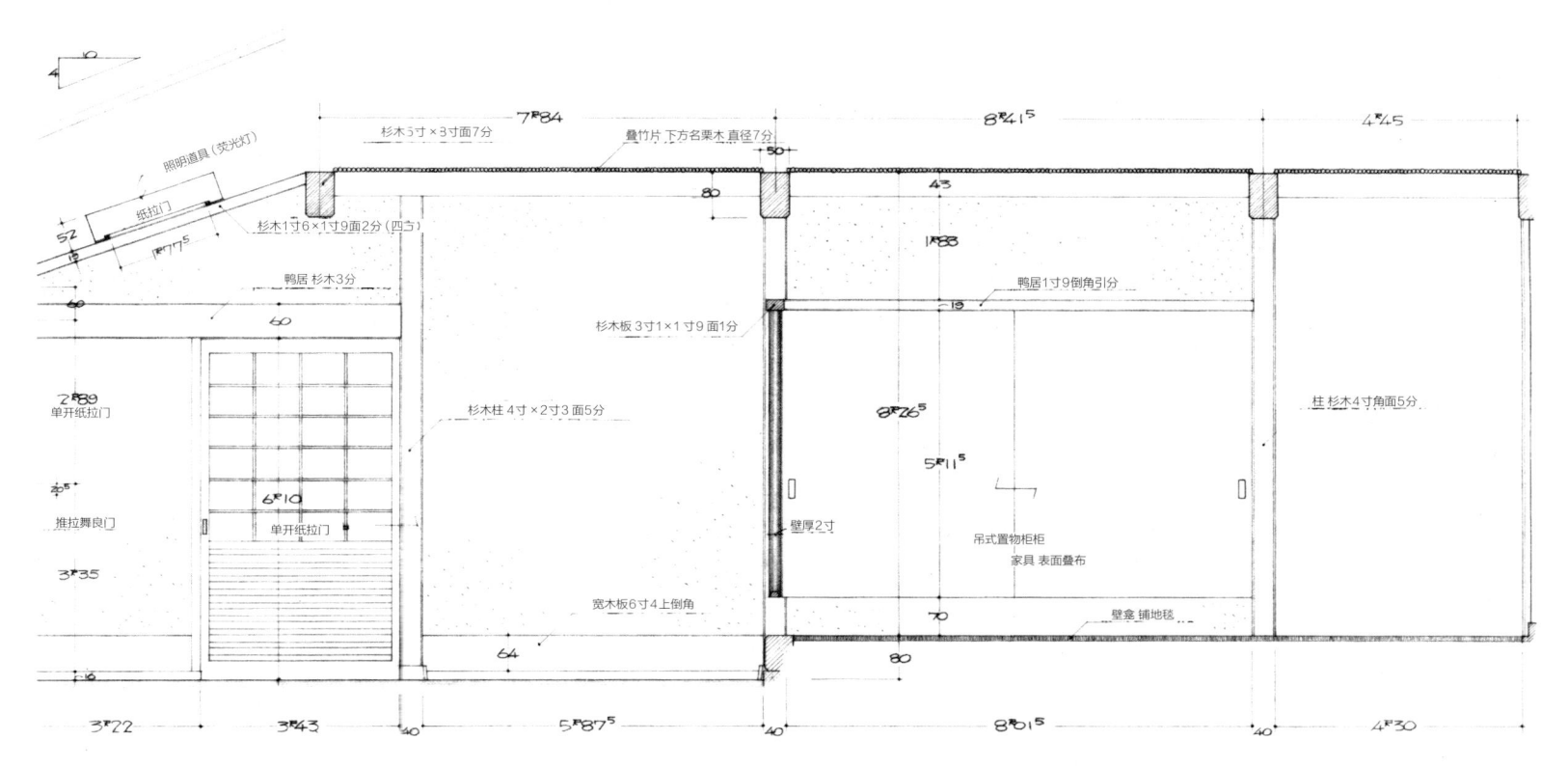

玄关断面图　比例尺1:30

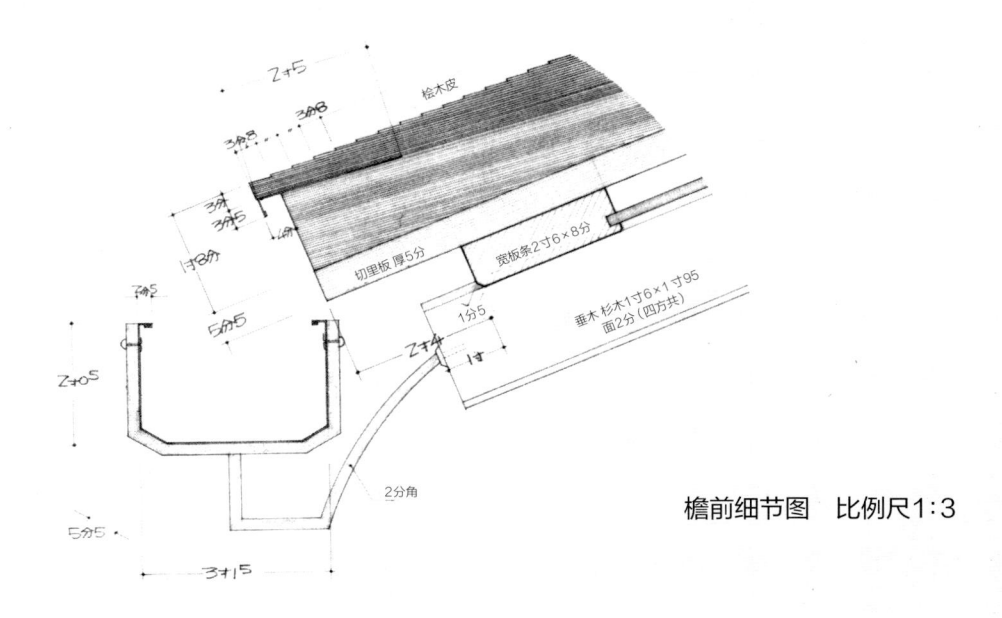

檐前细节图　比例尺1:3

北村邸　实测图

玄关平面详细图　比例尺1：30

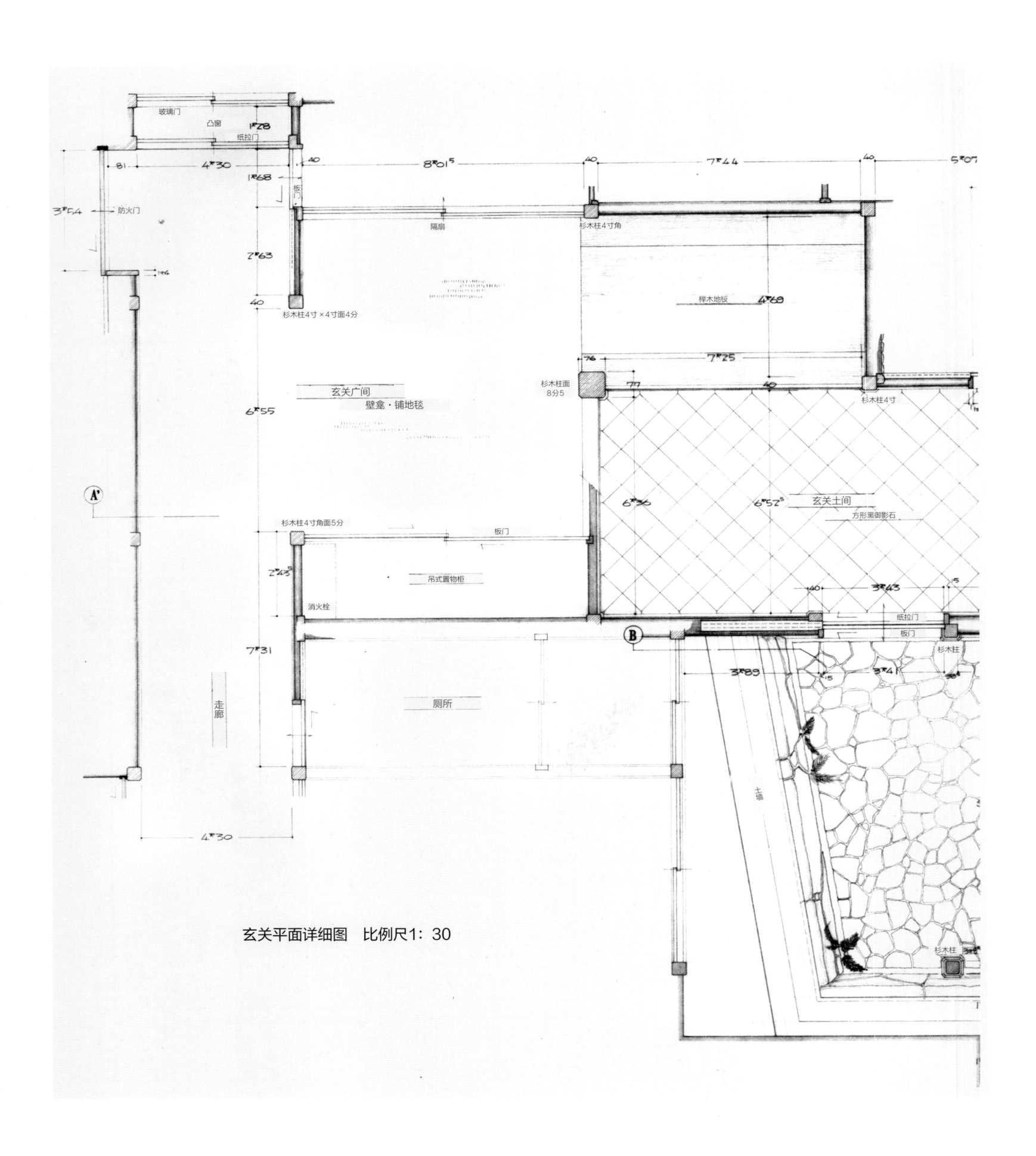

北村邸　实测图

北村邸　实测图

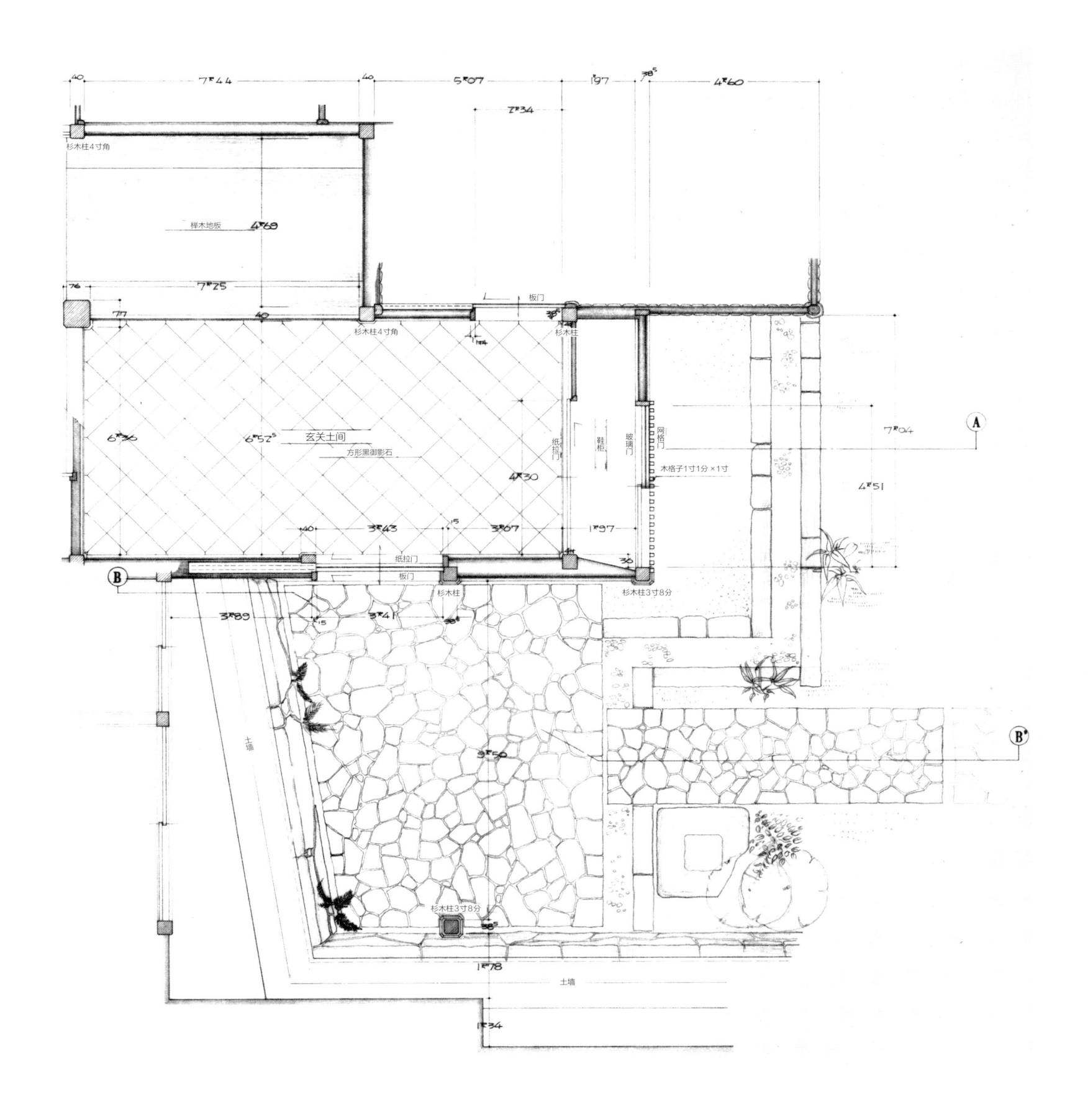

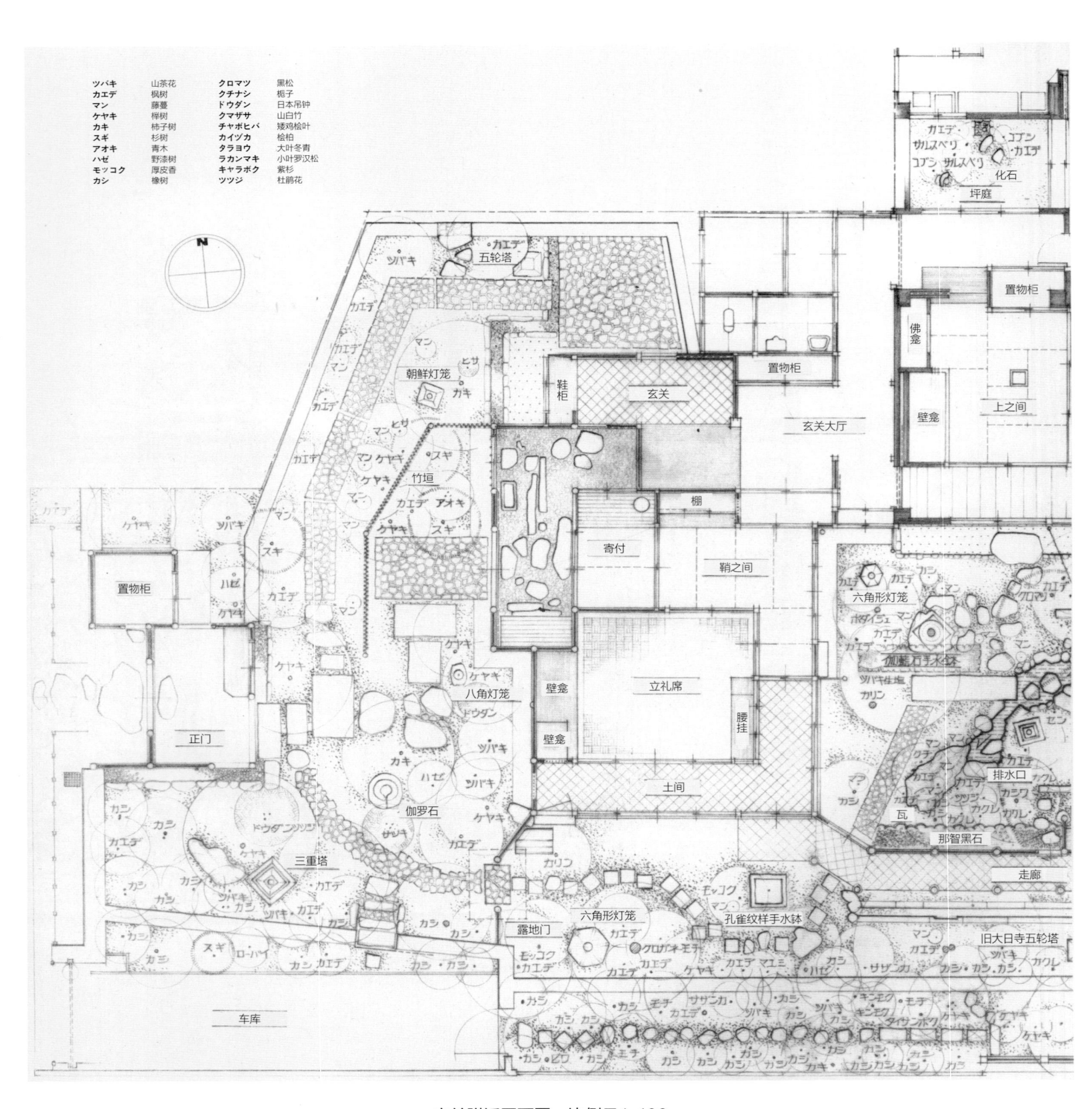

玄关附近平面图　比例尺1∶100

北村邸　实测图

金泽附近的很多建筑都带有土缘，且拥有带有浓郁雪国风格的极具雅致气韵的座敷。这幢建筑，是由身为船匠的工藤建造的。面向土缘的走廊使用的是船板。

打造土缘时，当地面是自然的青苔地时，可以像这样铺上沙石，但大部分情况下是铺设飞石。下雪天可以在屋内的空地上欣赏雪景。

座敷（10叠）内设置长押。墙壁是深红色的。壁龛柱采用了优美的杂色圆木以及涂了漆的面皮圆柱，二者交相辉映。壁龛是深一间3叠大小的上段式，壁龛柱正中设有一间长的凸窗。因此，壁龛中间立有凸窗的里柱。

祐床胁处，火炉呈相反方向放置，为茶道口留出了空隙。为了能够随时点茶可以说颇费了一番心思。该房间和邻室（7叠半大小的佛堂）之间，以扇形的格窗为界隔开。

阿部邸

所有者　阿部太朔
所在地　石川县河北郡
建筑年　1946年
设计　　赤座吉朗
施工　　工藤祐康

座敷中的厨房

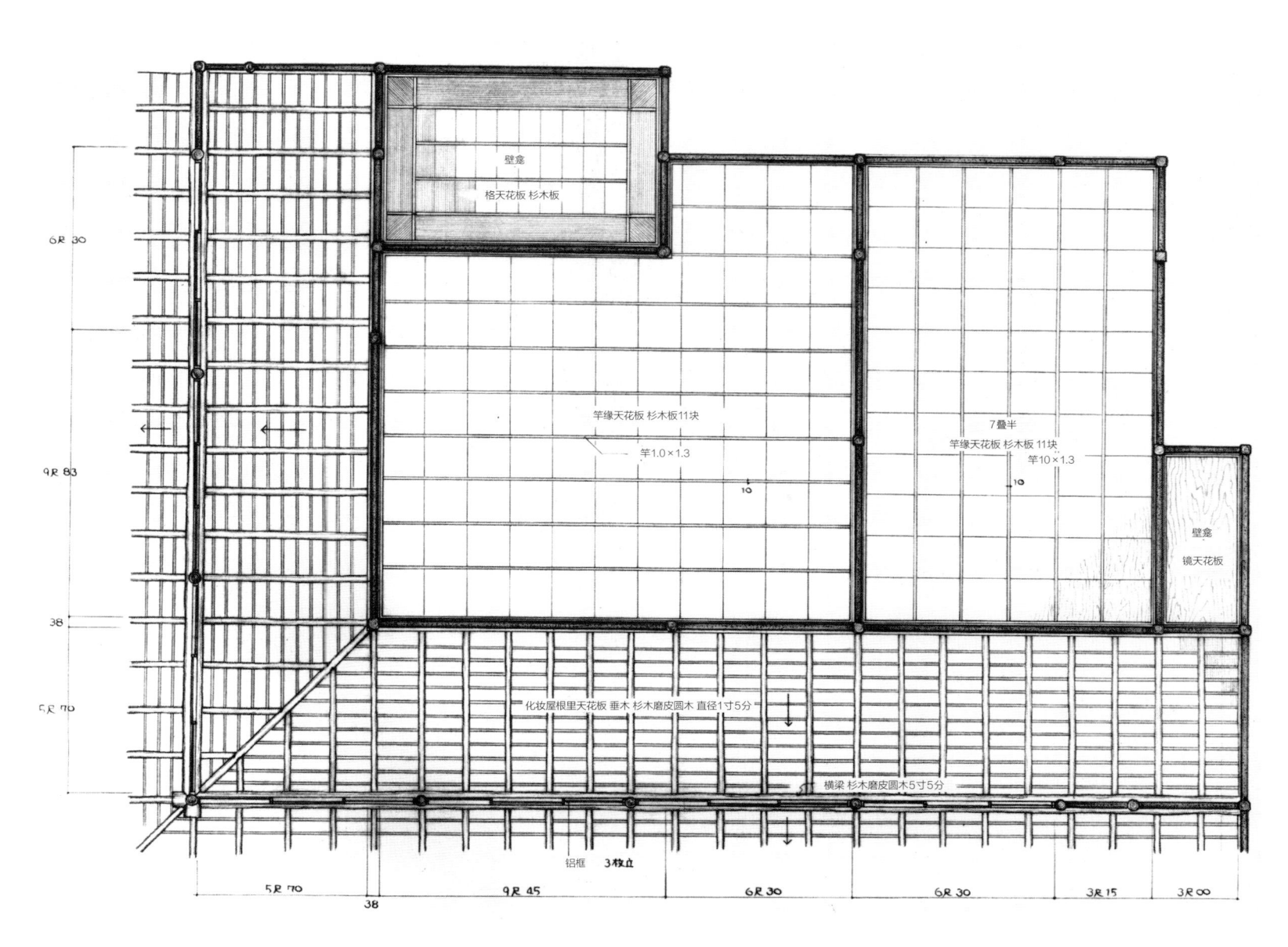

座敷天花板俯视图　比例尺1:50

阿部邸　实测图

座敷平面详细图及展开图　比例尺1:50

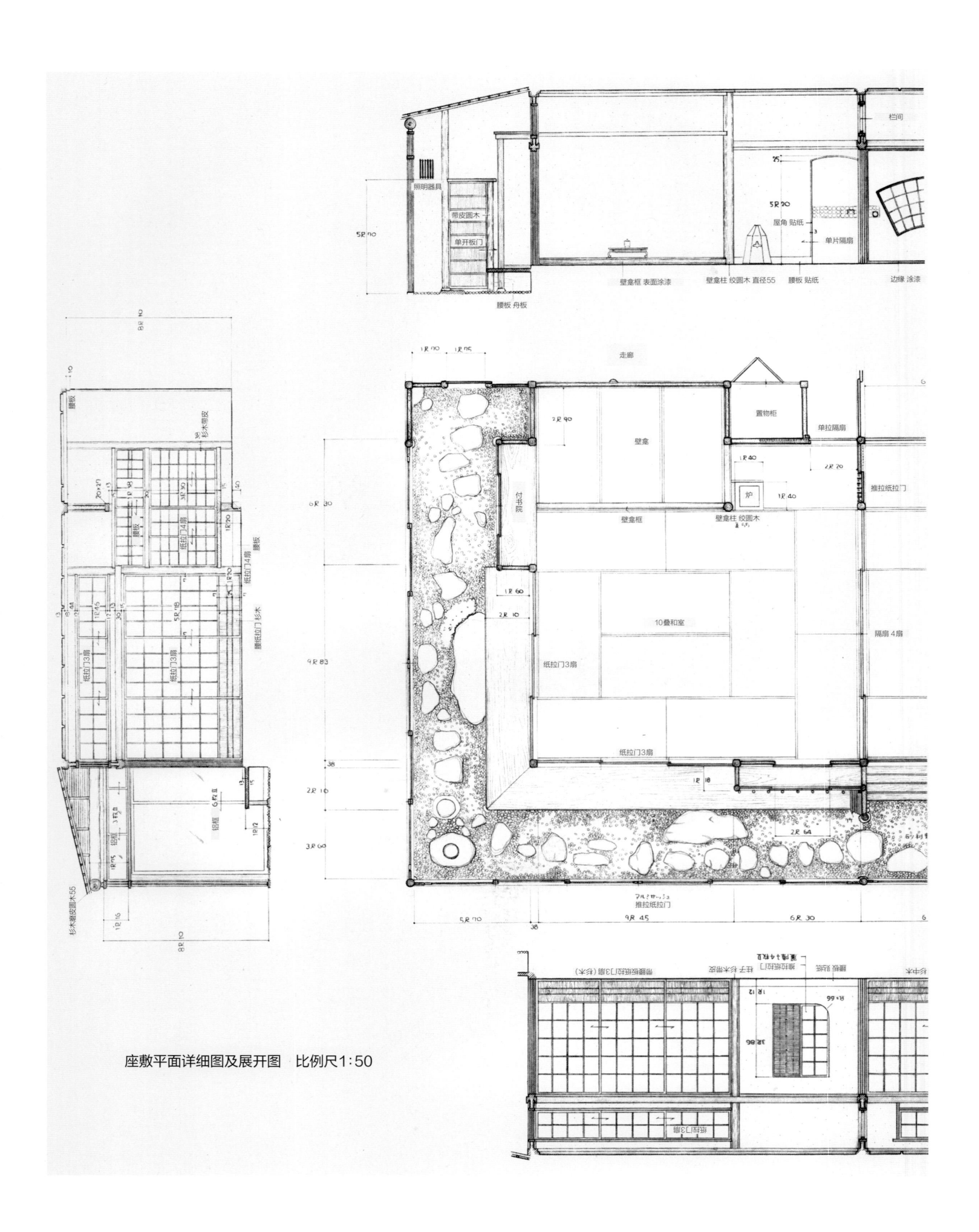

阿部邸　实测图

阿部邸　实测图

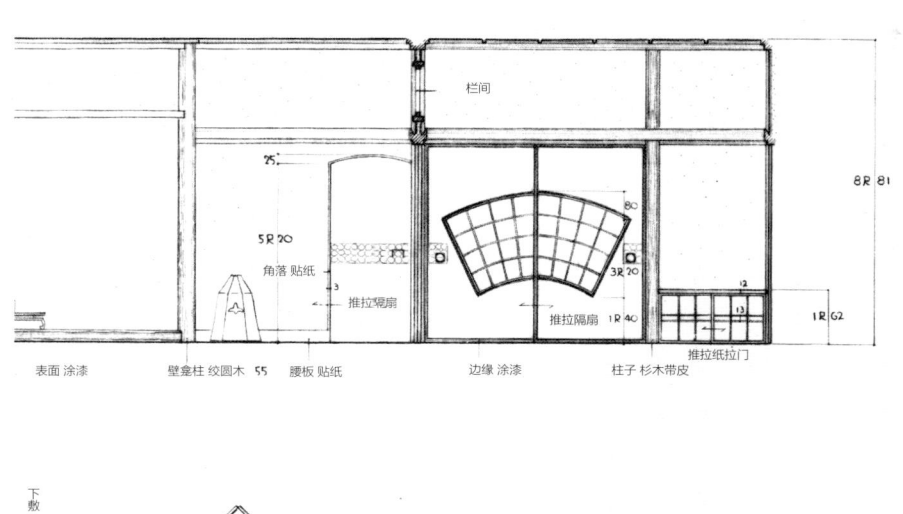

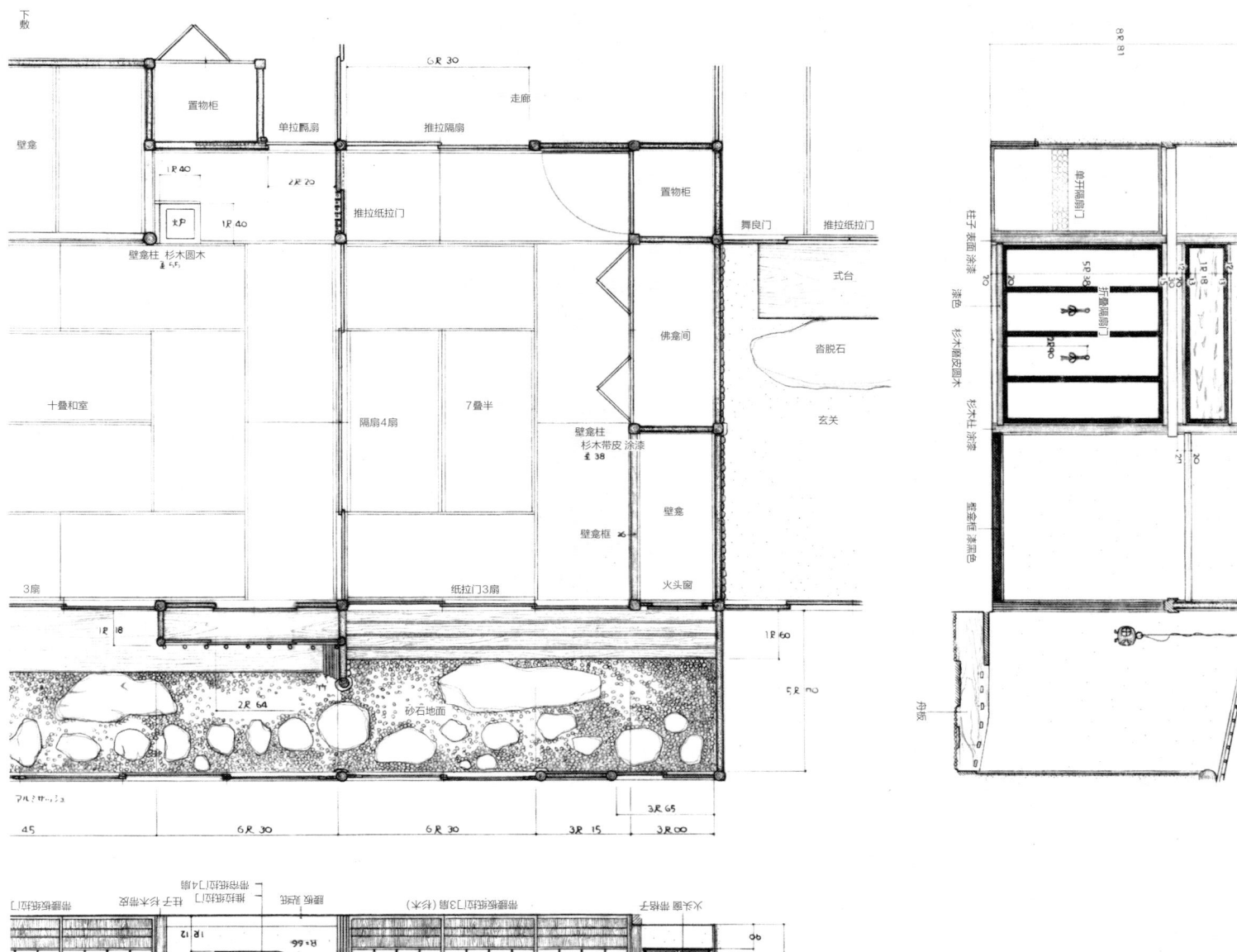

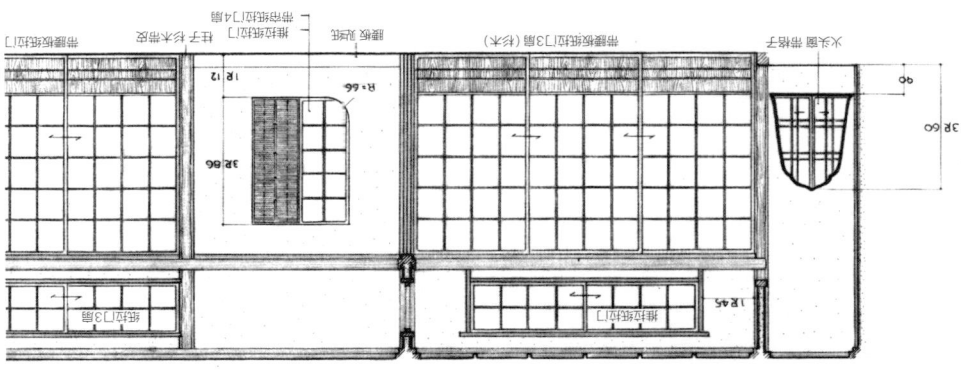

这幢建筑倾注了田中丸善治的心血，他作为茶道爱好者而闻名于世。建筑内建有可以将全市一览无余的高台。带有二重长押的书院座敷后方的茶室和大厅，是1949年由京都的笛吹嘉一郎设计并施工增建的。

座敷面朝宽阔的庭院，两侧环绕着玄关屋檐，有10叠大小。

房屋中间为壁龛，左侧1叠作为点前座。床胁处设有柜橱，正上方开有火灯形状的窗户。这种火灯窗户大概是复刻了桂离宫的笑意轩的设计吧。

左右两侧的壁龛柱和壁龛框，以及床胁小墙的取材都可以看出设计者是花了心思的。

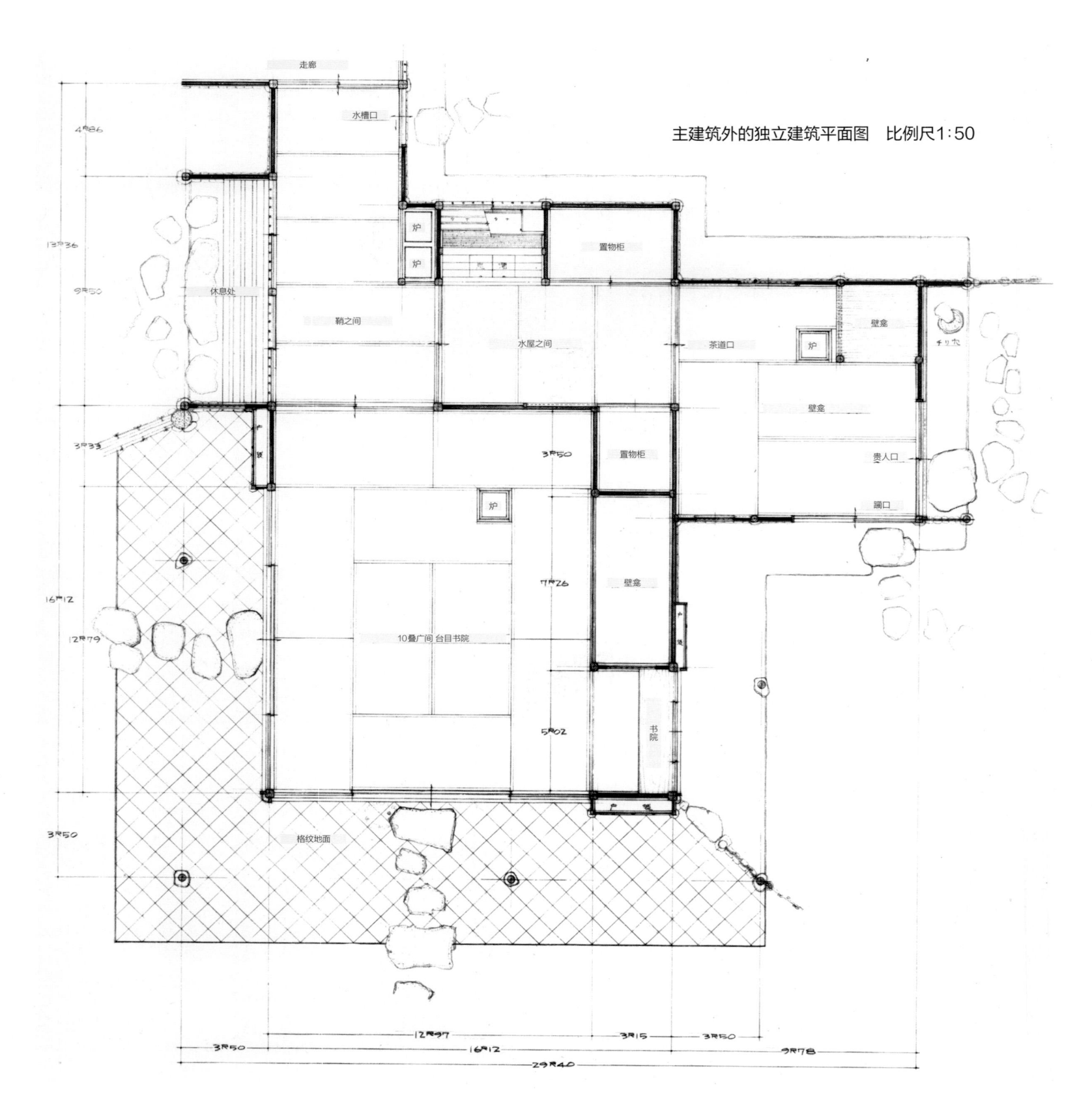

田中丸邸

所有者 田中丸善治
所在地 福冈市中央区
建筑年 1949年
设计、施工 笛吹嘉一郎

主建筑外的独立建筑平面图　比例尺1:50

田中丸邸　实测图

主建筑外独立座敷的土间天花板 　　　　主建筑外独立座敷的窗格 　　　　玄关装饰

主建筑外独立座敷的天花板俯视图　比例尺1:50

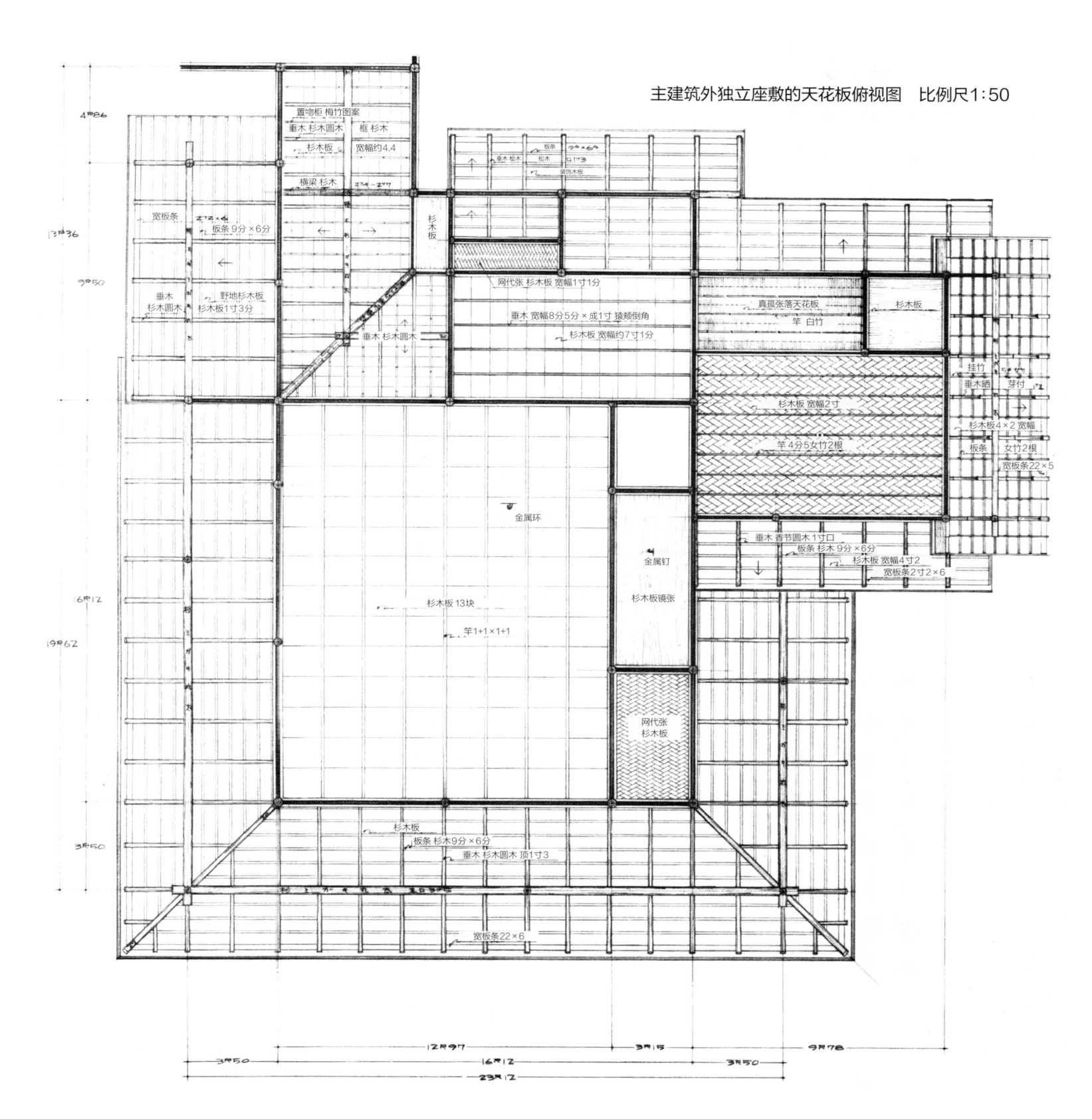

田中丸邸　实测图

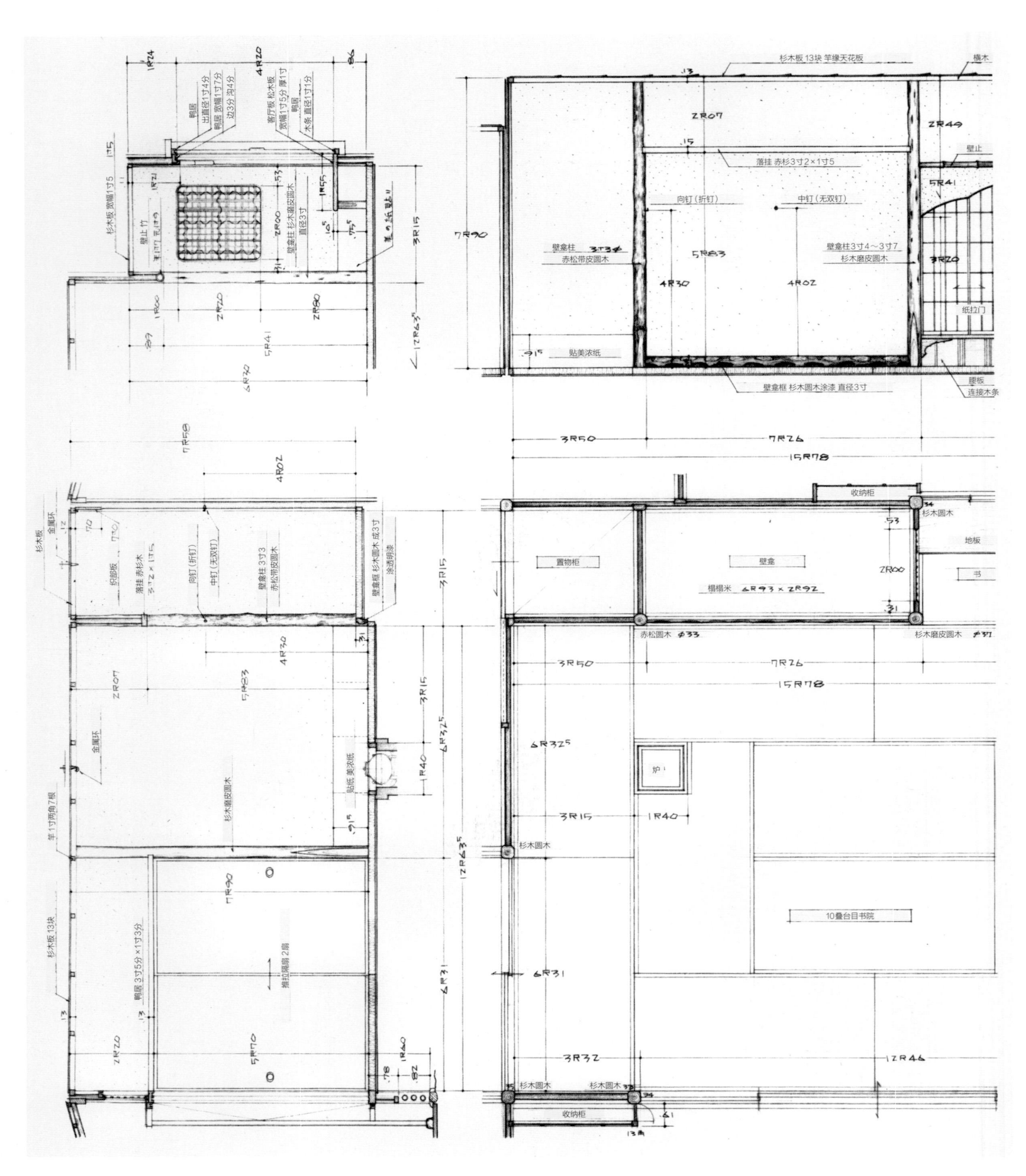

主建筑外独立座敷的平面细节图及展开图　比例尺1:30

田中丸邸　实测图

田中丸邸　实测图

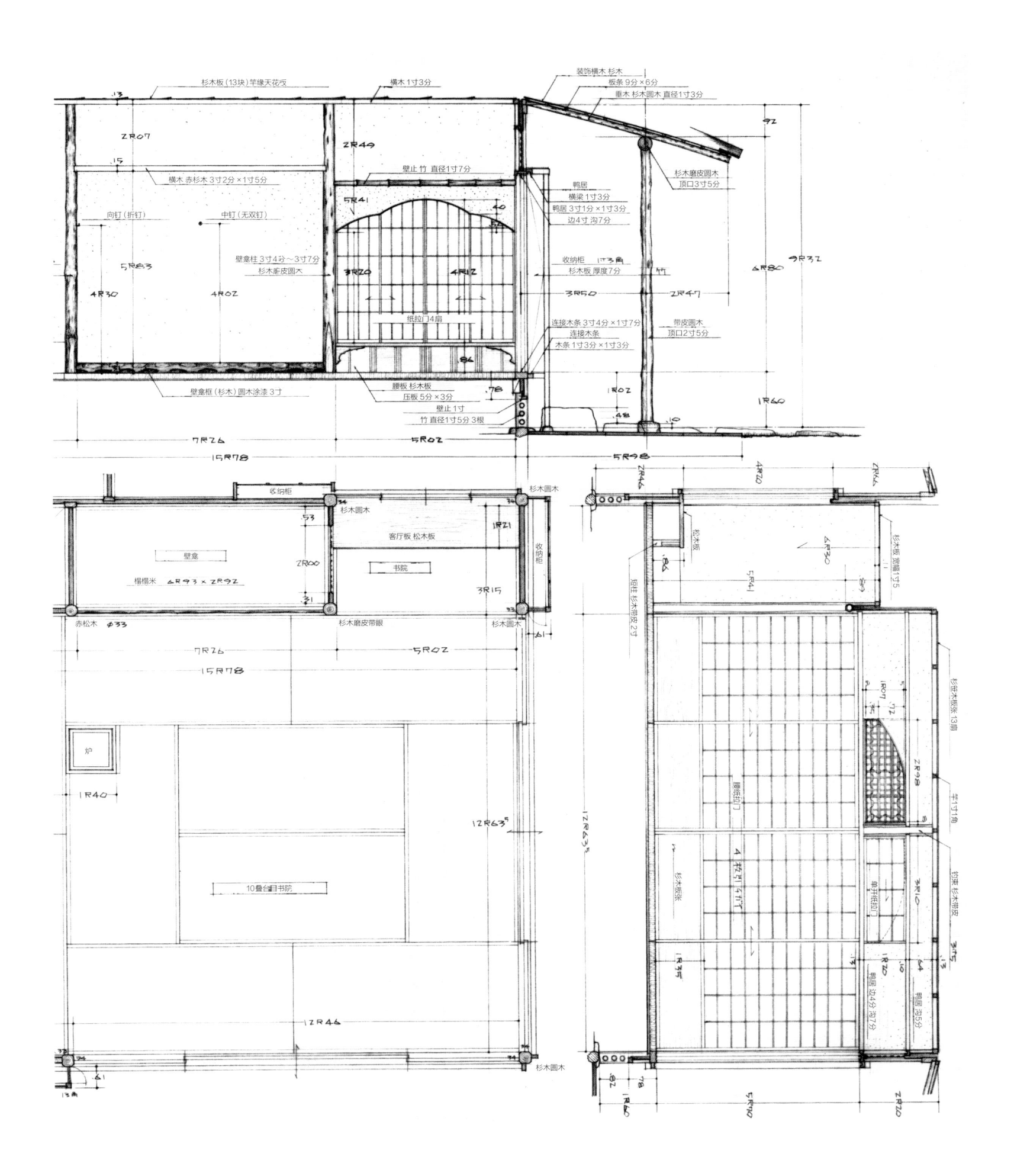

日本建筑集成　玄关与座敷　206

主建筑外独立座敷土间屋檐 　　主建筑外独立座敷北侧外观

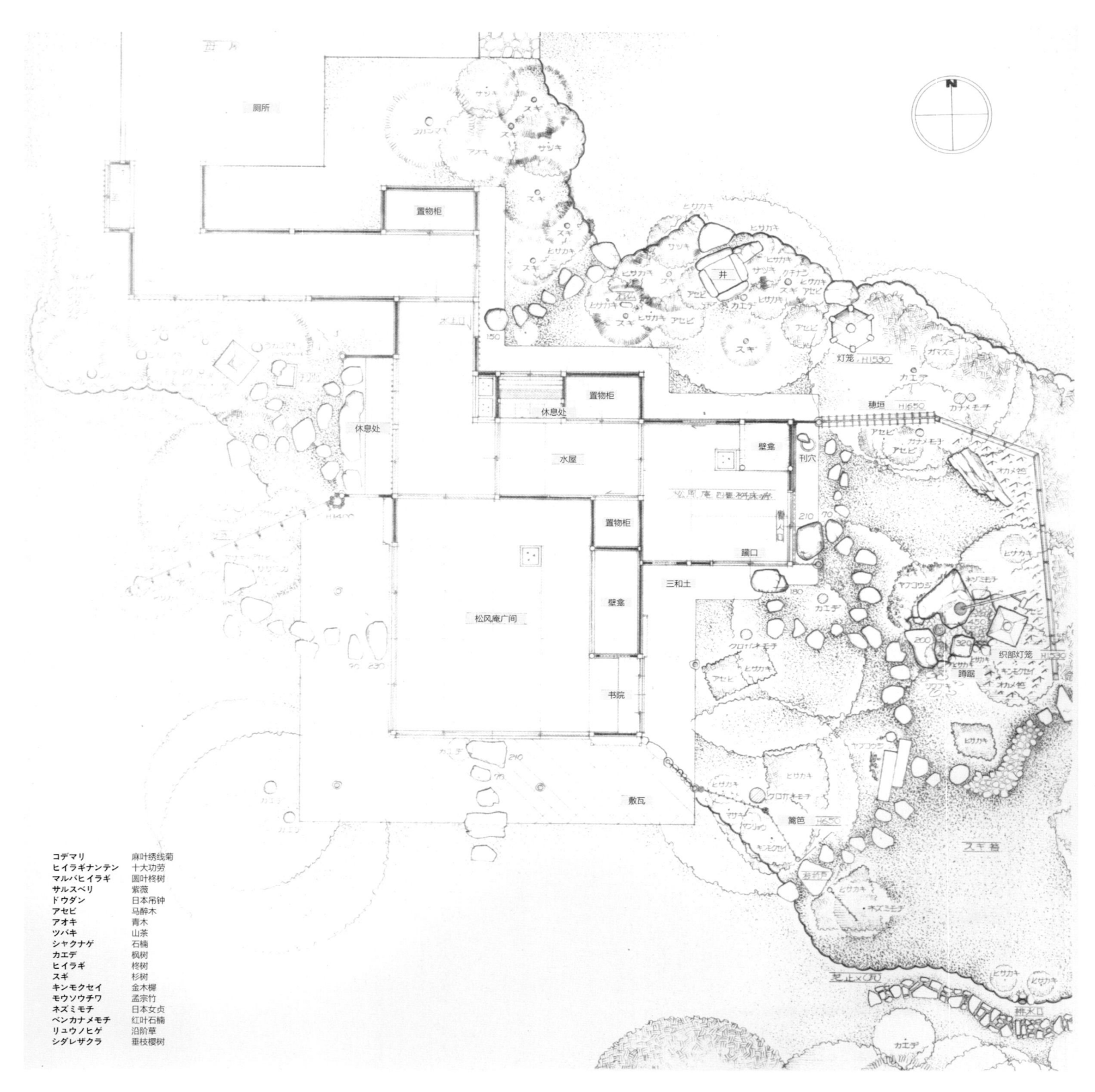

コデマリ	麻叶绣线菊
ヒイラギナンテン	十大功劳
マルバヒイラギ	圆叶柊树
サルスベリ	紫薇
ドウダン	日本吊钟
アセビ	马醉木
アオキ	青木
ツバキ	山茶
シャクナゲ	石楠
カエデ	枫树
ヒイラギ	柊树
スギ	杉树
キンモクセイ	金木樨
モウソウチワ	孟宗竹
ネズミモチ	日本女贞
ベニカナメモチ	红叶石楠
リュウノヒゲ	沿阶草
シダレザクラ	垂枝樱树

主建筑平面图　比例尺1:80

田中丸邸　实测图

日本茶道学会

所有者　田中仙翁
所在地　东京都新宿区
建筑年　1965年
设计　铃木荣太郎
施工　渡边工务店

进入大门，沿着铺石路行走，就会来到教场前的玄关处。左侧有内玄关。式台呈矩形折叠状，由松木板做成，铺有瓦垫子。面向玄关方向的是低石板铺就的沓脱石。这样的设计，是为了保留正式迎接客人时的礼仪，并且保证当来客众多时也不会造成混乱。

整体而言，4叠半大小的玄关既是教场的中心也是坐禅堂"仁山堂"的前室。其中一角有内蹲踞，里面总是有清澈的水。在本学会学习的人必须要遵守道场的规则。在修行之前，必须用蹲踞里的水洗净身心，进入堂内要虔心敬礼，方才可以入席。

玄关前

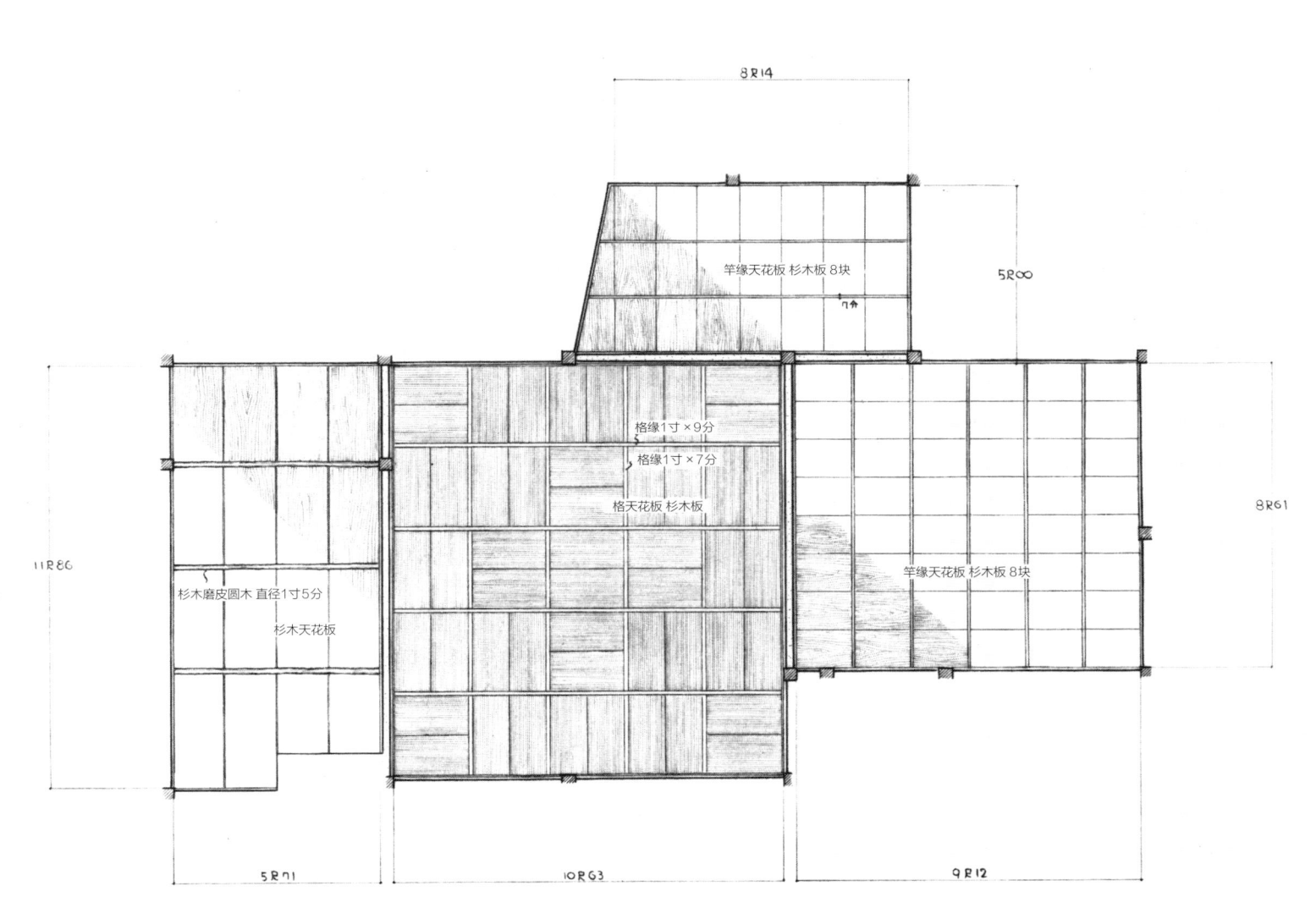

玄关天花板俯视图　比例尺1:50

日本茶道学会　实测图

玄关平面细节图及展开图　比例尺 1:50

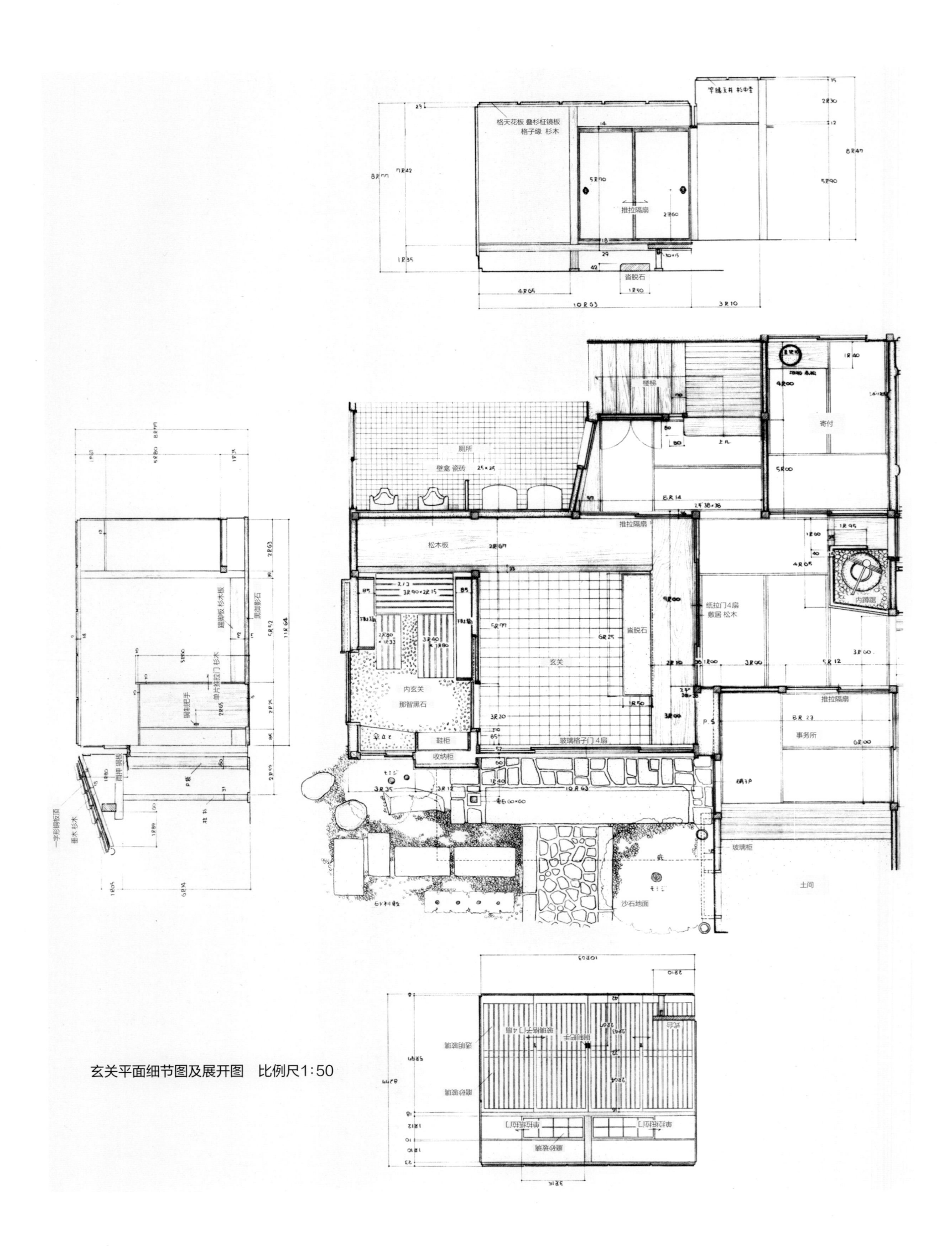

日本茶道学会　实测图

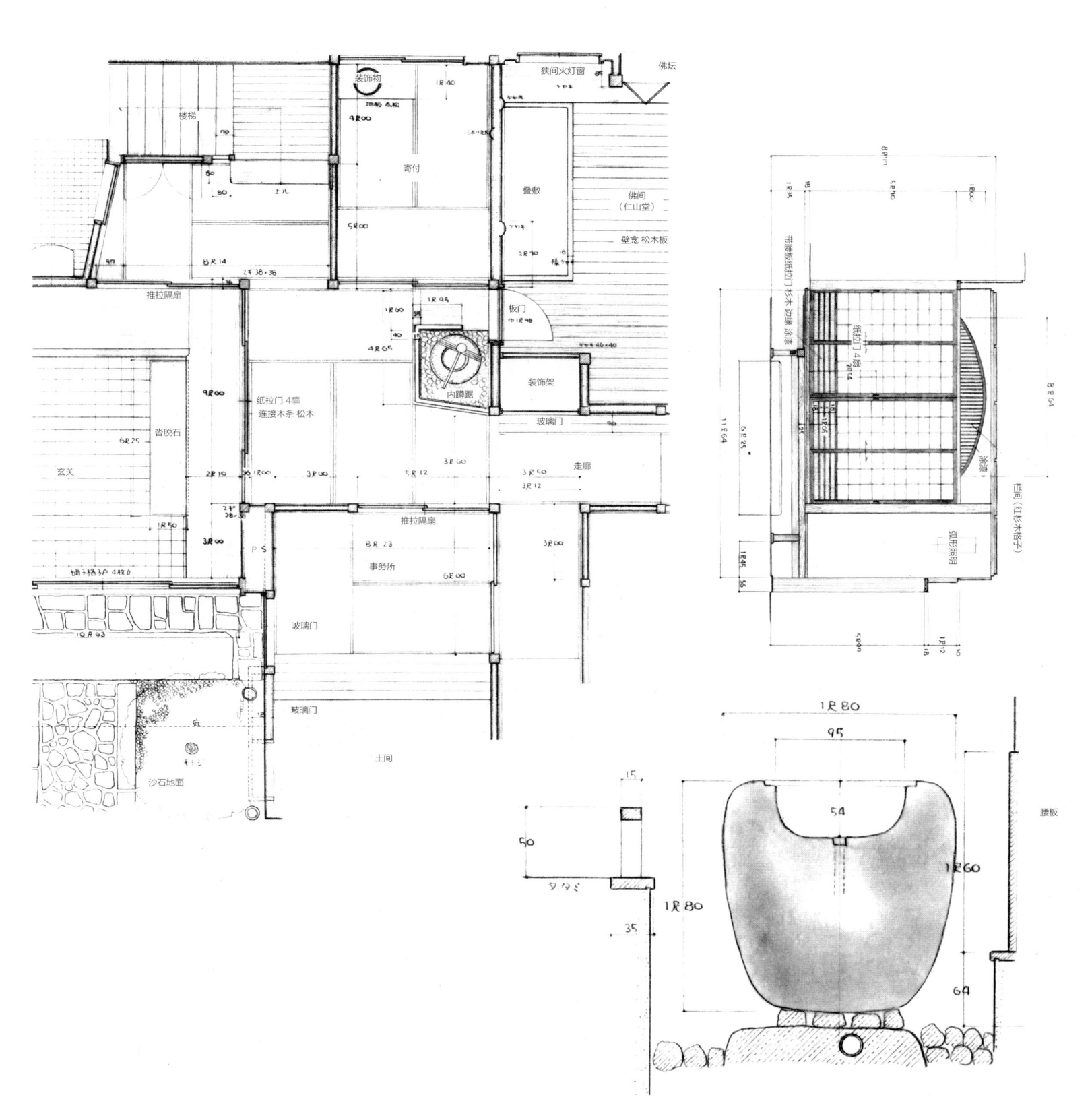

内蹲踞细节图　比例尺1:10

日本茶道学会　实测图

八胜馆

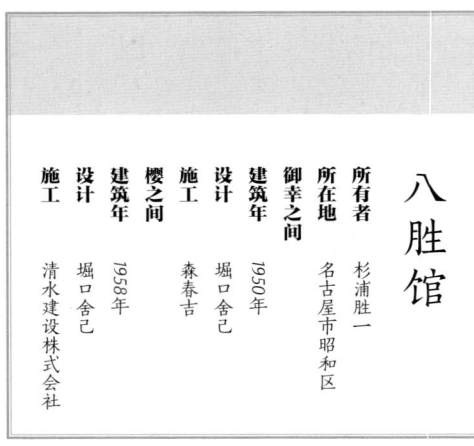

所有者　杉浦胜一
所在地　名古屋市昭和区
御幸之间
　建筑年　1950年
　设计　堀口舍己
　施工　森春吉
樱之间
　建筑年　1958年
　设计　堀口舍己
　施工　清水建设株式会社

御幸之间，是1950年举办国民体育大会时建造的房间。

堀口舍己作为建筑界的长老级人物，尤其以其在茶道、茶室以及传统日式建筑的研究闻名于世。起初他和一群志同道合之人一起引导分离派建筑运动，虽然这一运动促使日本建筑向现代建筑转型，但是当他站在希腊的帕台农神庙看着那些为了修缮而横躺在地的柱廊的柱顶时，他被"那冷峻、严谨、无法靠近的美"所打动，开始探索"适合自己的道路"，也就是重新发掘"身边的古典"，即利休的茶室、桂离宫等传统建筑。那之后，堀口以书院造建筑、数寄屋建筑以及茶室建筑为中心，开始着手传统建筑的研究。后来，更是开始研究茶道，踏入从未有人涉足过的领域。堀口在茶道研究领域可以说有着丰功伟绩。

堀口舍己的日式建筑的创作，就是在这样深邃的学问研究背景下展开的。八胜馆的御幸之间（获得日本建筑学会奖），就是他在日式建筑方面的代表作。其后，在该馆中增建的樱之间更是堀口的得意之作。

堀口以古典研究为基础，通过对茶道表现方式、创作技巧等方面的研究而培养出深厚造诣，可以说是他创作的独特风格。

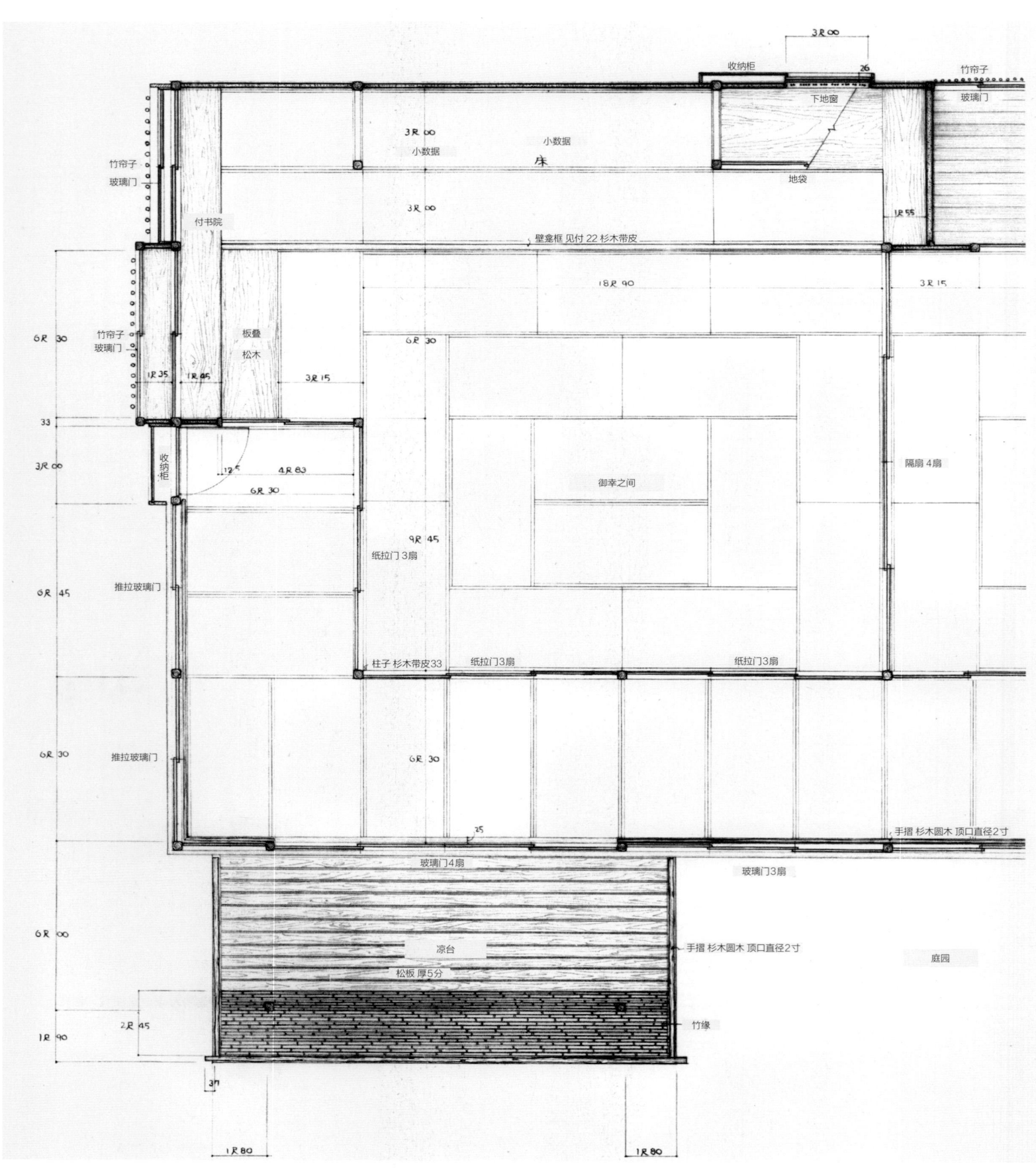

八胜馆　实测图

御幸之间凉台天花板  　　　　　　御幸之间凉台

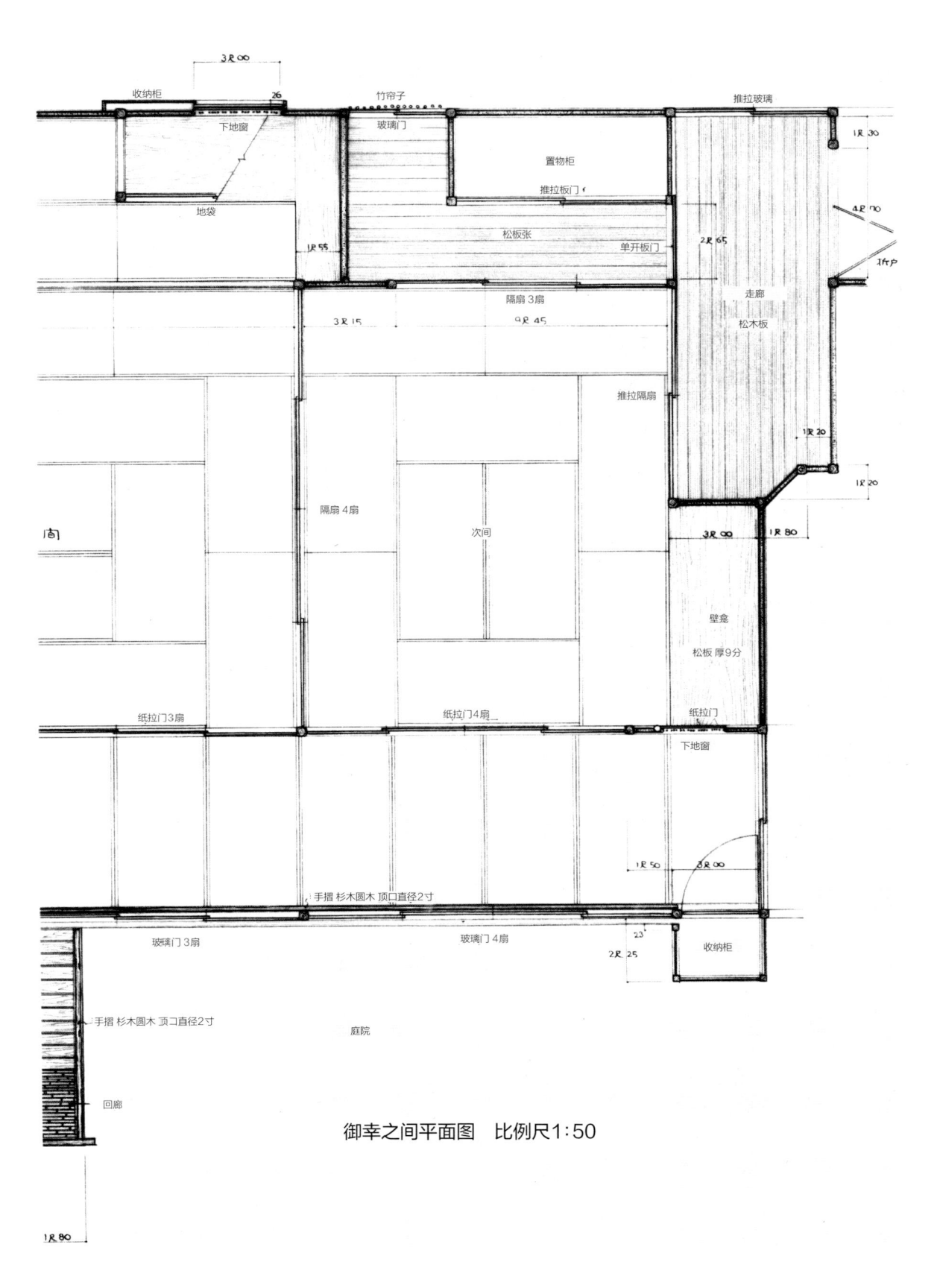

御幸之间平面图　比例尺1:50

八胜馆　实测图

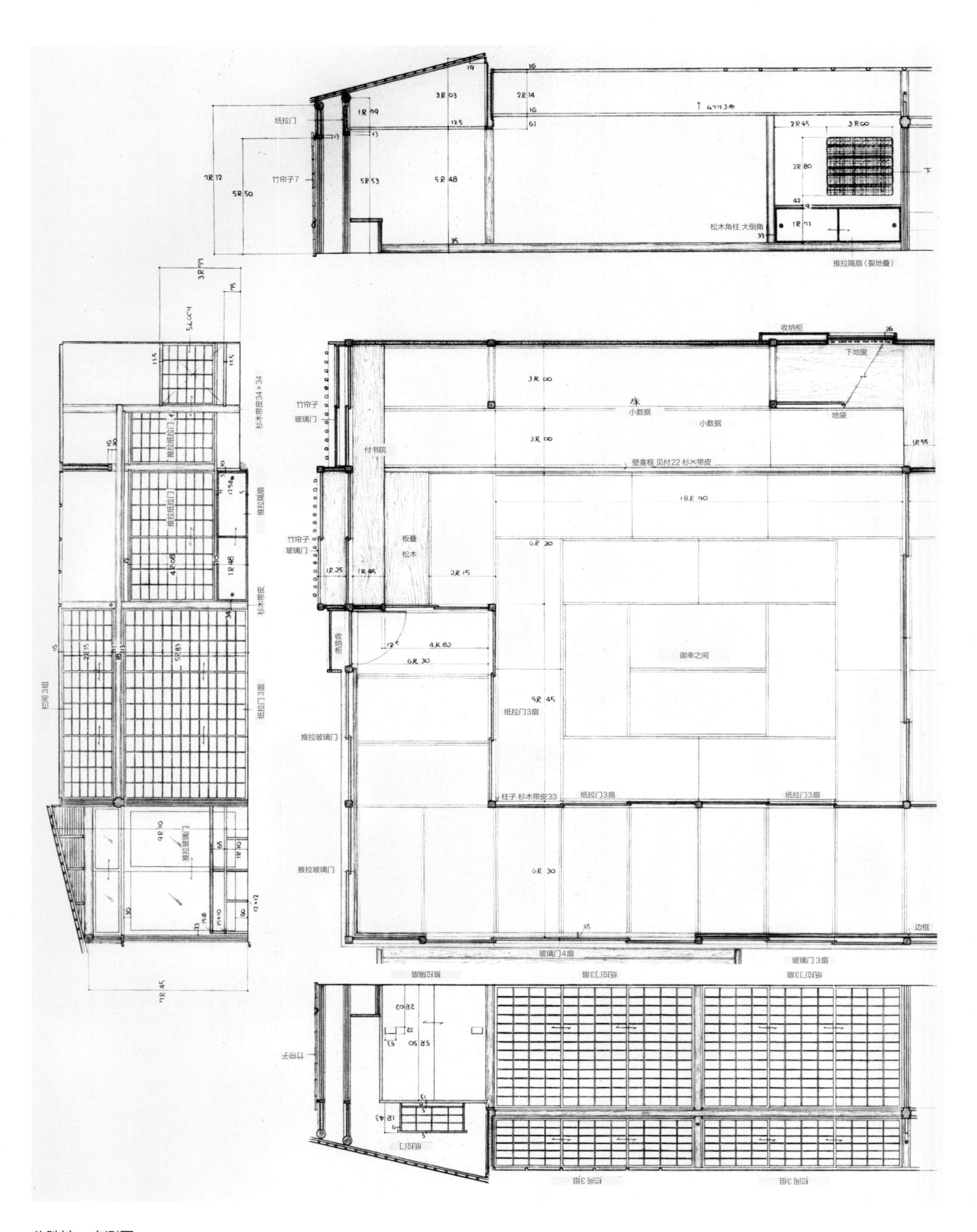

八胜馆　实测图

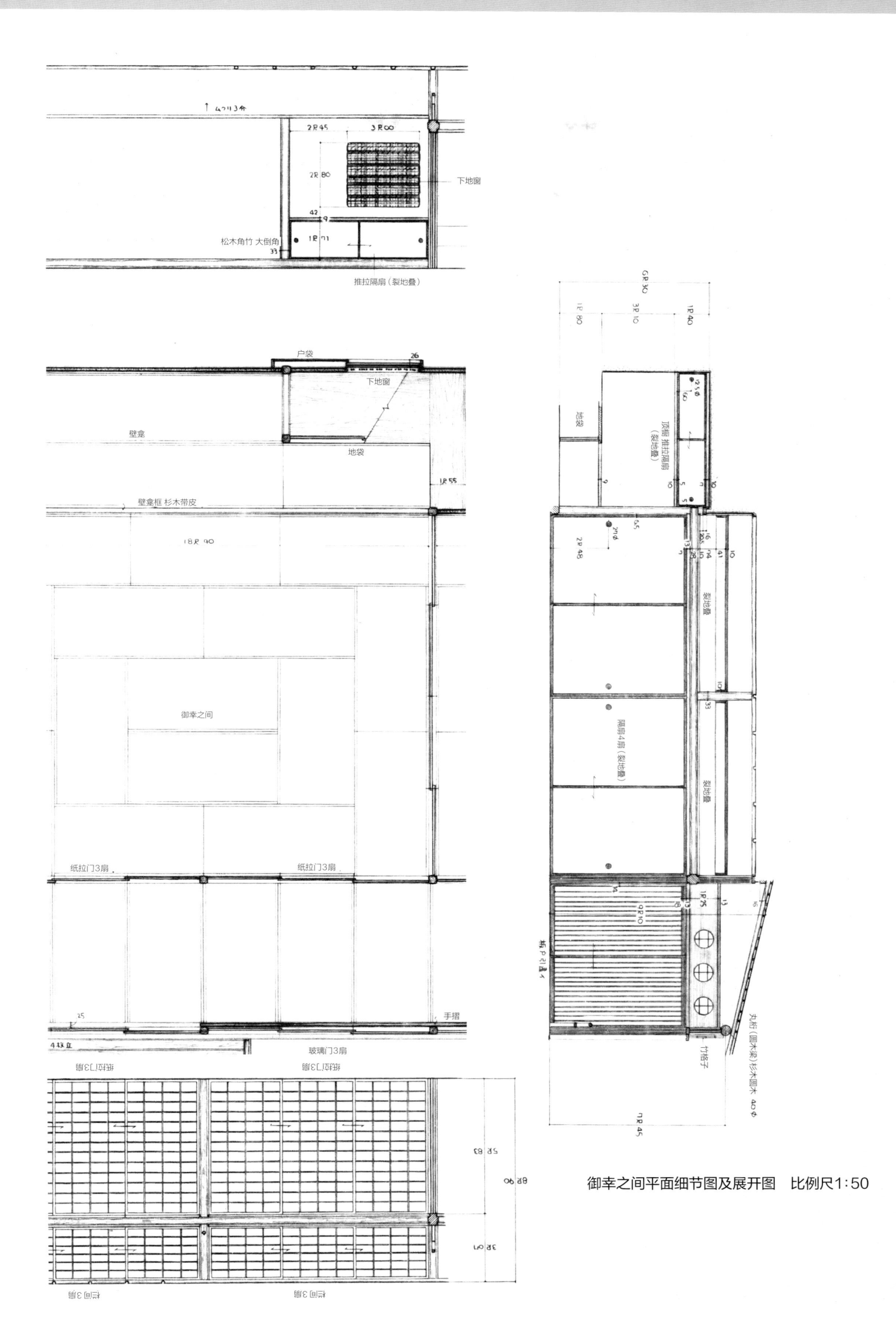

御幸之间平面细节图及展开图　比例尺1：50

八胜馆　实测图

日本建筑集成　玄关与座敷　214

御幸之间天花板构成

御幸之间东侧入口

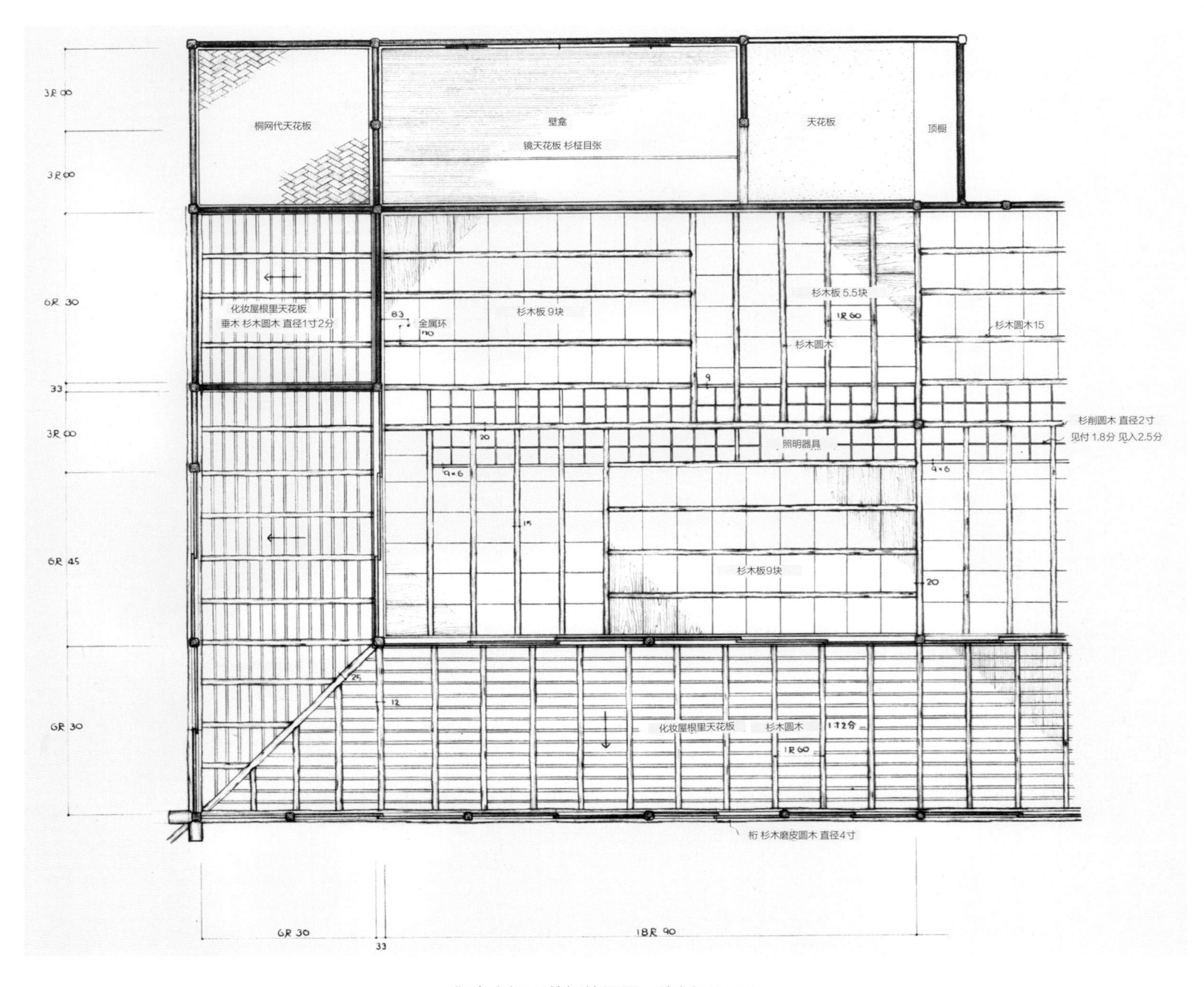

御幸之间天花板俯视图　比例尺1:50

八胜馆　实测图

菖栖庵

所有者 吉田周司
所在地 京都市北区
建筑年 1978年
设　计 彦谷建筑设计事务所
施　工 上野工务店

该建筑位于京都上贺茂的社家町，神职人员的住所静静地沿明神川而建。这一类住房十分重视和环境之间的协调关系。

彦谷邦一，在关西地区从事了多年的建筑设计工作，有着丰富的日式住宅建筑经验。据彦谷所言，这一类建筑比起作为私人住宅，更常用于接待来客，偶尔还会作为商品（和服）的展览场地。为此，玄关的门廊、大厅等空间都会设计得较为宽裕，以便于同时接待多名客人。

站在前面的道路看去，眼前就是玄关门廊。右手边的茶室是平房，深处南侧的二楼由大屋顶覆盖。道路、四间大小的门以及院墙整体显得十分和谐。

玄关内部

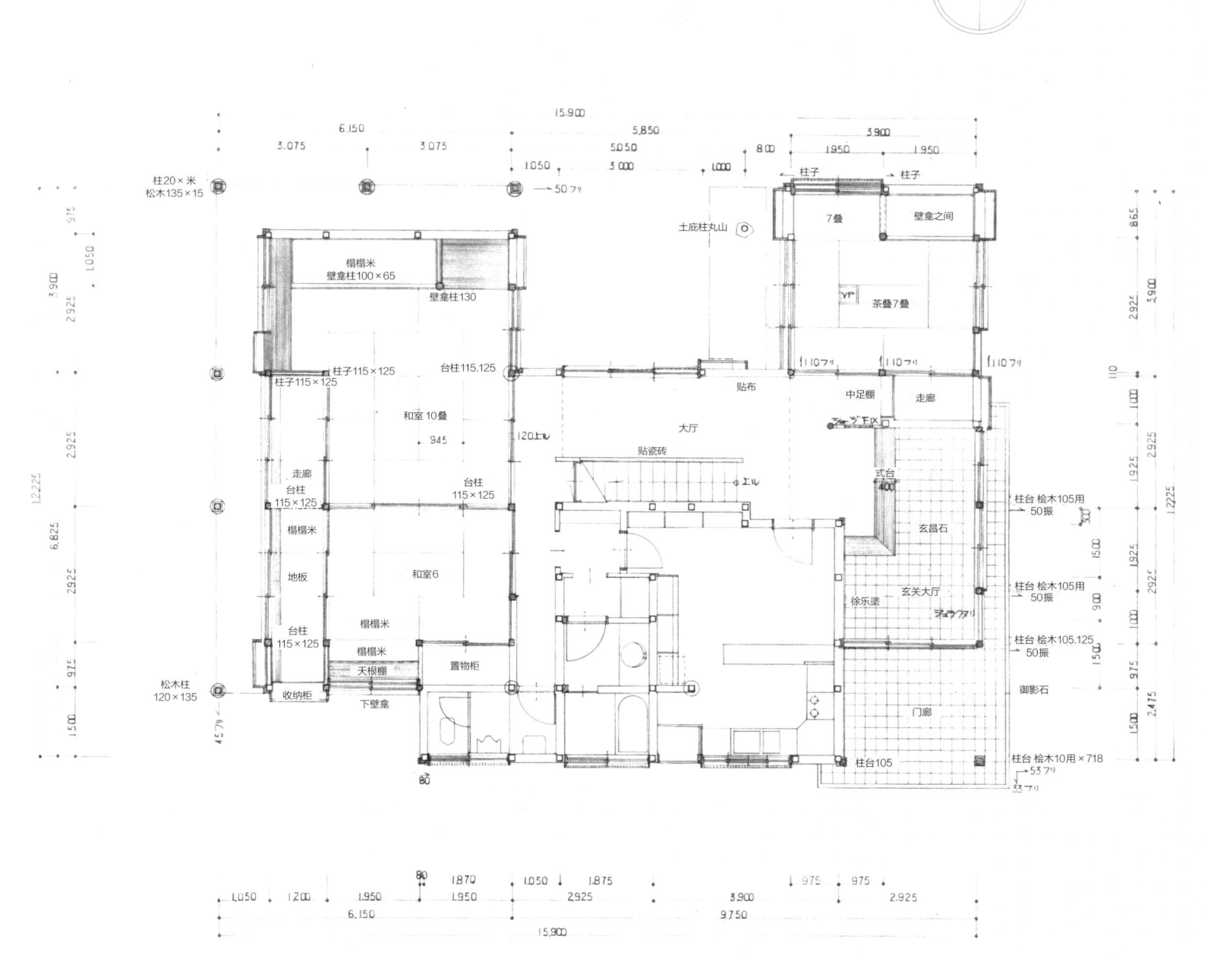

玄关及座敷平面图　比例尺1∶100

菖栖庵　实测图

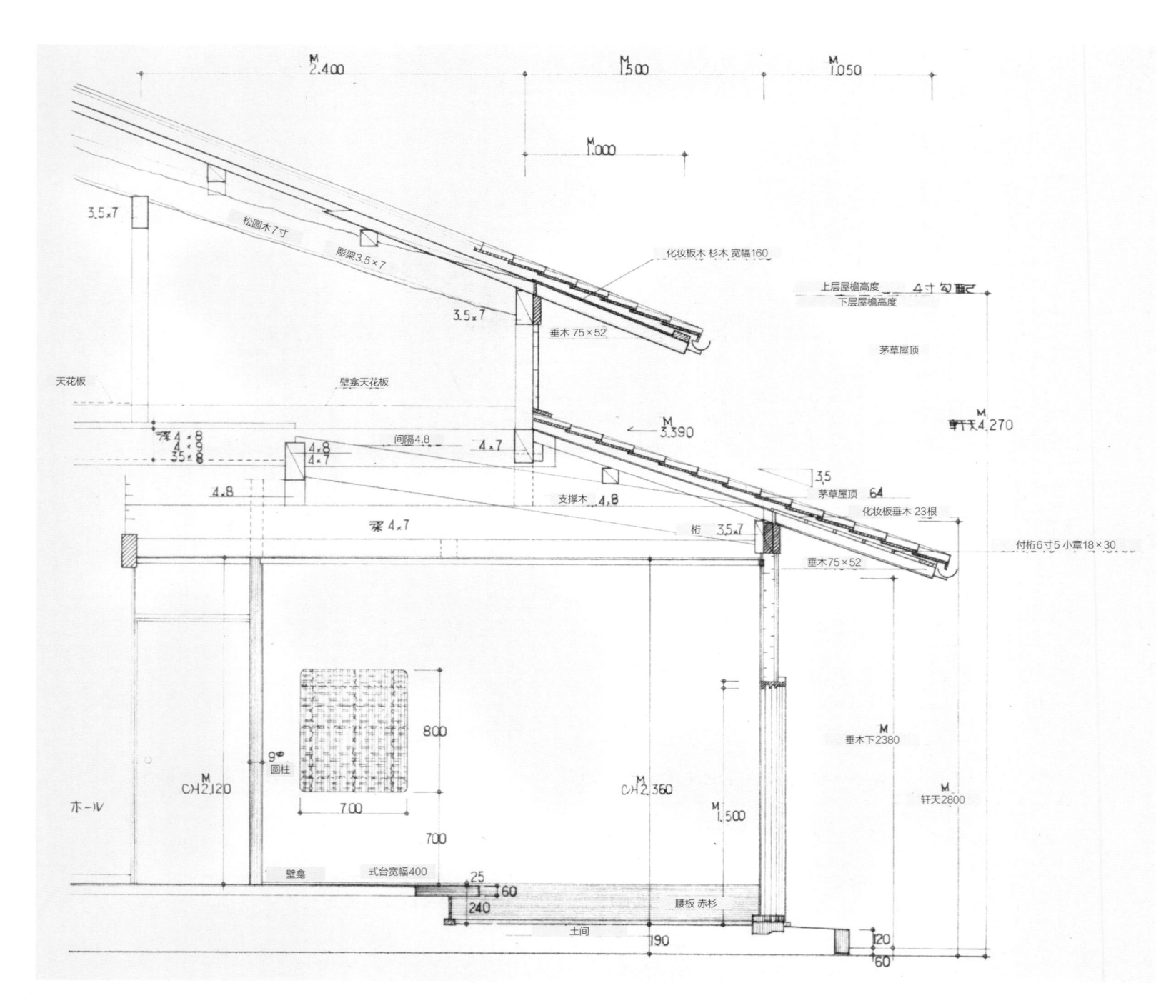

玄关设计图　比例尺1:30

菖栖庵　实测图

图面中的数字的单位为米

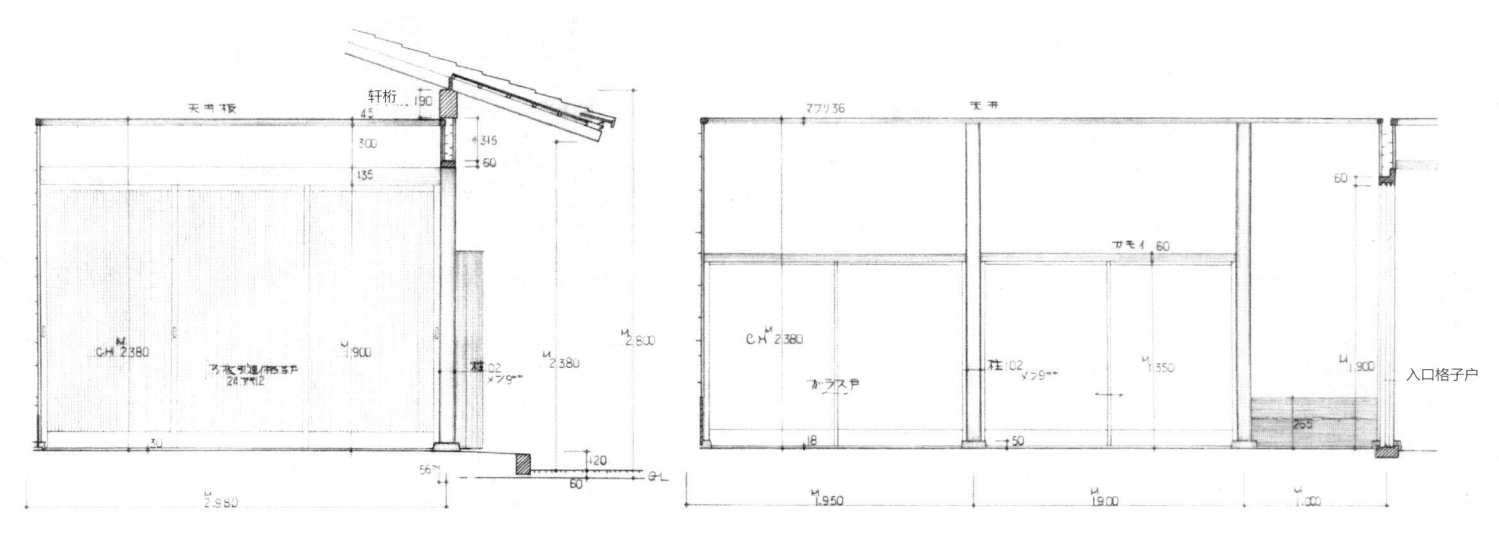

玄关入口（外侧）立面图　比例尺1:50　　　　玄关大厅北侧立体图　比例尺1:50

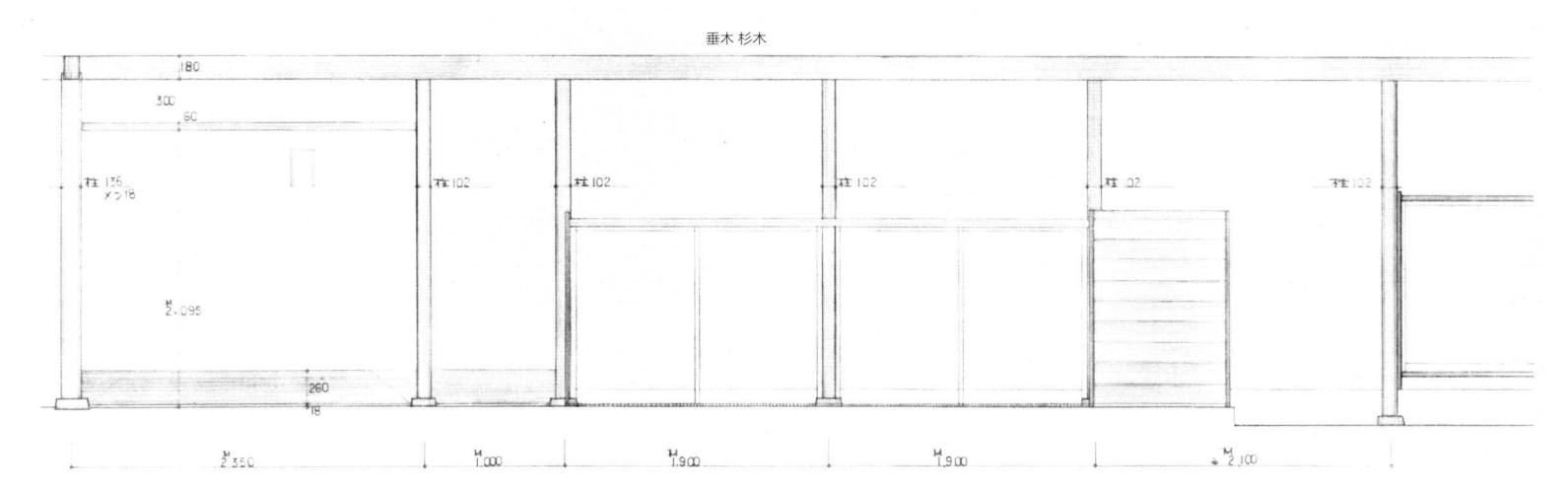

玄关北侧（外侧）立面图　比例尺1:50

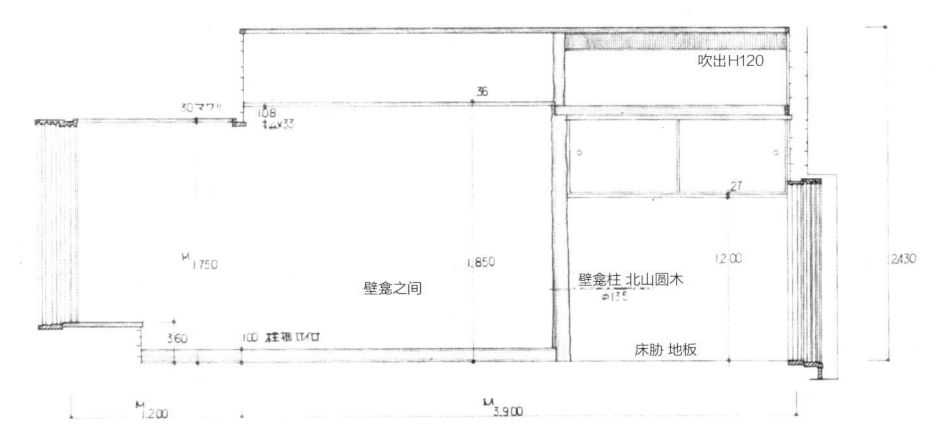

座敷西侧（壁龛一侧）立面图　比例尺1:50 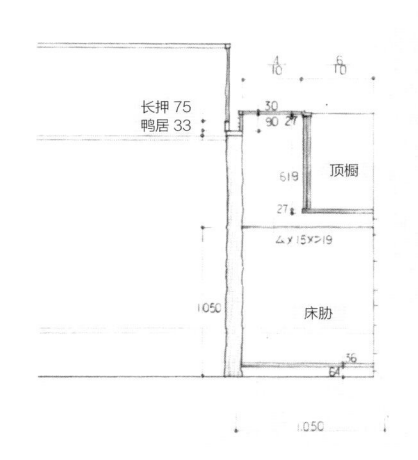　　　　壁龛断面图　比例尺1:50

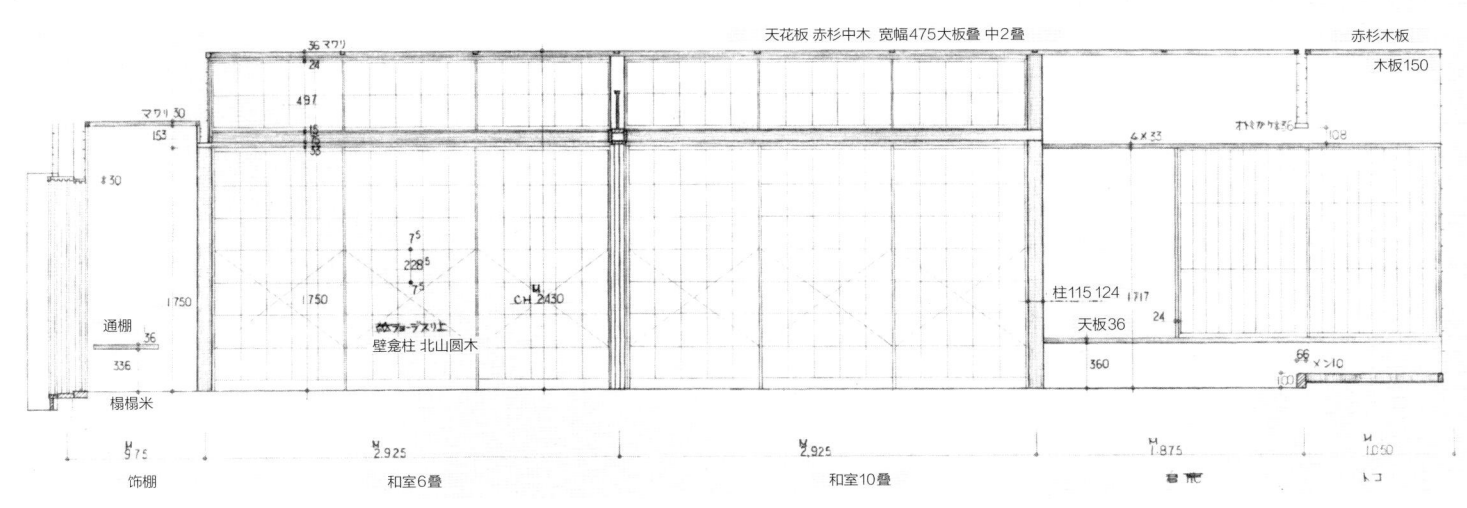

座敷南侧立面图　比例尺1:50

菖栖庵　实测图

座敷格窗

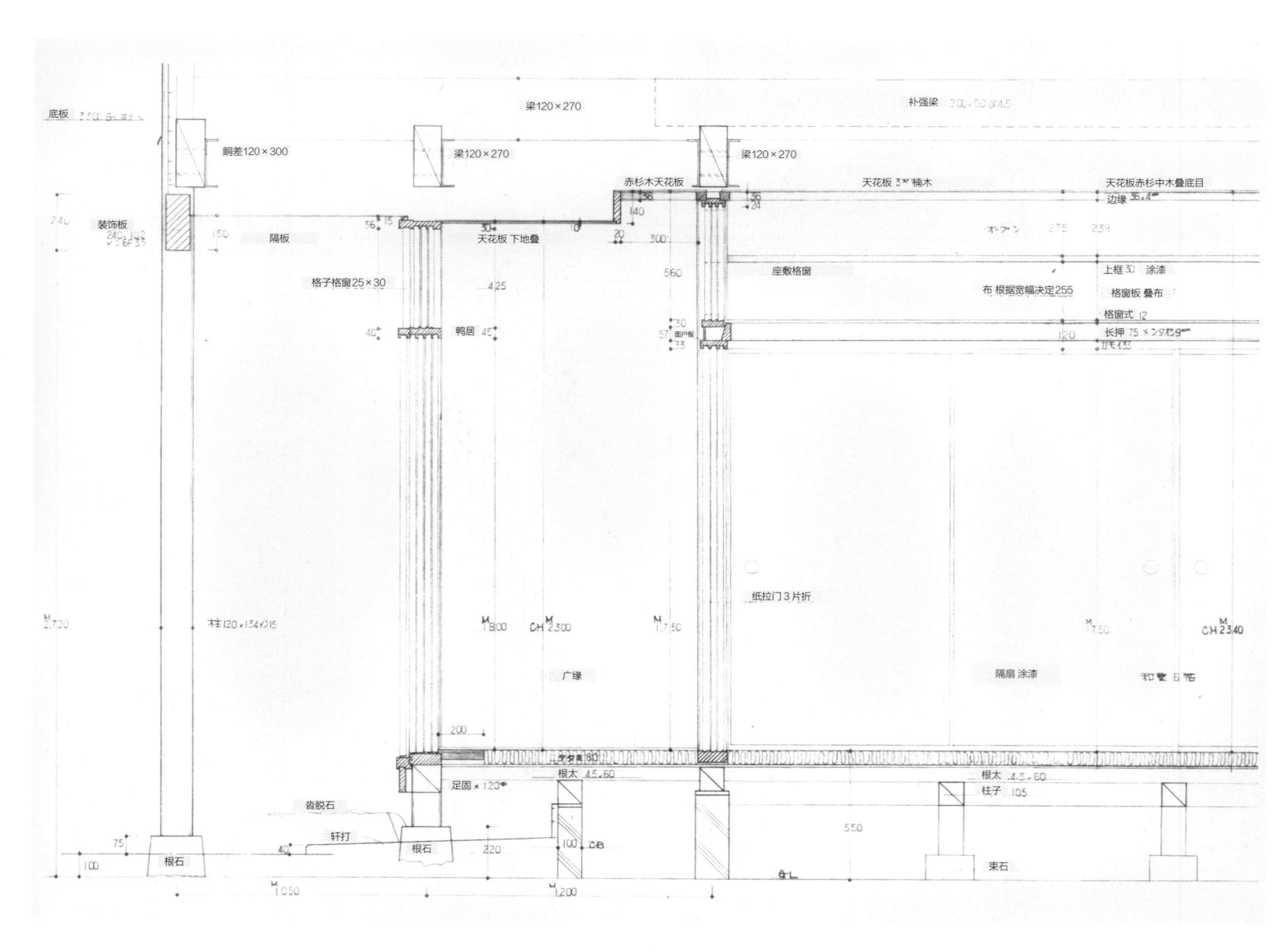

座敷矩形图　比例尺1:20

菖栖庵　实测图

伊东邸

所有者	伊东富士丸
所在地	名古屋市千种区
建筑年	1967年
设计	平子胜设计事务所
施工	竹中工务店

主屋前是一片郁郁葱葱的青苔庭院，前方以一片天然林木隔开。为了协调房屋和宽阔的庭院，主屋采用寄栋造结构的屋顶，屋檐连绵不绝，形成了悠然自得的外观造型。

玄关旁有会客室。主屋东侧有10叠大小的主室和8叠大小的邻室。

主屋中的座敷三面环绕有走廊，室内有长押，并设有一间半长的壁龛和一间半长的床胁。房间正面安有桌柜，且装有小壁橱以及矩形折叠的垫板窗。天花板较之别处略低，走廊处的格窗也为了能看到小墙而低于一般设计。不带腰板的明障子门和开放式的玻璃窗使庭院和座敷之间的距离感被拉近。

壁龛处挂有"兰奢待"字样的挂轴，且装饰焕发生机的插在古伊贺的花瓶里的山茱萸。

玄关外观

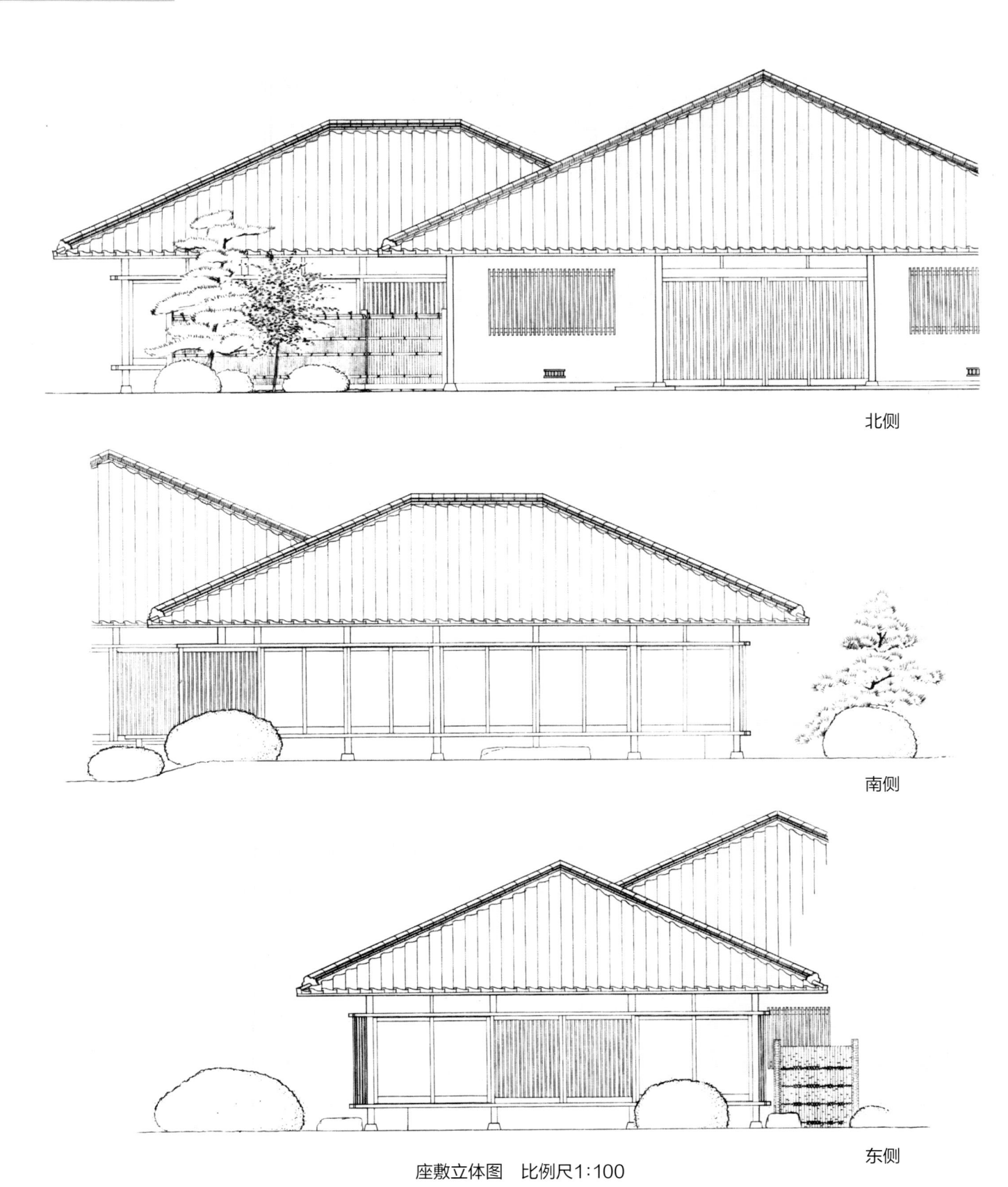

北侧

南侧

座敷立体图　比例尺1:100

东侧

伊东邸　实测图

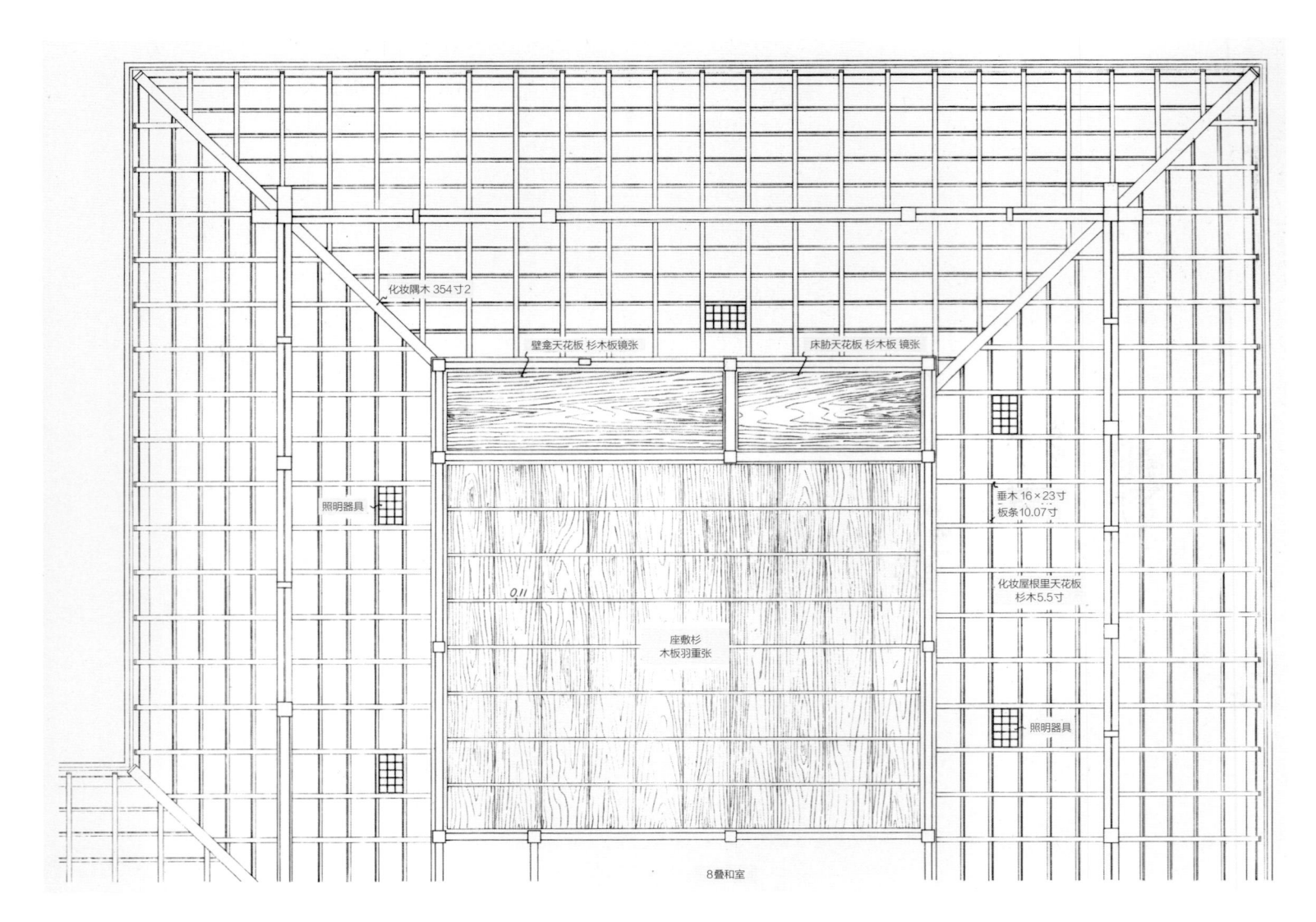

座敷天花板俯视图　比例尺1∶50

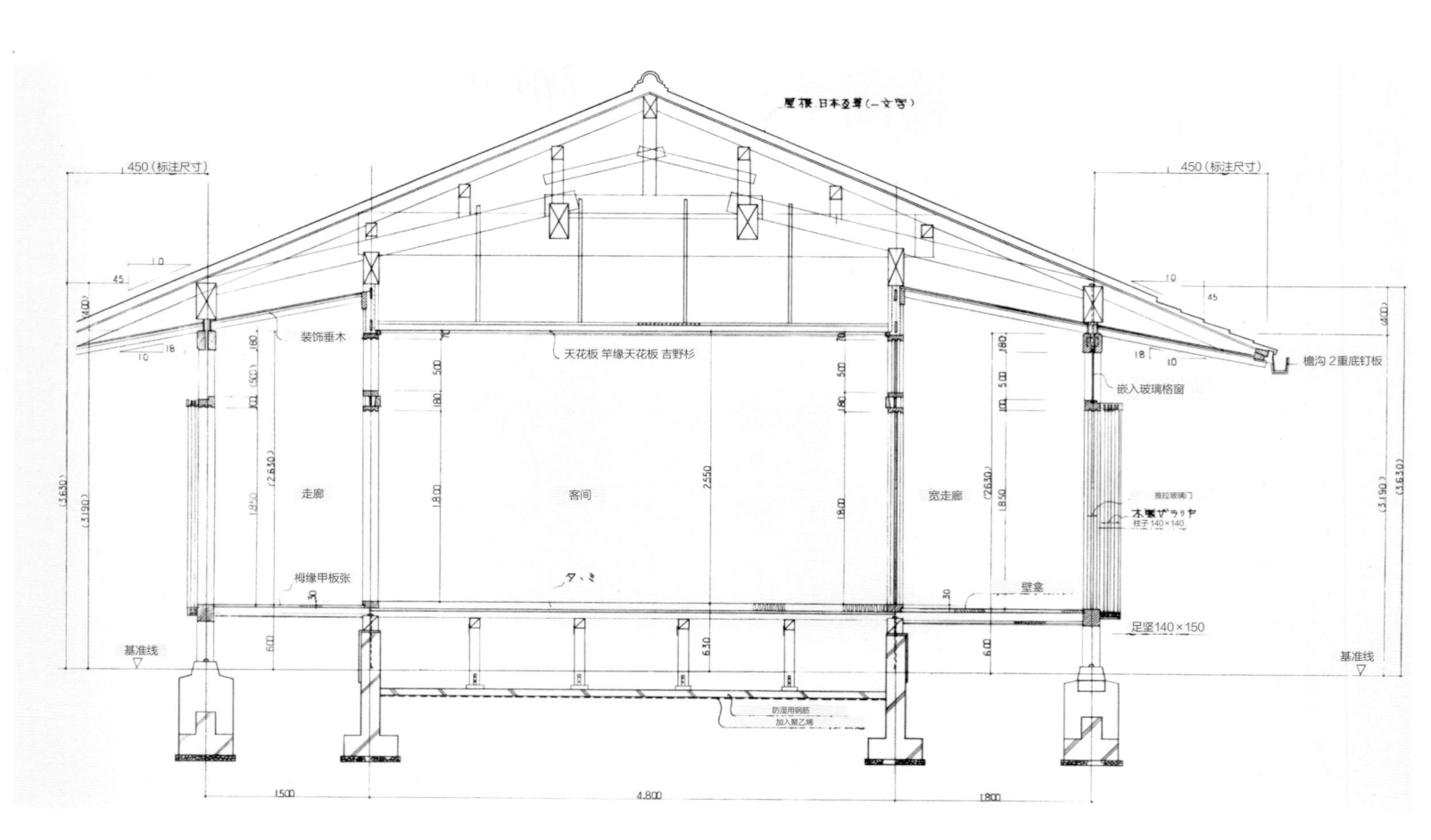

座敷设计图　比例尺1∶50

伊东邸　实测图

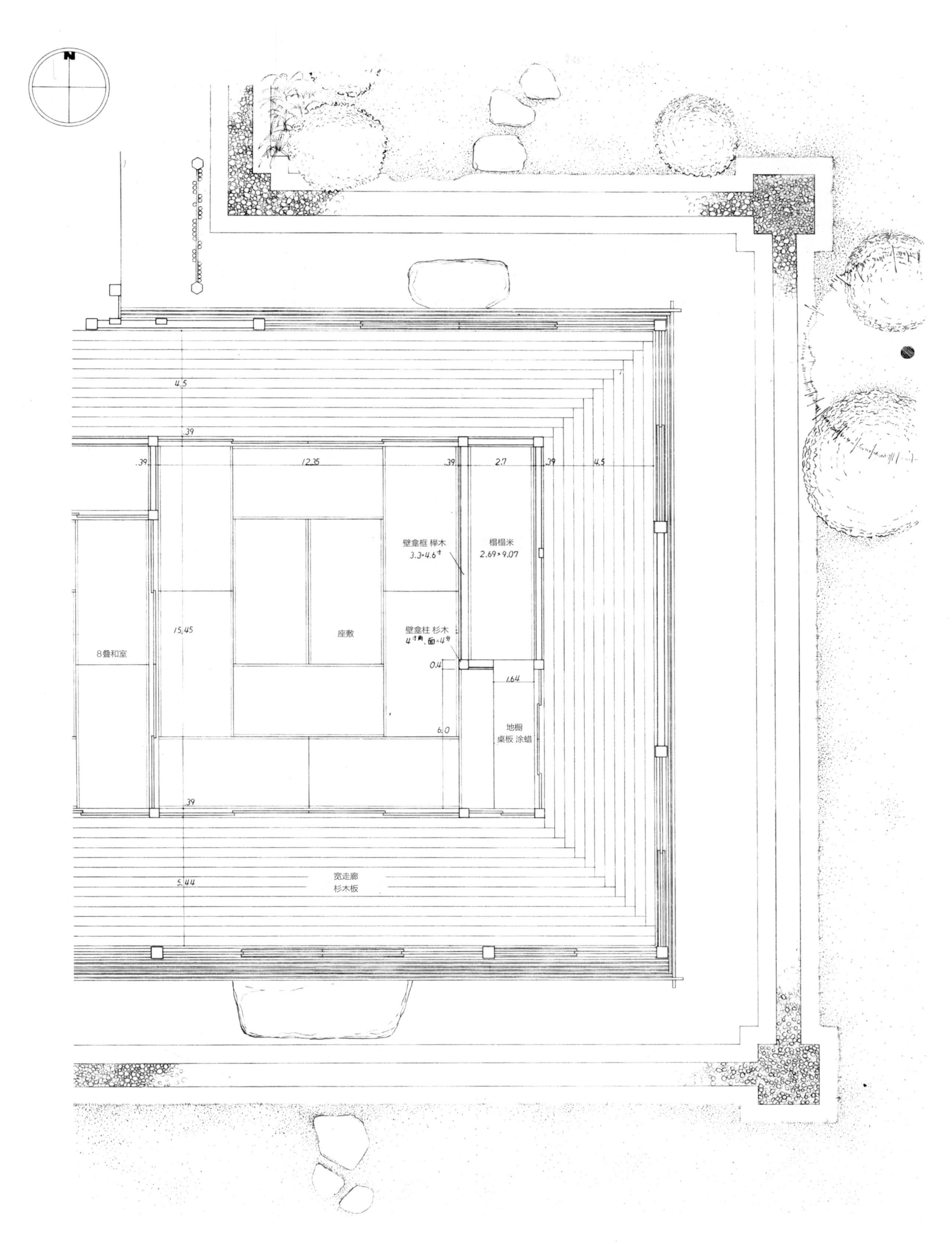

座敷平面详细图　比例尺1:50

座敷矩形设计图的数字的单位为米

伊东邸　实测图

邻室格窗

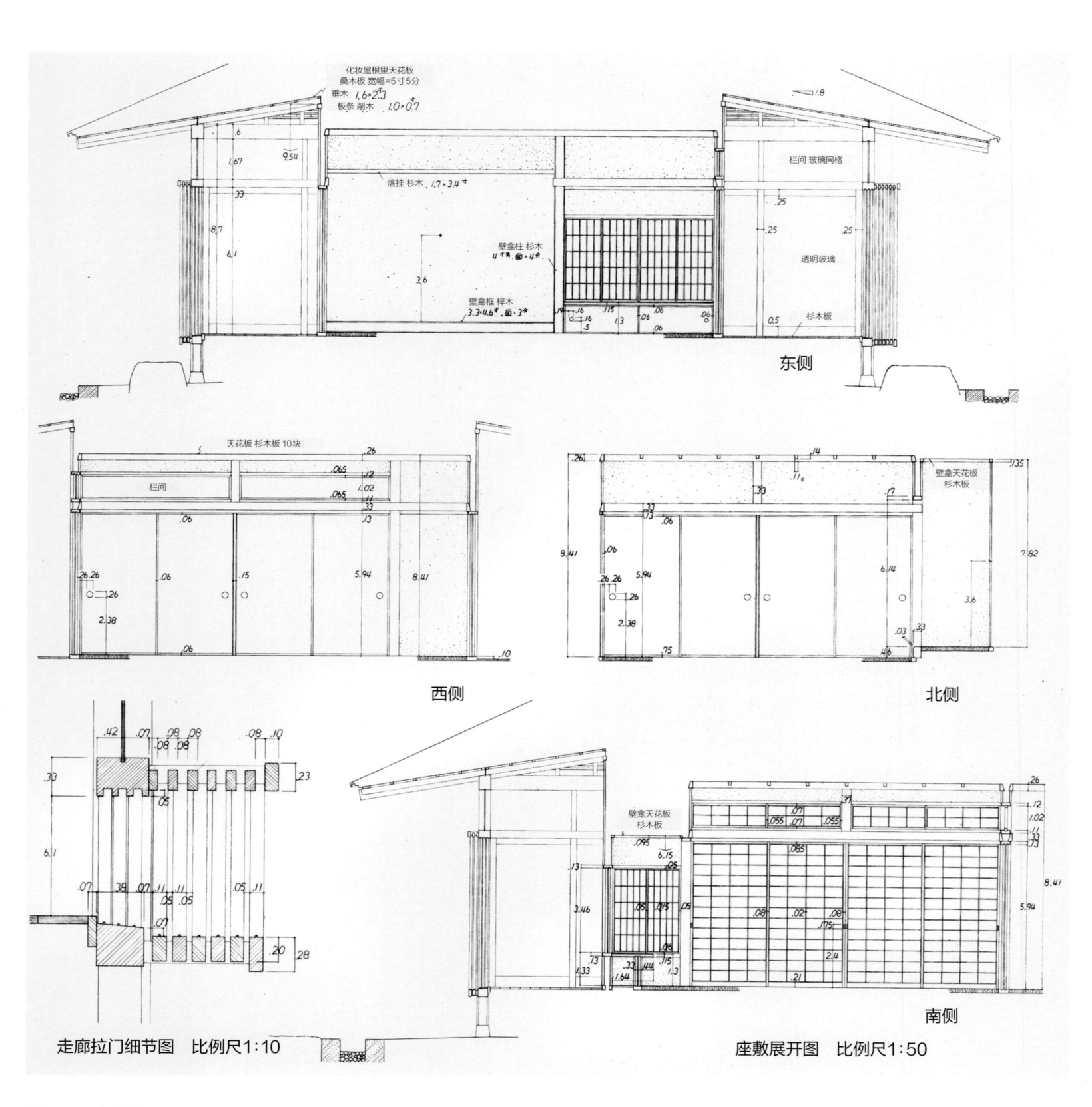

东侧

西侧

北侧

南侧

走廊拉门细节图　比例尺1:10

座敷展开图　比例尺1:50

伊东邸　实测图

洗心洞

所有者 辻本章
所在地 京都市左京区
建筑年 1967年
设计、施工 丸富工务店

洗心洞位于修学院离宫的东侧，面向音羽川，风景优美。最开始的山庄主人在这里度过了品茗、探求茶道的晚年生活。据说他在尽情享受茶道之乐的同时致力于修整庭院，追求更具茶道境界的建筑。

与家主追求茶道理念相对应的是山庄整体上不追求奢华，平淡是真的设计。玄关也好，座敷也罢，不论何处，都透着闲适情怀。

从玄关看到的土间

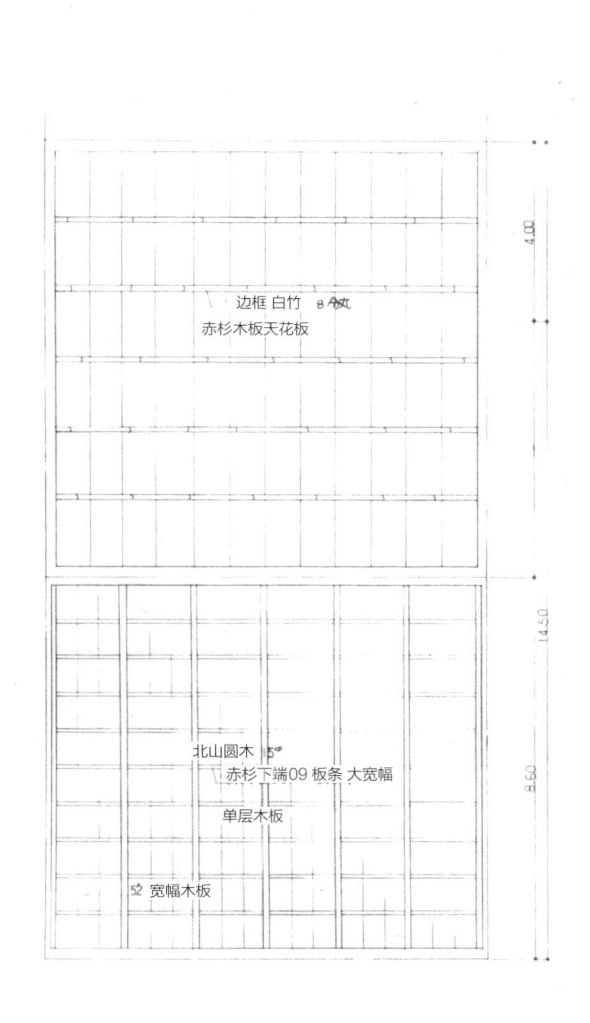

玄关天花板俯视图　比例尺1:50

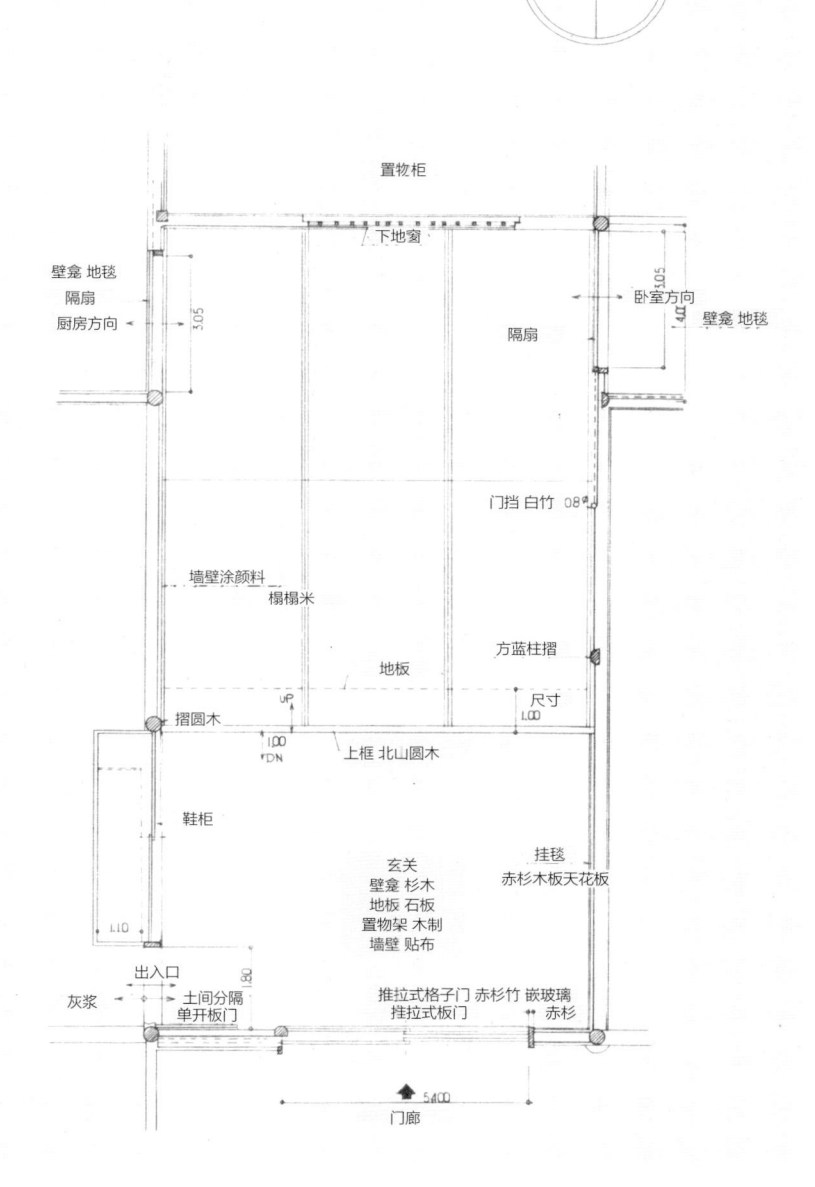

玄关平面图　比例尺1:50

洗心洞　实测图

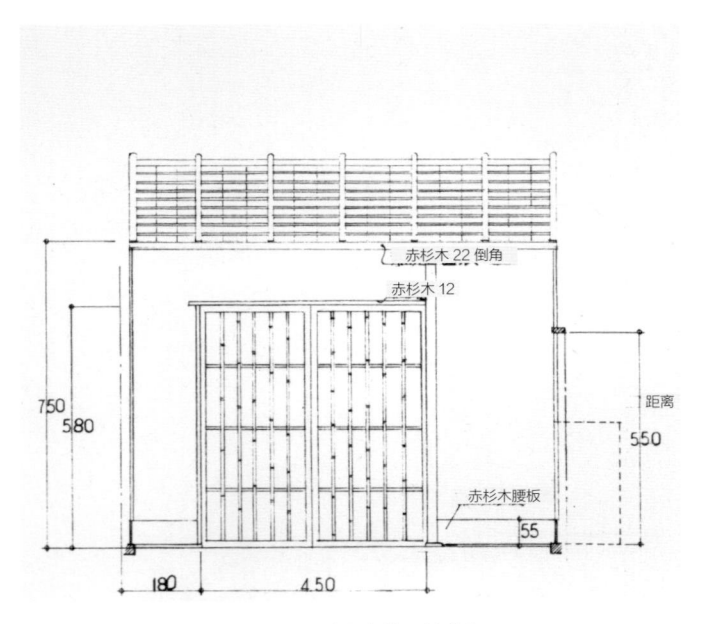

玄关入口立面图（内侧） 比例尺1:50 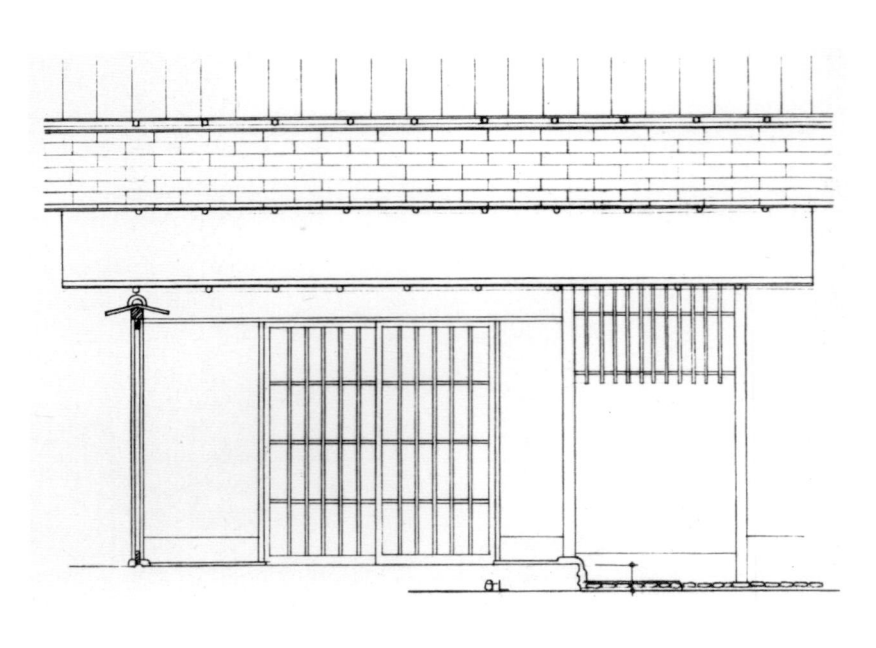　　　　　　　　　　　　玄关入口立面图（外侧） 比例尺1:50

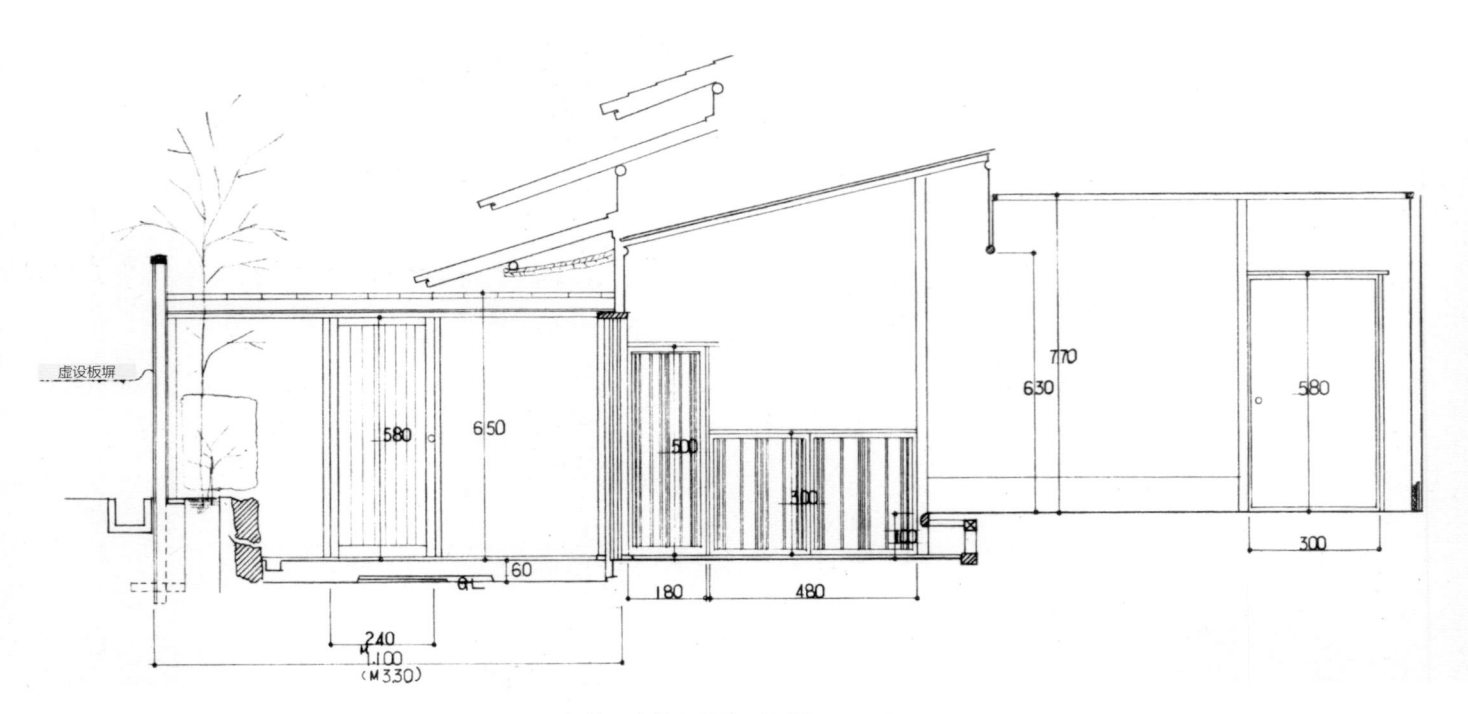

玄关西侧断面图　比例尺1:50

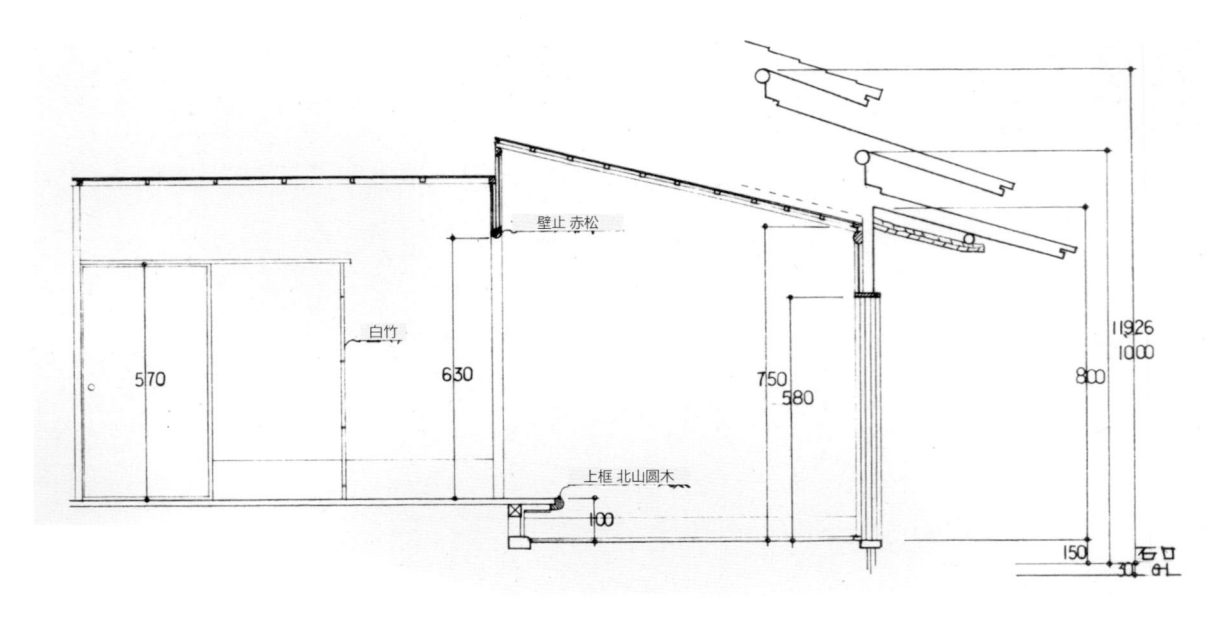

玄关东侧断面图　比例尺1:50

洗心洞　实测图

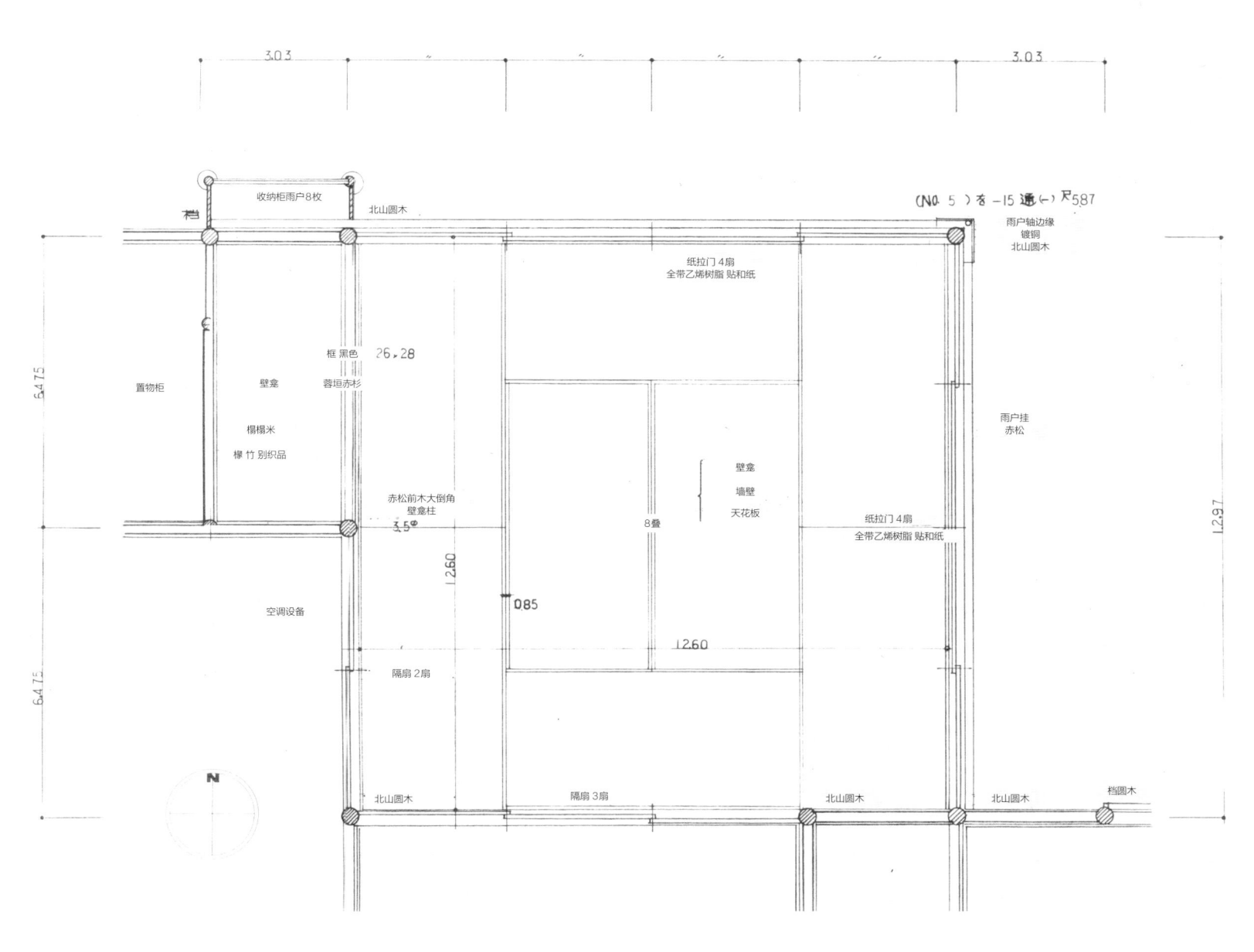

座敷平面图　比例尺1:30

洗心洞　实测图

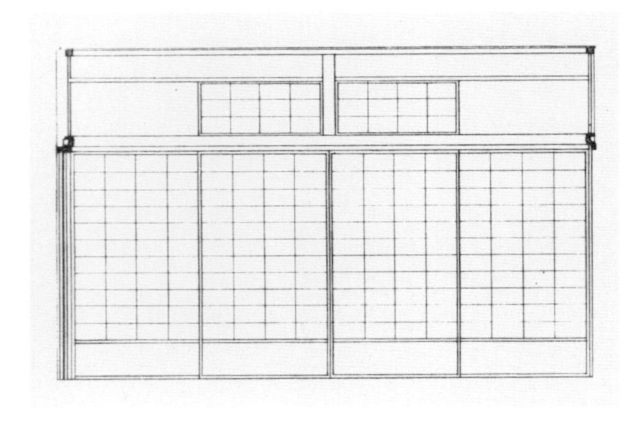

东侧

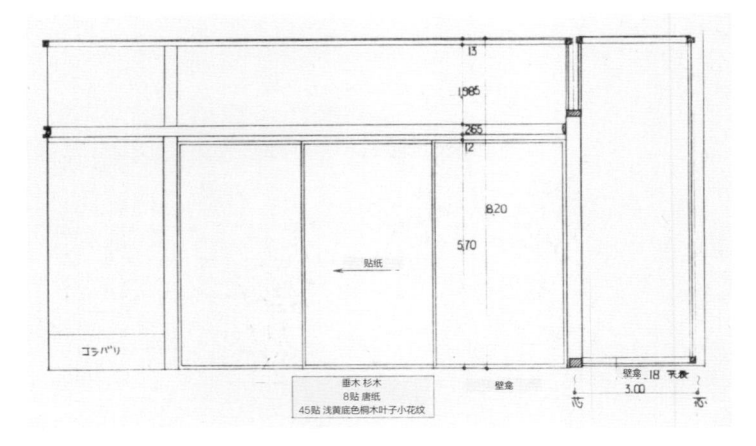

南侧

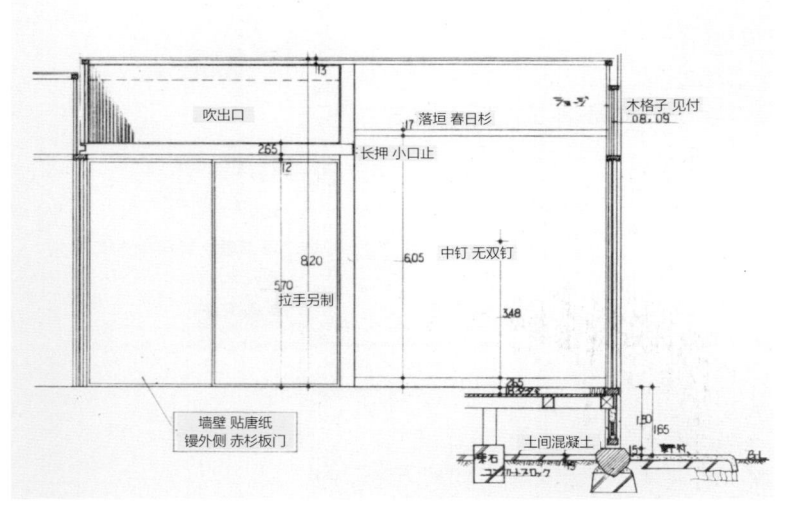

西侧（壁龛一侧）

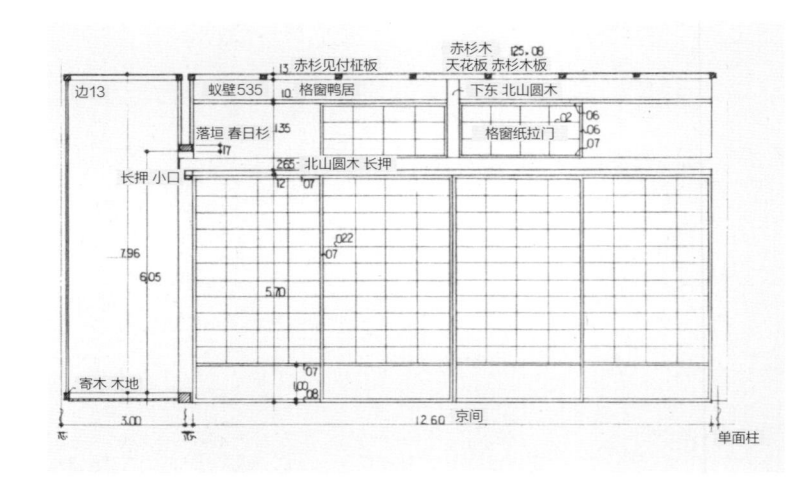

北侧

座敷展开图　比例尺1∶50

洗心洞　实测图

这座宅邸用于教授表千家茶道，其玄关仿照了不审庵和如心斋的风格。玄关附属于8叠大小的茶室。在茶室举办茶会之时，玄关还可作为寄付使用。

较低的屋檐和式台，是完全遵守传统的茶室风格的设计。

铃木邸

所有者 铃木与平
所在地 静冈县清水市
建筑年 1974年
设计 笛吹严
施工 笛吹严、铃与建设株式会社

玄关土间上部结构

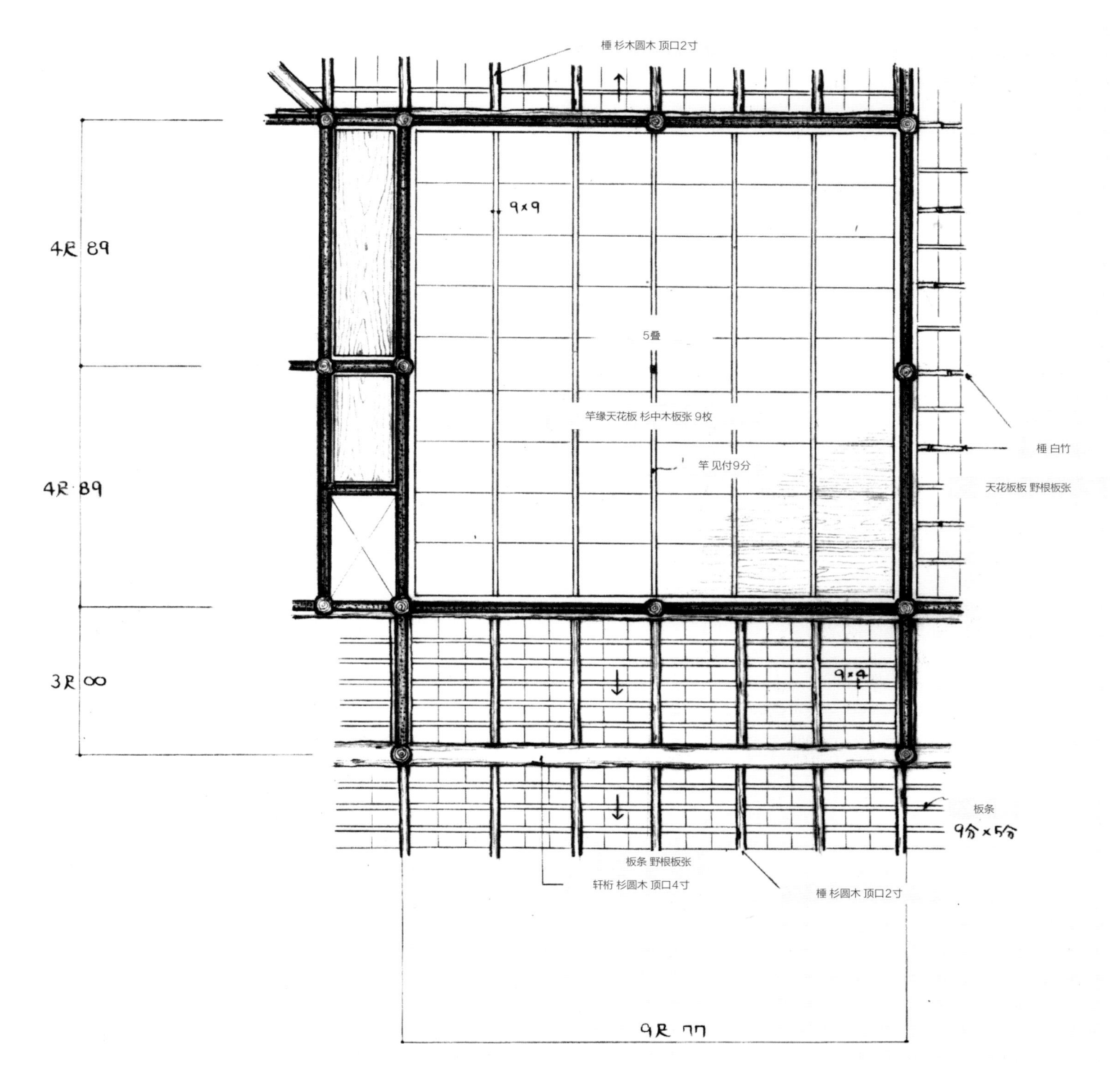

玄关天花板俯视图　比例尺1:30

铃木邸　实测图

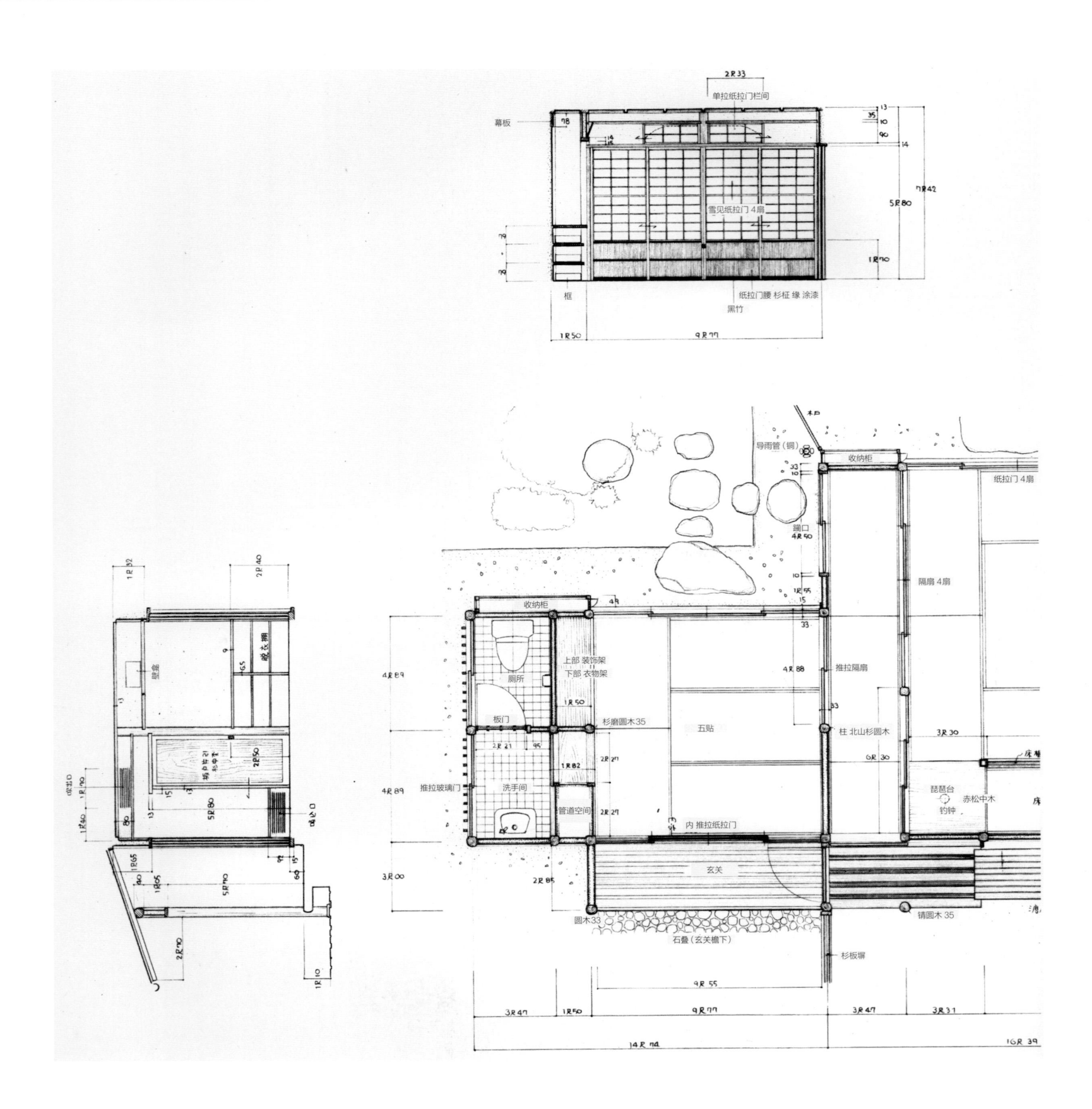

玄关、座敷平面详细图及玄关展开图　比例尺1:50

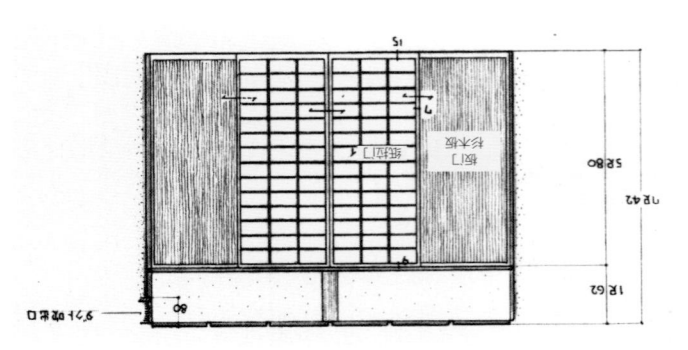

铃木邸　实测图

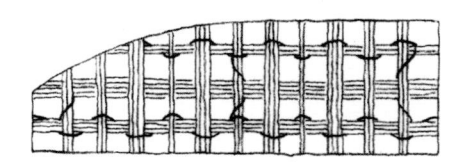

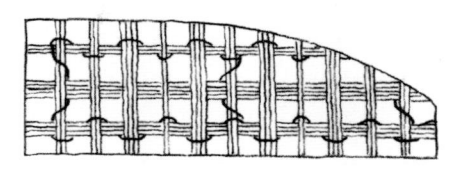

底窗详细图　比例尺1:10

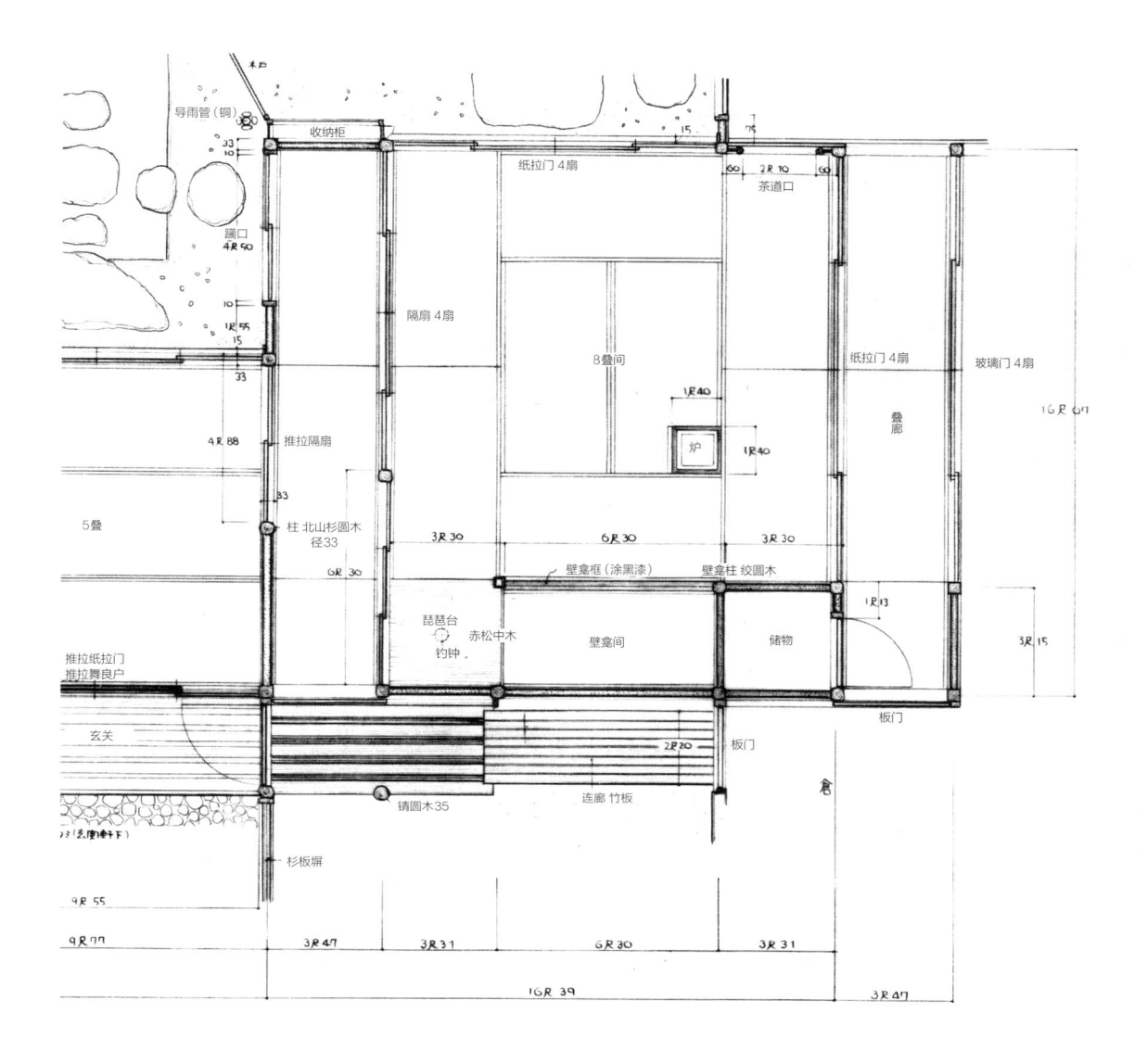

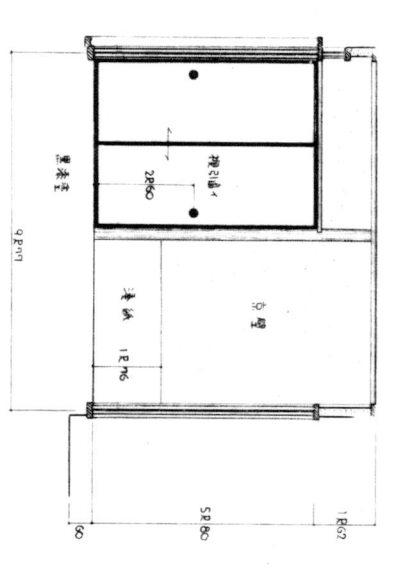

铃木邸　实测图

田中邸

所有者 田中裕
所在地 京都市伏见区
建筑年 1971年
设计、施工 丸富公务店

位于伏见的这一旧宅，主人曾为御医。应委托人要求，宅邸中的座敷被设计得简约大方。座敷既可以作为佛堂使用，也可以作为茶室使用。

床胁处方形的窗户是祭祀佛祖时用的。墙面左侧上下用以调节温度的木制格子作为遮挡的方式，现如今大概是见不到了吧。

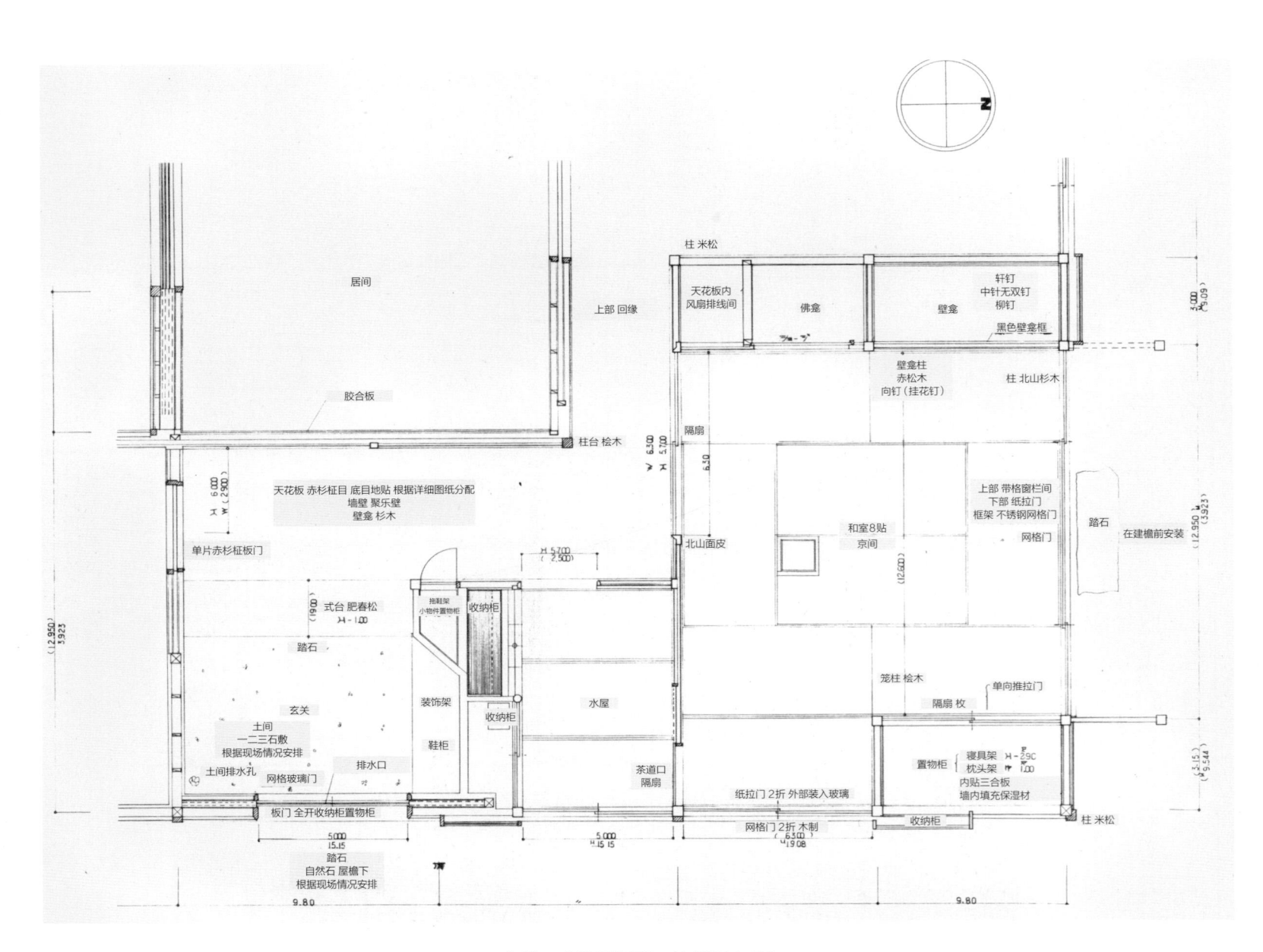

玄关、座敷平面图　比例尺1:50

田中邸　实测图

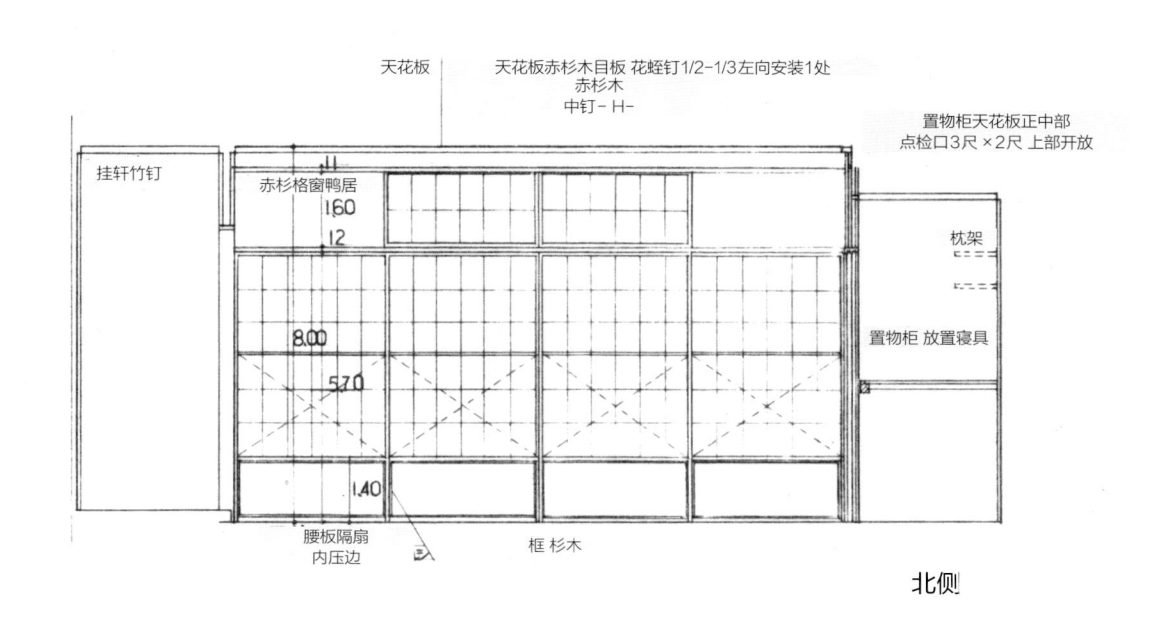

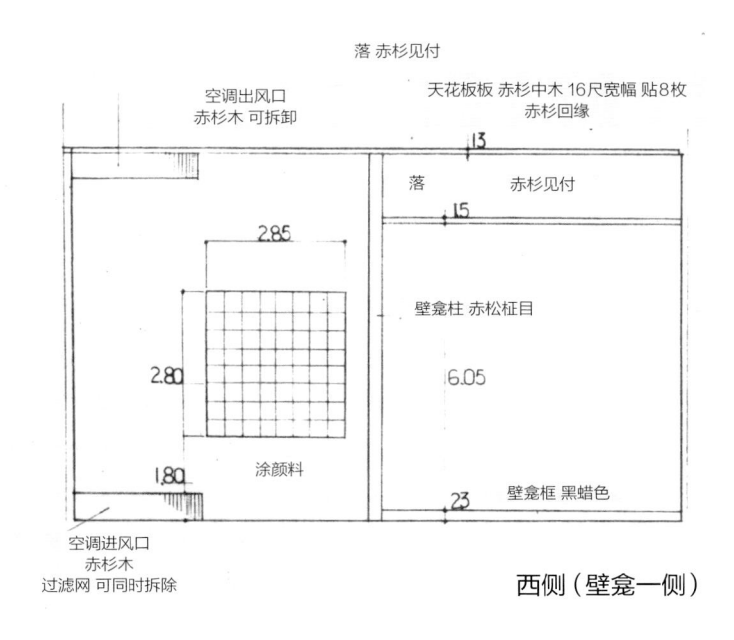

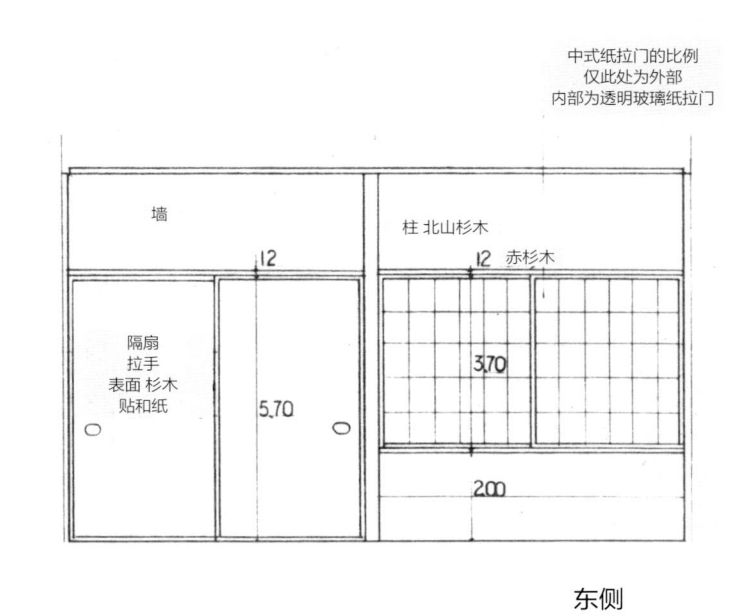

座敷展开图　比例尺1:50

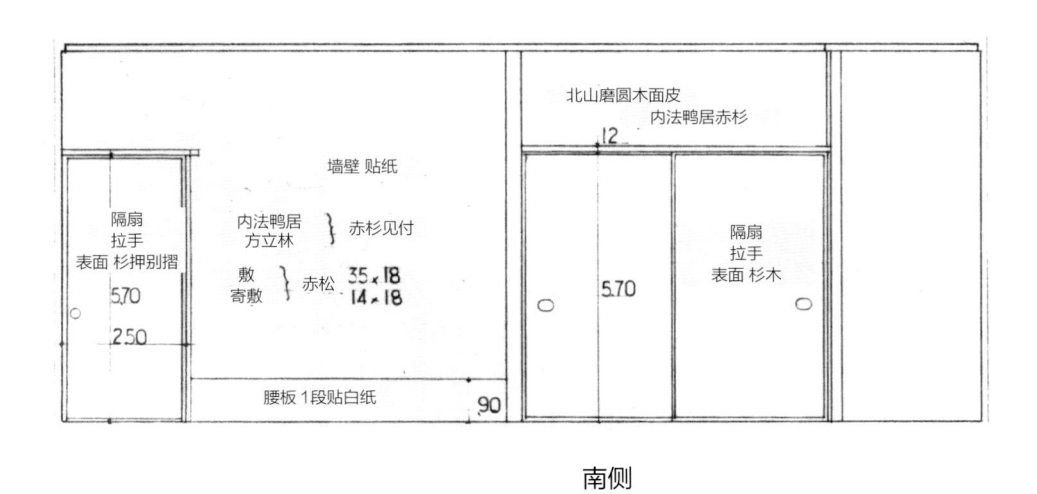

田中邸　实测图

总论

玄关与座敷的结构

对于住宅而言，玄关就相当于一个"口"。进出住宅的通道口为什么会被称为玄关？玄关这一结构第一次出现在建筑物内部，是在禅宗寺院的方丈房间。玄关之名，取自通往玄妙世界的关口之意。对于禅宗而言，方丈所居住的房间的入口，就有这般严肃的意味，所以以此称呼。带有这样含义的"玄关"二字，后来为何会成为常见的住宅用语，其缘由尚不明确。一般房屋里设置玄关大概是从江户时代开始的，首先出现在武士的宅邸中。也许是当玄妙世界的主宰者转向世俗世界的权力者时，为了展现威严，从而采用了这一称呼；又或许是出于表现客人对于访问地的尊敬之心，而采用了这一称呼。

不管出自什么原因，近代以来，玄关成为住宅的特色结构之一，出现在了各个阶层的住宅之中。并且，不同阶层的住宅对应的玄关结构也大不相同。即使是同一住宅之中，根据进出之人的身份、地位的不同，也会设置各种规制的入口。现代的居民住宅，有玄关、内玄关、厨房门之分，也可以说是延续了这一传统设计。

合乎规范的玄关结构，包括上有顶棚的门廊、式台和玄关座敷。在规模宏大的府邸之中，玄关会占据相当大的一部分面积。其基本形式为：式台突出，设有台阶，正面为玄关处。这样的结构，是为了迎合迎来送往的礼仪而确定的。

这样合乎规范的结构，诸如内玄关一类的设计，在普通人家中被省略了，并且，式台也变得狭小，更有甚者，演变成了窄走廊。最终形成了土间、窄走廊、玄关座敷这样的简化结构。在窄走廊和座敷之间，立有门和隔扇，土间前面也是如此。曾经那般巨大的式台消失在历史舞台之中，是因为进入住宅的土间前面立门成为惯例。但是，就像表千家、里千家的玄关和表屋造式结构（面向道路部分为商店，往内的独立建筑为住所的房屋结构）的町家的玄关那样，也出现了窄走廊像濡缘一般呈开放状态的结构。这种时候，屋檐往往是向下深陷的，必须要把窄走廊遮蔽住。

土间、窄走廊以及座敷所形成的玄关结构，依旧是按照迎来送往的礼仪规范设计的，窄走廊即使再退化，也还是承担着式台的作用。男主人坐在榻榻米之上，女主人坐在窄走廊上，二人一起目送客人远去。窄走廊并非沓脱石和榻榻米之间的一个仅供人踩踏的部位。因此，其大小也有着最低限度的要求。

根据地板高度，窄走廊有时也会被省略。此时，经过沓脱石之后就直接进入了座敷，形成了和茶室一样的结构。总而言之，根据房间的地板高度，沓脱石和窄走廊会随之进行调整，从而形成各式各样的玄关结构。

另外，玄关也是交流的场所。主人在玄关座敷处接待站在土间的客人，这时，就必须要考虑到坐礼和站礼之间的协调关系。玄关的结构，同拜访他人、迎来送往密切相关。

普通日式住宅以及数寄屋建筑的玄关，不再那么严守规制，其严肃性降低。为此，其造型显得更为自由灵活。屋顶还是常见的带屋檐式，但是檐前会适度降低高度、呈勾连状，从而显得谦和。以房檐遮蔽住玄关部位的建筑很常见。玄关门口和格窗的高度，会限制房檐的位置。茶道爱好者极力追求看起来谦恭的玄关构造。并且，这样的设计风格，成为关西日式住宅建筑的主基调。对此，村野藤吾先生曾发表过下述意见。

我年轻的时候，曾遇到过一个名为泉冈宗助的房东。事务所的地皮就是他卖给我的。他的住所十分豪华，那是一幢品位高雅的建筑，充分地彰显了他关西富豪的身份。我十分想要设计出那种房屋，可惜的是，二战结束之后，那幢建筑成了一间饭馆，时至今日，已不复当年的豪华气派……由于住在关西，我得以见到真正的日式建筑，我还有幸观摩了茶道大师及木匠师傅的工作现场，多亏于此，大言不惭地说一句，对于日式建筑我略有所知。但是在摸索探究独属于我的道路的过程中，泉冈先生可以算得上是我的启蒙之师。接下来就让我介绍一下泉冈语录。

一、玄关不要太大。门户不要大张。

二、外面低矮小巧，内里建大建高。

三、天花板高度不超过7尺5寸。再高或为饭馆，或为功成名就之人宅邸，寻常人家不采用。

四、柱子为3寸角，超过这一限度就会呈倒角状，甚至变成长方形。

五、窗户高度为2尺4寸，风炉前屏风为标准高度。

六、靠近走廊一侧的柱子隔一间长度排列，不过于苛求横木数量这一点能充分展现日式风格。

七、在人们看不到、注意不到的地方，也要精雕细琢。

八、不要总想着要一展身手，让人眼前一亮。

虽然他还说过不少其他的话，但是骤然间我想起的就是以上这些。带有传统的关西风格的这些想法，有其保守性，不是那种想把一切都表现出来诉诸众人的风格。或许，这就是日式建筑的精髓所在了吧。因为其作品的格调来自优渥的生活和高雅的情趣，所以即使我想要模仿泉冈流的风格，也始终不得入门之法。

村野藤吾先生讲述的关西风格的房屋建筑，在我看来，就是日式建筑、数寄屋建筑的基本原理。

玄关处的座敷，并不仅仅是为了接待客人和迎来送往，而是一处多功能的场所。茶室里往往会设置某个空间，用于客人整理服装、准备入席。为了方便客人使用，这个房间会配置放置客人随身行李的地方、简单的壁龛以及圆炉等。另外，也会作为日式会客厅或店铺的客厅使用。这个

京都酒店佳水园 月之间（设计 村野藤吾）

房间虽然初衷是为主人和客人轻松愉快地饮茶交谈提供场所，但是为了能让其毫无障碍地成为发挥其他功能的场所，也需要一番心思。屋内设置的都是诸如壁龛、墙壁短柱、织部造的地板、钓床、搁地板等不占面积的简单事物。

座敷和玄关一样，都是日式住宅所特有的空间结构，里面铺设有榻榻米。现如今，当说到座敷时，往往指的是客厅。

室町时代的町家，座敷就是茶室。这大概是因为只有用于茶道的房间才会铺设榻榻米吧。渐渐地，茶道盛行，小座敷随之流行，起居室里也开始配备上了座敷。与小座敷相对的是"书院"——设有壁龛、展示架的空间，结构模仿书院造建筑。之后，这样的座敷结构开始盛行并普及，主人在座敷结构的房间里迎接客人，具备这样功能的"座敷"成了每家每户的必备设计。

现如今我们所看到的町家的座敷，可以说都是数寄屋建筑。即使是那些沿袭了书院造建筑的房屋，也必定在某些方面打破了规范。壁龛也摒弃了书院造建筑原来的押板，采用了数寄屋风格的壁龛。现在我们所说的座敷基本属于数寄屋建筑里的座敷类型。也就是说，破除了板正规范的书院造建筑结构，再生出了柔和、不那么郑重威严，而是看起来恬静温和的结构。这样的尝试，在桃山时代就已经

开始了。将茶室设计为适合品茗会的小空间的千利休，以相同的理念重新构建了书院。其成果就是他位于聚乐第的色付九间书院。该书院虽然也是上段为2叠大小，中段为4叠大小，结构合乎规范，但是没有长押，鸭居的高度和天花板高度都较低，中段上方采用了化妆屋根里天花板，这些都是极为自由灵活的设计方式。这一书院独特的设计也影响了残月亭。角柱和圆木交叉排列、不使用长押的形式是如此简易便捷，在当时是全新的设计思路。由书院造风格的小座敷演变而成的茶室，已经完全脱离了书院造风格，使豪放自由的造型风格成为可能。

以利休的这一尝试为起点，抑制了书院造建筑严肃庄严风格的造型设计开始流行。江户时代初期，桂离宫的御殿、西本愿寺黑书院、飞云阁、曼殊院书院等数寄屋风格的名建筑不绝于目。

正像这些古典建筑所展现的，将合乎规范的书院造风格重新组建成缓和威严气氛，展现出恬静祥和韵味的风格，是座敷设计的要点。并且，要点中的要点，在于地板结构、墙面以及开口处的结构。

书院造建筑主要以长押作为支撑部位。与此相对，数寄屋建筑的座敷为了营造恬静的氛围，不使用长押。在讲究规范的书院造建筑之中，长押包括内法长押和天花板长押，甚至在二者之间还会有横木。但是，在数寄屋建筑的座敷之中，仅由内法鸭居和天花板回缘构成。因此，天花板和鸭居的高度决定了房间的基本结构，鸭居和天花板之间的小墙的设计就显得极为重要。小墙上开设的格窗一般多位于鸭居正上方。也就是说，位于进出口的鸭居常被看作格窗位置的标准。这一设计精妙非凡，充分发挥了数寄屋建筑的特色。单纯作为结构之一，柱子、鸭居、格窗、上部小墙，以及回缘和一系列构件的尺寸、大小等都会给整体带来微妙的影响。

当然，和天花板高度（也就是小墙的高度）相对应的是，格窗上下，或者仅上部会插入一段竹节，这样的情况也不少见。这样的处理方式是为了控制天花板在视觉上的高低。其技巧在于，当天花板较低时，营造出令其增高的视觉效果。和邻室之间的格窗通常采用同样的手法。

另外，加入长押结构则是新的尝试之一。座敷内带有长押能表现出书院造建筑那种规范的感觉。这种情况下，壁龛上不加长押，直到壁龛柱处才设有长押是设计原则。另外，凸窗也有带长押和不带长押两种情况。

本卷所收录的实例之中，园城寺光净院是桃山时代的遗址，是典型的配备有押板、多宝格架、凸窗的规制正规的偏书院造风格的建筑。除此之外，其他的例子，不管是古典建筑还是新式建筑，都采用了带有数寄屋建筑风格的结构。即使角柱处设置了长押，也会采用上段形式的壁龛，壁龛柱则使用圆木。数寄屋建筑中座敷的设计，已从接近书院造建筑的风格，转变成了非正式的干净利落的洒脱风格。町家的座敷，也吸纳了这样的多样性。但是，也有的座敷还是会以近似书院造风格的形式展现，这说明事实上许多数寄屋建筑中的座敷还是没有完全摆脱书院造风格的影响，依旧在极力仿照书院造建筑。

数寄屋建筑中的壁龛结构和规范的书院造建筑的根本性不同在于，与纵深较深的壁龛相连接的不是押板而是草席垫。另外，和书院造建筑之中，壁龛、展示架、凸窗以各自独立的形态相邻的形式不同，数寄屋建筑的座敷，是以壁龛为中心，三者不但没有分明的分界线，反而以相互融合为设计理念。凸窗会出现在壁龛内部，从凸窗到壁龛，从床胁到展示架，各个区域就像光和空气彼此流通一般，互相联合，形成一个整体。但是，壁龛、展示架、凸窗作为座敷内的装饰，有着各自的职能。在设置之时，要在重视各部分的独立性的基础之上，以彼此间的互通为目标，设计成以壁龛为中心的座敷装饰物，使整个空间看起来协调统一。

数寄屋建筑中的展示架也避免了书院造建筑那般富于形式性的结构，而是通过小橱柜的多次活用，创造出了琵琶台这一形式的结构，甚至还出现了仅铺有底板的台面形式。书院也变成了不再有纵深的平书院，各个结构都被简化，更重实用性。通过将这些简化后的结构巧妙组合，使整个空间都更简洁。这些现代座敷，展现了住户、建造者在设计中花费的心思与心血。

数寄屋建筑的特色之一就是允许各种创意、巧思自由发挥，其中的座敷自然也不例外。但是，这样任由灵感迸发的设计，只要它还是以书院造建筑的原型为基础，再怎么打破传统的书院造建筑的结构，再怎么变换形式，终究还是万变不离其宗。

茶室理念的变化

在昭和时代，和桂离宫的拆除修缮工作同时进行的，是聚集了众多期待的以严密的调查为基础的研究工作。

众所周知，桂离宫是数寄屋建筑中最辉煌的杰作，也是日本传统的木造住宅的代表性建筑。如此美好的建筑和庭院，其是否与小堀远洲有关等一系列问题，都像是谜团。这些谜团的谜底一部分开始逐渐被揭开，这并不仅仅是建筑史学的问题，更折射了日本文化史中极为重要的一部分，具有十分重要的意义。

桂离宫的建造始于八条宫智仁亲王，由下一代智忠亲王继承。自1620年至1660年，用了近40年竣工完成。对于古书院和中书院的建造顺序，过去也存有疑问，但是随着拆除调查工作的进行，这一问题也已得到了答案。建筑各部分使用的木材和结构上的差异十分明显，建成时期的差异以及设计上的细微的变化等也得到了一定程度的解答。像这些问题的答案不仅仅关乎桂离宫的建造，和近代住宅建筑的发展史也息息相关。尤其是对于解开被称为"数寄屋建筑"的审美概念是如何渗透进住宅建筑之中的这一谜题，具有关键性意义。

摸索和进步的足迹

桂离宫的建筑群为了实现和庭院的完美呼应，采用了极具创意的新造型，被认为是具有极高艺术价值的建筑。但是展现了和谐统一的那般完美的呼应的建筑群，并非全采用了始终如一的施工方法和技法。从御幸门、松琴亭的茅葺屋顶这种"山里风"设计结构，到新御殿所采用的以端庄严肃的柿葺屋顶为代表的华丽的书院造风格，可见这一建筑群是在丰富多样的施工方法和设计下建造完成的。以优美的雁行状排列的令人沉醉其中的三间书院，似乎一开始并不是以这样的设想设计的。如果去研究不同的建筑所使用的柱子和内部用材，古书院用的是日本铁杉的角柱，中书院使用了部分带皮的圆形杉木柱子，新御殿则选用了杉木的面皮柱。古书院、中书院没有长押，但是新御殿却用了长押。大的方面就有这样的差异，细枝末节的部分更不用说，自然也有其他零零碎碎的不同之处。

以上的差异不仅体现了伴随着桂离宫建筑群建成以来，不到半个世纪的时间里，对于数寄屋建筑设计的不断摸索而显现的用材和施工方法上的改进与完善，同时，还体现了一直以来日式建筑所追求的不曾动摇片刻的数寄屋建筑的造型理念。

桂离宫的造型理念，大概和确立了草庵式风格的茶室建筑的千利休的建造理念是不同的吧。利休草庵的设计美学源于桃山时代这个英雄辈出的时代。豪华的建筑造型有着独一无二的历史厚重感。斗转星移，随着德川幕府体制的确立，草庵式茶室，也从千利休风格转向了古田织部风格，之后小堀远洲又取而代之，占据了主导地位。这半个世纪以来，不论是社会层面还是文化层面上，都发生了翻天覆地的变化。随着新的权力机构的确立和体制趋于稳定，织部、远洲、织田有乐、细川三斋、片桐石州等教养深厚的武士们开始大展身手。由这些"大名茶人"所建造的数寄屋建筑在日本建筑史上有着十分重要的意义和作用。利休所完成的茶室的造型理念，是这些大名茶人们继承、发展并普及的，这是当前的普遍看法。

数寄屋建筑的底流

话说回来,桂离宫的造型理念中体现的底流,和织部的作品中体现的底流,应当被看作分属于不同宫廷文化系统内的文化活动。毫无疑问,桂离宫中多使用利休的草庵式茶室建筑的表现技法,虽然也有山里风那样的设计,但那是为了与古代宫廷文化相联系,以加深历史厚重感。

利休的草庵式茶室建筑的美学意识,在桂离宫,也就是在接受了宫廷文化的认可之后,其正统性地位也得到了认可。这一点虽然在笔者的其他著书中已经论述过了,但此处我还是想再次强调,依托于宫廷文化创造出的茶室建筑,由于大名茶人各自所属的家系不同会导致各个建筑在建造理念上有着细微的差异,而且会在外在表现上有明显的差别。

同时代的同属于宫廷风格的数寄屋建筑,除了桂离宫,还有修学院离宫(京都)、曼殊院书院(京都)、水无濑神宫茶室灯心亭(大阪)、目前已移筑至镰仓的一条惠观西贺茂山庄、西本愿寺黑书院(京都)等,这些建筑的共通之处在于优雅、舒展、自由的造型,这也是大名茶人看起来相似实则不同之处。至少,远洲之后的德川幕府已进入了安定期,从那以后的武士文化很显然都带上了独立自主的思想特征,和宫廷文化有了明显的不同。

在远洲所处的时代,也就是桃山时代遗风尚未完全消失的时代,比如说,像是利休的得意门生细川三斋的父亲幽斋,曾向智仁亲王传授古今学识,宫廷文化和战国大名之间还保留着亲近的关系。这一亲近关系,是室町时代的足利幕府和宫廷之间的文化上的亲近关系的遗留。这一亲近关系,随着德川幕府的封建统治政策的加强,文化开始分裂成了两个方向。

封建体制的巩固导致生活文化规范化,自由发展模式被抑制。因此,江户时代中期以后,建筑活动的停滞也是必然趋势。

武士和文人

武士文化和规格化、标准化

江户时代是武士文化的时代。武士的住所是严格依据身份等级而建造的格式化的书院造建筑,其规格上的严格要求,和桂离宫等反映宫廷文化的建筑所形成的茶室化的书院造建筑的成果毫无关系。虽然大名茶人们所创造的茶室文化,在茶室、大名的别墅中依旧得到了继承,但是已经不再是文化的主流。

然而,虽然造型文化开始停滞衰微,但是另一方面,武士住宅的格式化、定型化,推动了建筑行业生产技术大幅度向前发展。伴随着住宅建筑的规格化、标准化程度提高,合理的生产体系也开始急速发展。

首先进行的是设计上的标准化。京都周边还留存着宫廷文化影响的区域,继承了以京间制为基础的内法制形式的房间布置方式,但是以江户为中心的关东一代,则采用了被称为"江户间"的六尺柱心制。内法制的京都的建筑和结构体的柱心制的江户建筑之间的比较批判在此省略不提,但必须承认的是,设计上的标准化在日本建筑史上具有里程碑式的意义,推动了建筑史向前发展。

细微部分的新的规格尺寸,也就有新确立的木割法,使木材的规格尺寸开始逐渐普及。正是由于这样的生产规格化、合理化,所以时不时就会发生大火的江户城镇在极短时间内就可以复兴发展起来。不仅仅是木材,榻榻米和门窗等的生产,也开始朝着规格化、分工化发展,栈瓦也被发明和普及。

与规格化、量产化相对应的是造型发展上的滞后。这也是无可奈何的。这一点同实现了高度工业化的现代极其相似。

由武士主导的江户时代的封建文化停滞不前的同时,鲜活精彩、熠熠生辉的新文化开始在街头巷尾萌发。它诞生于被称之为"文人"的学者和艺术家之间,也就是所谓的反武士文化的文人意趣。

煎茶文化的创立

虽然很难给日本的文人下定义，但是以理论支撑封建体系的儒学家为中心的汉学家、医生、画家、诗人等有学识之人的集团大概都可以被称为文人吧。他们所依据的，是当时，也就是江户中期最新的外来文化（即黄檗宗思想）。或者说，比起思想本身，是他们深处压抑禁锢的德川体制之下逃脱不得，从而想要寻求新的事物以解放自身的本能诉求。也许是他们发现黄檗宗的思想可以帮助他们达到这一目的，总之他们都热衷于彼时的中国文化，并开始尝试着追求独属于自己的文化发展。

他们尽可能地回避已经日本化仅残留了形式的禅宗世界，将目光转向黄檗宗。与之联动的是他们将抹茶文化拒之门外，开始创立煎茶文化。就这样，所谓的文人意趣，或者说也可以称为煎茶意趣的崭新的文化活动出现了。其鼻祖是被称为卖茶翁的柴山元昭。

柴山元昭出生于1675年佐贺莲池藩的一户武士之家，少年时代出家为僧。青年时期作为行脚僧开启了他的修行之路，似乎从中收获良多。到了晚年，他开拓出了"非佛非道非儒"的独属于其自身的道路。他对当时以禅宗为中心的日本佛教彻底失望，反抗标榜"茶禅一味"的茶道领域，以中国唐代陆羽所著的《茶经》为原点，倡导新茶道。要理解其心路历程，就必须对当时社会停滞不前和文化风俗颓废的时代现状有所了解。

新的茶道文化，潜移默化地影响着在封建社会下艰难生活着的同时不忘追求文化精神上的自由的知识分子们。通过汉学、南宋绘画等中国艺术，日本的知识分子所认识的中国文化，是高雅的、自由的。一边饮茶一边触碰中国文人的世界，对于他们而言，大概是一件令人陶醉的事情吧。

这一文人意趣——煎茶的乐趣，从文人的世界逐渐扩散至商人、农民之中。不可否认，身份上来说低于武士，但是由于有一定的经济实力，因此生活富裕的富商以及富农们，其潜意识是和与禅宗以及抹茶有着密切关系的武士阶级的文化相对抗的。也因此，这一文人意趣会渗透进这一阶层，也是自然而然的。

和抹茶文化之间的差异

煎茶意趣和抹茶文化有着根本性不同。和天才千利休发明的展现了独属于日本的美学意识的抹茶文化不同，煎茶这一行为，从概念上而言就取自中国，是以中国文化的美学意识为基础的。抹茶采用乐茶碗，而煎茶则使用薄而小的白瓷茶具。所有的器具，和抹茶的侘寂之美相对，是更精致、更明亮的。

至于饮茶的建筑，和抹茶文化下创造出的草庵风茶室这般独特的空间不同，煎茶并没有独属于自己的茶室。这是我们应当注意的地方。

千利休的茶，是从绚烂的桃山文化之中引申而来的独立的小世界。发明出和开放壮丽的书院造建筑截然不同的封闭狭小的空间，这是千利休的天才之举。他将审美意识集中体现在那窄小的空间之中，从而完成了茶道艺术。但是对于煎茶而言，并不需要特意制造一个空间。文化世界是存在于日本文人的意识之中的。他们挂中国书画，装饰中国的文房四宝，吟诵中国诗文。有这样的一些小道具，能营造出一种精神上的氛围，足矣。桃山时代的茶道，将提供可以进行私密商议的场所作为茶室。但是江户时代，文人的煎茶活动并不需要这些装置。

并且，煎茶之乐趣，在原来的建筑之中，会更好地发挥其独特的趣味性。

草庵茶室的发展

话说回来，作为截然不同的煎茶意趣的产生者的文人社会，和宫廷文化也有着根本性差异，但是其相同点是拥有极度讲究的玩乐精神。煎茶不重视独立的茶室建筑，恰恰相反，它注重在日常生活的空间里添加带有独特趣味性的事物。这是文人式茶室的起源。

综前所述，发源于千利休的草庵茶室的"山里风"式建筑手法，被宫廷建筑中的山庄书院等地所吸取采纳，成为数寄屋建筑的中流砥柱并被发扬光大。但是继承了茶文化的武士阶级，由于其主流建筑观更倾向于注重规制，所以数寄屋建筑的理念不得不走上衰败之路。也因此，给了文人意趣"可趁之机"。

由千利休开创，并被大名茶人们继承的茶文化，衍生出了以三千家为首的几大流派，并各自建立了和封建制度息息相关的家长制。出于对"道"的追求，他们强调禁欲克己，宣扬与"禅"的密切关系，最终确定了"茶道"之名。因此强化了其保守性，更趋向于形式化。这一点和在建筑上的表现也是如出一辙的。

草庵茶室的造型主题和宫廷文化相结合，所建造的一系列数寄屋建筑，有着浓郁的贵族社会所特有的高雅的"玩乐精神"。看起来简洁大方且紧而有序，自由奔放之中又给人端庄严肃之感。茶室建筑的造型设计，展现了极高的闲情野趣，但是对于武士而言，这一点从根本上来说，就是他们所难以适应的。

话说回来，作为截然不同的煎茶意趣的产生者的文人社会，和宫廷文化也有着根本性差异，但其相同点是也拥有极度讲究的玩乐精神。煎茶不重视独立的茶室建筑，恰恰相反，它注重在日常生活的空间里添加带有独特趣味性的事物。这是文人式茶室的起源。

文人式茶室的起源

充满文人意趣的数寄屋建筑，从文人的书斋开始，逐渐影响到了城镇居民的文化。举一个典型的例子，那就是建于京都贺茂川附近的赖山阳的山紫水明处。它是文人书斋的代表性建筑，京都岛原烟花巷的角屋则是彼时城镇居民文化的代表建筑。

但是这些文人数寄屋建筑，并不是各自独立的，而是以原有的茶室建筑或贵族的茶室为原型，再加之别具趣味性的物体形成的。

不管是大名茶的发展，还是宫廷文化体系，不管是文人意趣、居民文化系统，虽然大致上能这样分门别类，但是说到底这些都是在日本的历史之中孕育的文化现象，彼此之间也多是相互联系、密不可分的。除去一些特殊工匠，以技术支撑建筑的匠人团体也基本一致。数寄屋建筑就是这样，在各式各样的造型理念和共通的技术手段的基础之上，开出了多种多样的花。

煎茶意趣带给数寄屋建筑的影响，体现在丰富多样的材料的使用，尤其是硬木曲线材料的使用上。倾向于充满技巧性的手法，也是其引人注目的影响之一。加强这一指向性的背景，是停滞不前的武士文化周围已发展出极盛的町人文化。在元禄年间（1688—1703年）兴起的町人文化，到了文化文政年间（1804—1829年），迎来了鼎盛时期。角屋等烟花之地的建筑展现了它极致的一面，茶室饭馆等地，作为表现居民文化的游乐精神的建筑大为流行。

饭馆、烟花巷等地并非只有平民百姓，公卿、武士、僧侣、学者等社会的各个阶层都会出现在这里。这一建筑空间所追求的文化性也因此极度复杂、多元。千利休的草庵所展现的孤高的精神等在这里就不合适了，也应该避免武士书院风格。若要在这里追求思想高度的话，就是"风流"这一崭新的美学概念了。

这样的游乐精神，在广泛传播到社会各阶层的过程中，不可避免地会出现低俗化现象。在其末端，甚至会出现不忍直视的堕落现象。

现代环境

对于数寄屋建筑的混乱的认识

由于19世纪末期日本想要急速接近欧洲文化，所以明治以后的住宅建筑体现出了近代化趋势。明治时代遗留下的习惯，也被高度发达的生产机构所支持着，到了昭和时代也没有发生过大的改变，以一直以来的形态存续着。

步入现代以后，不可燃性、西洋化、量产化等住宅建筑的现代化，以极快的速度完成了。但是，在急速发展的过程中，必然会有丢失掉的东西。现代住宅之中似乎也缺失了点什么。想要寻求那丢失之物的民族本能的现象之一，就是近年来，对于数寄屋建筑的回归意向了吧。

但是这一回归意向，很显然并不是能轻易实现目的的一个单纯的问题，这一点毋庸置疑。出于对高度经济增长带来的错位发展的反省，诞生了"回归原点"的流行语。我们自然明白在单向发展的历史进程中，想要直线回归原点是不可能的。那么，在建筑方面，关于数寄屋建筑的回归意向，又会有怎样的问题呢？

现代日本人对于数寄屋建筑乃至茶道的认知是混乱的。现如今，茶道作为修养教育而确立了其地位，也由此使人们有了茶室关于"侘寂"的传统意识。另外，还有接受了文人意趣洗礼的町家式茶室的相关记忆。除了以上这些宫廷式茶室的相关信息，更多的相关知识还是来自饭馆、旅馆等地方。这些纷杂多样的信息汇聚在一起，形成了现代人对于茶室以及数寄屋建筑的普遍认知，当然，个人还是会有差异。此外，关于茶室及数寄屋建筑的思想背景、造型设计理念等方面经历的复杂的变迁，已经在之前的文章中论述过了。明治之后的一个世纪内，可以说基本上已经没有日本人还关注数寄屋建筑了。当然，也不能就这样无视那些例外的人，这一时期的杰作也还是有不少的，这一点在本书中也已进行了介绍，但是就整体而言，确实是空白的。可以说，本书所选取的那些佳作，是在这一空白期由少数有识之士填补上的。而更严峻的问题在于建筑生产机构的变化。明治时代以来，建筑整体西洋化，唯有住宅建筑还延续着一直以来的建造习惯，但是进入20世纪后半期，住宅建筑也发生了巨大的变化，急速进入了现代化。

日式建筑有极其保守的一面，是在源远流长的历史传统之中，在各种层面适应了日本的风土人情，与日本人的民族性相契合的形式。经过千锤百炼而形成的拥有建造合理性和独特的美感的日式建筑，大都有着难以动摇的高完成度。虽然它必然有着较强的保守性，但这一点也被我们无意识中作为一种固有观念而接受。

近年来，有个名为"在来工法"（日本建造住宅的传统工法）的新词出现。随着北美的针叶树被大量进口，当地木造建筑一直以来使用的建造方法"框架墙施工法"被组合为"二重施工法"（融合北美轻型木结构住宅建造技术的2×4工法）引进日本，可以想见，这会使木造建筑行业产生混乱。而采用惯有的柱子和梁木架设的日本传统的木造结构的方式被称为"在来工法"，以和"二重施工法"相区别。

"在来工法"一词，是自江户时代以来，日本的木造住宅建筑一以贯之的传统建造方式，大概也是日本人潜意识里对于住宅建筑的一种定性思维和表里如一的象征。

但是话说回来，是否真的存在"在来工法"，对此笔者仍抱有巨大的疑问。

何为"在来工法"

正如前面所论述的，随着江户时代住宅开始向着规格化、标准化发展，在建造方法上，木割法也开始规范化，最终确立了极具合理性的高效率的建造方法。这就是现如今被称为"在来工法"的原型。出于对这一技术基础的信赖，只要有展现房间布局的简单的平面图，以及木板上所画的原尺寸的剖面详图，一般而言就足够了。即使是近代引进作为工程技术的建筑学之后，对于木造住宅的建造，也依旧依托于原有的木工技术。这种技术一度被大学教育排除，就这样度过了一个世纪。这大概也可以说是对于建造木造住宅的木工的高完成度的技术的认可了吧。

这一技术能被稳定地传承下来依托于由木工的学徒制度发展而来的现场教育方法，但是这一学徒制度已于1904年前后基本瓦解了。取而代之的是各种职业教育，然而其成果，时至今日，并没能收获较高的评价。木匠，泥瓦匠、装修工人、修屋顶的工人等诸多职业都面临着相同的情况。

作为近代工学的建筑学，对在来工法并非视若无物，尤其是1923年的关东大地震之后。经历了这一苦难，建筑界引进了以混凝土为基础的建造方式，对斜支柱、火打材（防止地板水平移位的构件）等材料的抗震性方面的强化，进行了积极的科学完善与改进。使用拱顶时的结合部分的强化也有了发展。但是就建造方法整体而言，仍未进行过近代科学的综合性研究。

因此，总结来说，木造住宅建造过程中的在来工法，至少在最近40年，可以说是相当含糊不确定的了吧。

与材料相关的各种问题

将视线转移至材料的话，情形就更加复杂了。据说现在木造住宅中所使用的木材，有约三分之二属于进口品。进口木材的种类繁多，产地也覆盖了地球上的众多区域。

因为树木是属于有生命的物体，所以其处理方式和无机物是全然不同的，有时还会因为受到气候、水土的轻微作用而产生巨大缺陷。与其相关的研究还未有较大进展，但与之相对，木材被大量使用，这一现状，是笔者较为在意的地方。

另一方面，日本本土生产的杉木、桧木、松木等木材又是怎样的情况呢？由于林业行政方面的过失，造成了这些树木质量低下的现状。

在充分了解了以上现状之后，我们是否应该重新审视现代茶室呢？

数寄屋建筑的基本概念

江户时代初期，大名茶人、宫廷贵族等人在设计上倾注了全力，从而建造了极富创造性的数寄屋建筑。

江户时代后期，随着稳定的高技术基础和规格化、标准化的发展，建筑成本大幅下降，增加了趣味性的数寄屋建筑在社会流行。

现在，大部分人所持有的关于"数寄屋"的印象，可以说都是来自江户后期这些趣味性高的建筑残像。细柱、薄墙、奢华别致的拉门和格子门、难得一见的草编天花板，这样注重细节部位的建造方式，也就是所谓的"讲究"，似乎就是"数寄屋"的基本概念。对于现代数寄屋建筑认知的清晰表述，具体可以体现在被称为"铭木"的一类高级建筑材料上。比起高级，以高价为其最大特色的铭木类建材，要溯源它成为数寄屋建筑必不可缺的材料的历史经过十分困难，但是可以确认的是，在前文中所提到的桂离宫的古书院、中书院等建筑内，并没有使用和现在的铭木类似的材料。

此处若要探究"原来的数寄屋建筑是什么"大概也是毫无意义的吧。正如笔者反复述说的，数寄屋建筑有着悠久的历史，传统是穿越时间永存于世的生命，而不是缅怀过去的乡愁。我们一个劲儿地追求着现代的数寄屋建筑应该具备的形式，在了解了其至今为止的变迁过程之后，以确认我们现在所处的状况，是本书的纂稿目的。

虽然被统一称为数寄屋建筑，但是茶室和座敷在历史变迁的过程中存在差异。茶室是进行茶道的场所，有固定的功能，基本上没有什么变化。座敷则和日常生活中的变化息息相关。尤其是明治时代之后，人们的日常生活发生了巨大变化，不知不觉间，给保守的日式建筑也带来了变化。

主要变化表现在电灯作为照明工具的普及、玻璃窗的引进、暖气设备的发展、服饰上由和服到洋装的转变等。和这样日常生活的现代化相对应，日式座敷似乎只发生了细微的改变，但是将各个年代的诸多作品排列在一起观察的话，就会发现其变化也是十分明显的。

其中笔者想要关注的是平板玻璃的引进。在由纸拉门和护窗板组成的日式住宅的开口处引进平板玻璃的设计，这一举动意义重大。不论是在居住性还是空间性上，都具有里程碑式的意义。明治时代之后的座敷都落实普及了平板玻璃，但要注意的是直到现在，茶室基本都不采用这一设计。不过需要特别记住的是赖山阳的山紫水明处是最早使用平板玻璃的地方。

关于玄关这一独特的空间设计，则尤其能让人感受到时代的迁徙。由进门脱鞋这一生活习惯衍生而来的进出口，被附加了封建社会的规格等级要求，形成了玄关。在那里也能侧面反映出居住者的生活意识。在这一层面，时至今日，玄关的本质仍未改变。玄关作为时代和生活意识的投射，回顾它的变化过程，会浮现出各种思绪。

如果站在数寄屋建筑设计的层面来研究玄关的话，就必须将其作为包括门开始的通道的由外到内的导入部。那里成熟的露天庭院的设计和与之不可分的空间造型之间的意义十分深远。

日式住宅的结构和展开

从寝殿造建筑到数寄屋建筑

日本住宅的历史,尚有很多不明确的地方。但是正如本书所论述的那样,可以说数寄屋建筑的发展过程概况是基本清晰的。平安时代被称为寝殿造建筑的上流阶层的宅邸样式,可以说是其原型。说起来,这也是古代的独间形式住宅的源头。寝殿是中心建筑物,其左右两侧,以及它们的北侧还设有必要的平房。该平房是女主人等的住所。具有联结功能、被称为渡殿的空间将这些区域联系了起来。这样的房屋结构和彼时文明尚未开化的人类以帐篷式的单独房室作为居住地,并为了满足生活居住需要而不断扩建相似。

房屋主体四周有屋檐,甚至以四周围绕有簀子缘(类似于阳台)的入母屋结构的房子为单独一幢,然后依次增建其他建筑。到了后期,本应该在一定程度上进行隔断,但是,与后世相比,平安时代的建筑中少有间壁墙。围屏、屏风等器具将房间中极大的空间进行功能上的划分。房间内也没有镶顶棚的天花板,在宽大一体的空间内部,和门楣高度几乎一致的地方被划分开来。只是,即使是原始住宅,其内部空间也必然是出于生活所需而设计的,平安时代的寝殿造建筑自然更不用说。室内器具有其各自的功用,有时也会将器物收纳以得到更宽阔的空间。原则上来说,寝殿以及平房等各个建筑的内部,都会准备好这些器具以分隔出不同的空间,从而满足各种生活需求。比如说渡殿,因其所处位置和空间大小,会作为会客室、解手处、沐浴处等场所使用。就这一层面而言,平安时代后期的寝殿造建筑,可以说已经具备了功能分化的空间平面。

可以从中了解到由这样的寝殿造建筑向书院造建筑的转变,也就是古代住宅向中世、近代住宅的转变。换言之,不论其用法为何,本质上来说都是以独室房子为基础的古代住宅的内部功能分化,具体说来就是建筑物的构造方式自身会展现出不同的功能。之后出现的划时代的建筑是书院造建筑。曾经没有天花板、上部连在一起的住宅内部被隔开,根据各自的功能被一一命名,成了一个个独立的房间。观察平面图,会发现寝殿造建筑中主屋、房檐等空间结构的名称,被书房、浴室、卧室、储藏室、茶室等表示功能的名字所代替,而"嵯峨之间""耕作之间"等雅称更是令人过目难忘。很明显,出现了独立的"房间"。保证各个房间独立存在的前提是有天花板,取代了过去的草席,铺设上了榻榻米。为了方便收纳起分隔作用的门扇,用角柱代替了圆柱,和建筑物外部的边界也以栅栏门取代了活页窗。很明显,现如今我们的住宅也是以这样没有空隙的连接方式形成的日式风格。稍后将会介绍的、作为壁龛前身的押板,以及凸窗、展示架等日式房间内的各种"装置",也在这一时期以家具的建筑化的形式发生着改变。

但是,即使是这样的书院造建筑,和现在我们所熟知的日式住宅也还是有一定距离的。两者之间还存着茶室风格的书院造建筑。"数寄屋"一词虽然脍炙人口,但是笔者在此处还是要明确一下其概念。它总是被含糊地使用,但在本书之中,其指的是草庵的茶室所引领的一种建筑造型的设计理念。其起点和集大成者,毫无疑问是千利休,但是也必须考虑到其身后以堺为中心的城镇居民的现实生活所需求的空间感在其发展过程中所起到的作用。现在,大山崎的妙喜庵待庵里还能看到嵌入了草梗的墙面,有巨大分节的地板框，涂好墙之后建造的底窗，是和常见的书院造建筑截然不同的空间结构，而在蹦口（小门）这样的地方更是将入口缩小。这种对于日本上流阶层的传统住宅中不曾出现的封闭空间的追求，是千利休个人的理念所赋予建筑的全新的价值评价，毫无疑问的一点是，当时堺的城镇居民们对这一新生事物是接受的。关于这一点，在太田博太郎的著作《床之间》中，做出了在我看来十分重要的评价："以利休为中心的精通茶道之人，住在平民百姓的房屋之中，将自己的住宅进行艺术升华，建成全新的茶室……我想正是因为如此，才引发了热潮，茶道开始风靡一时……""斜挂的天花板，苇箔搭棚的天花板、土墙经过漆涂后露出墙底竹小舞的底窗、未经漆涂的土墙、圆形弯折的柱子等……他们的家中一览无余。使用这些素材，创造出了全新的美丽。"或许，这并不仅仅是因为这是与上流阶层的住宅相对的平民阶层的住宅，而是符合当时的平民百姓的生活需要的。虽然现在还未进行相关研究，但是恐怕以横向视角研究桃山时代，就有可能发现在邻近区域之间存在的共通点吧。

但是可以确定的是，利休众人所行之事，确实创造了一个新时代。不管是用名物茶碗代替饭碗，还是乐茶碗的诞生所带来的价值观的改变，这些新价值的创造，在日本文化的历史长河之中，是具有划时代意义的事件。对不规整的"美"的关注度或许出现于更早的时代，但是还没有确切的研究可以证明。另外，在日本的建筑之中，可以说并不注重四面围墙这样的空间结构，草庵茶室之所以引人注目，就在于它封闭空间的结构。就功能上而言，使建筑能在极小的空间里凸显风格，就必须要具备必要的场所，从而出现了日本建筑史上难得一见的强烈的内部空间意识。这对以下两方面，产生了尤其深刻的影响。一方面是出于这一要求，仅依靠内部空间的已有事物，依据现有条件进行空间的自由设计。另一方面则是在空间的性质上，即放弃木割法这样相对的尺寸规格，对于各个细节部分采用绝对尺寸。因此，使用不规则的圆木以及用竹子修建等都是正常现象。前者，比如说像是增加铺设了中板、向板等地板，会比仅铺设榻榻米的房间显得更富于变化，空间更有创造力。后者，绝对尺寸的采用，使茶室展现了不同品位的人的个性，形成了新的木割法。

数寄屋建筑的形成，始于草庵茶室的创造，同时，也吸收了当时以书院造建筑方式建造的普通住宅结构的精髓。换言之，利休之后的茶道中心，从民众转向了武士阶级以及贵族阶级，迎来了织部、远洲等人大展身手的时代。当然，仍然有人如草庵茶室一派，在小房间内举行茶道活动。但是武士以及贵族阶级在大厅或是书院内品茶一事是有着重要意义的。同时，草庵茶室的发展态势开始减缓，装饰也开始与座敷相称，尤其是由于失去了实权，贵族的日常生活空间，在一定意义上可以说是从严守规制转向了自由发展，茶室设计开始依托于个人的想象力，以获取自由表现的可能。这可以说是在数寄屋建筑的成立发展过程中起到了决定性作用。

像这样，在传统的书院造建筑物中进行茶室的全新设计，毫无疑问，会使用土墙（过去带有稻草的抹上了粗灰泥的墙，在其发展过程中，变成了聚乐第那里那样经过修饰的土墙）及底窗、杉木及圆木等，倒不如说比起这样的个别表现方式，更有必要关注像书院造建筑的发展过程中，所展现出的设计上的自由度大幅度增加的现象。"书院造建筑"一词，在正式场合和非正式场合出现时，其意义有着相当大的差别。用于正式场合的书院造建筑依旧采用了合乎规制等级的结构，但是日常，或者说私人空间，则会根据所需的用途，尝试大量的各具功能及自由的设计方式。而茶室建筑的表现方式，受到了这种非正式场合的书院造建筑的极大影响。

但是，这种情况下，也并非是完全自由的设计，而应该将与真正的书院造建筑的偏差牢记于心。比如，根据后水尾太上皇的喜好而建造的水无濑神宫茶室灯心亭，虽然尝试了大量的别致洒脱的茶室风格，但是其中的壁龛、展示架、书院等还是严格遵循书院造建筑的要求的，并且是在彰显了身份等级的方格形天花板存在基础上展开设计的。比如，以竖排或横排的轮廓框架代替了方格形框架，格子之间有着类似于灯芯的草茎图样的设计。又在棹缘天花板和挂入天花板之间形成了高度差。建造者试图通过这样的设置打造出真正的书院造结构。与此相对，有利休的聚乐第的色付九间书院遗风的表千家的残月亭等建筑，是以书院造建筑为主题，依据茶道意蕴而建造出的鲜明的实例。

这一设计上的自由化在平面处理上也被表现了出来。

书院造建筑初期来源于寝殿造建筑，其平面展现了作为独立建筑的较强的完整性。这一点也随着私人化、生活化而逐渐消失，开始表现出了空间与空间之间自由连接的倾向。换言之，就是从如何分割独立建筑的内部空间，转向了如何连接内部平面，并开始在屋顶的架设方向上花心思。过去，在寝殿造建筑向书院造建筑转变的过程中，通过天花板以及内部隔断的方式，使建筑物的架设以及内部空间的分离更为彻底。也就是说，对于空间上的思考表现在如何把架设置于优势地位上。这绝不仅仅因为茶道的影响，这是住宅平面发展的必经过程，但在彻底实施这一点上，萌发了对于2叠大小的极小空间结构的全新设想。同时，也不能忽视草庵茶室的内部空间对于能动意识上的强烈推动作用。日本是一个尊重传统的国家，江户时代除了其初期的事物，其他的东西基本上都评价不高，但是在追求空间多样化这一事上，江户时代确实进行了方方面面的尝试，这是我们不应遗忘的。为了有更宽广的视野，大梁之间没有柱子；作为雁行状平面得以保持空间连续性的代价是目不能及的房屋顶层、地板以下等处不再有以往的架设结构。

这样由内部空间的存在方式所引发的想法，在细节部分也得到了体现。同样，为了解决数寄屋建筑设计层面所提出的要求，技术起到了背后的支撑作用。在数寄屋建筑中所尝试的细节设计，比起书院造建筑采用了更多样的建筑材料。这种设计层面上的处理方式，从传统角度看来，是极为突兀的。寻常百姓人家对细节的处理方式在作为上流阶层的生活场所的数寄屋建筑里也是极为常见的。事实上，其背后是必须凝聚所有智慧永远保持镇定，然后提出决定性的解决方法这一理念。圆木建筑，再怎么思考如何将其不规则的形态通过纵横排列以显得自然，其困难度也显而易见。像这样，表面的别致是由肉眼看不到的背后工作所支持的，那些修建数寄屋建筑的木匠以及在那里工作着的各种职业的人，向现在的人们传递了这些秘诀。

此外，书院造建筑的结构影响数寄屋风格的另一大重要改变，大概就是书院造建筑的细节部分所规定好尺寸、大小的木割系统，已经失去了其绝对性的意义这一事实吧。过去，在书院造建筑中，虽然随着时代的变化比例关系会有一定的差异，但是总的来说还是采用了以柱寸法为基准，各个部位的尺寸采用相对数字大小的体系。与此相对，江户时代，尤其是受到茶文化的影响深远的建筑里，各个部件的实际尺寸被要求根据实际情况设定；建筑物自身的空间结构方法发生了改变。正因为如此，真正的数寄屋建筑因其结构方式而使木割的存在意义薄弱。利休所说的既存的非模数的"心之曲尺"，是测量了空间各个部位之间的相互联系之后，再确定下各个部位的尺寸的。但即使是这样的场合，原来的书院造建筑的木割法，因其传统性而被视为规范，被不断参照引用，这一偏差产生了新的空间感。不论是上文中也被用于举例的留有利休遗风的表千家残月亭，还是可以说是数寄屋建筑代表的桂离宫的宫殿，绝对不是完全罔顾尺寸相关规范而得到的成果。确定各个部件尺寸大小的关键，其中之一就在于正确认识传统的书院造建筑结构中的木割。

以江户初期茶道文化的普及为背景，上流阶级建筑的设计和平民建筑的设计融合，最终不再局限于贵族世界。其契机在于，富有的商人以及在平民之中占据支配地位的阶层的人的住所，扩充出了城郭这样的区域。如今，"日式住宅"一词给予我们的印象实体，确实是和这些与茶道相关的区域的建筑的联系紧密。但是被我们遗忘了的一件事是煎茶的影响。由于当今抹茶的发展导致煎茶淡出了人们的视野，说到"茶的文化史"，人们甚至想不起还有煎茶这回事。事实上，江户时代的知识分子，也就是所谓的文人墨客的生活与煎茶息息相关。总之，以被称为日本煎茶鼻祖的卖茶翁的著作为首，还有很多包括上田秋成、田能村竹田的著作以及大枝流芳的《清湾茶话》、柳下亭岚翠的《煎茶早指南》等与煎茶相关的茶书。煎茶取代了日渐衰落的抹茶的地位，在18世纪迎来了爆发性的流行。其背景是山城的永谷宗圆花费精力创造的煎茶精制法，煎茶不再局限于文人墨客，而是广泛流传到了一般大众之间。即使是与抹茶相关的桂离宫和修学院离宫等建筑中的茶室，也曾被用来尽情享用煎茶。通过对于像是石川丈山的诗仙堂这样的为煎茶而创造的典型空间以及赖山阳的山紫水明处的结构的研究，笔者注意到，作为茶室，或者说作为日式建筑，其设计意外地含有深邃的煎茶趣味。在这一意义上，从安土桃山时代到江户时代初期，茶室的发展，或许也并不是单一的，而是包含有各种形式的，或许这也是今后我们应当讨论的一大主题。

茶文化源于中国。长时间在日本盛行的是抹茶形式，甚至发展到了为了抹茶建造专门的空间的程度。日本对于中国文化的吸取，主要分为隋唐时代、宋元时代以及明清时代这三大阶段。茶在第一阶段被传到日本，但是饮用抹茶的习惯却是在禅宗、水墨画、庭院思想融为一体的第二阶段被带到日本的。至于煎茶，真正进入日本，则是在第三阶段。也就是说，煎茶乐趣是在明朝传入了日本，即作为当时中国的文人意趣被传入。中国、朝鲜等同时期的与茶相关的建筑或许就是今后我们所要探讨的。尤其是，就数寄屋建筑史而言，这部分的研究还处于空白阶段。笔者认为这在挖掘研究江户后期到明治时期的实例方面，是具有重要价值的课题。

庭院的意义和茶室的空间装置

前文中大概介绍了以寝殿造建筑及数寄屋建筑为主的上流阶级住宅的发展过程，接下来笔者想要通过这样一段历史，对现存的结构的性质进行研究。

首先要列举的是，在日本不仅仅是住宅，而是包括城市在内的整体，都是朝着为了能尽早和自然相接触而发展的。这一点如果和中国进行比较的话，就一目了然了。中国古代的很多城市有中轴线，且左右对称，根据几何学原理建造，其中所建造的建筑也呈现出左右对称的秩序。但是，依据中国、朝鲜的都城体制所建造的平城京和平安京，许多地方都打破了左右对称的结构（平城京从一开始就建有不对称的部分），整体偏向东山进行城市设计。以广阔的大地为对象构筑起的人为的秩序，通过细微的改变以适应日本，其结构上的改变也是自然而然的。

这在住宅方面也是一样的，像皇宫那样由南侧进入，是较为特殊的。一般而言，宫殿式建筑的住宅都较大，四周都是地皮，从东侧或是西侧进入较为常见。也就是说，虽然寝殿造建筑是依据中国式建筑而建造的左右对称的建筑，但是由于其入口位置的改变而破坏了对称性。关于寝殿造建筑，虽然直到现在其真实结构仍无法完全正确把握，但是至少可以确定的一点是，南侧有大池子，左右为道路起点，也就是说被限定在了东西两侧中的某一侧，如果要建成左右对称的结构，空间上也还是会产生不对称的歪曲。与入口邻近之处以及相对之处，即使结构相同，性质也会有差异。因此，笔者注意到在现实中的建筑物，能严格做到左右对称是极其少见的。这和中国以中轴线为对称轴、左右对称的建筑物形成对照，展现了具有日本特色的空间结构。

在日本住宅里，具有像中国住宅里的中轴线这样发挥着统筹安排空间的作用的是庭院。也就是说，以寝殿造建筑为例，带有水池的南庭的范围，是从东侧或者西侧的入口处到寝殿，甚至一直贯穿到了位于深处的住宅，起到了将这些建筑联系在一起的作用。来到日本，希望学习日本建筑的比利时大学生提出的论题中，添加了桂离宫的平面图，认为日本的住宅平面图仿若迷宫。确实，日本传统的住宅平面图，对于不了解各个空间的使用功能的人而言，和迷宫相差无几。但是事实上，根据庭院所引导的秩序，整个建筑群的空间被庭院贯穿，形成了一条假想的"道路"体系。那是和真正的道路相接的空间，形成了前往住宅的公开场所及屋主的私人场所，也就是所谓的从公共场所转向私人场所，从动态场所转向静态场所，以及从普通常见的场所转向规格更高的场所的秩序。由寝殿造建筑发展而来的书院造建筑的住宅，在其建筑物的结构上充分反映了这一倾向，朝向由押板、展示架、凸窗形成的最终的上段空间的矩形折叠的道路在平面中被确立。这是如今的日式住宅中依旧保留着的传统结构，根据需要分隔开上段和邻室，从而在保持方向性的同时使空间看起来更大。主座敷边围绕着走廊，从庭院延伸出一条道路，在一定意义上也表现出了寝殿造建筑的空间结构，另外也证明了庭院依旧践行着决定日本住宅内部空间的功能。换言之，寝殿造建筑向书院造建筑的发展过程，就空间结构这一层面而言，可以说是将其原本就具有的性质更明确地表现在建筑上的过程。

那么根据空间结构系统，庭院怀抱住建筑物，建筑物从庭院处探出身影的雁行状平面设置，也是再自然不过的了。特别是对于将几幢建筑物连接起来形成一个封闭空间的情况而言，这无疑是最适合的布置方式了，也就是基于书院造建筑中的一幢建筑物而反复展开的矩形折叠的空间。前面论述过的平面设计得以自由发展的江户时代，虽然也有桂离宫、二条城、丸殿舍这样典型的例子，但是并非所有的建筑都和它们一样。所有寝殿造建筑中，从中门廊开始到东侧建筑、渡殿、寝殿这些空间的结构，都表现出了雁行状的排列方式。这种雁行状的设置，虽然也有一定程度上的差异，但是总体上和庭院融为一体，可以说这是依据曾经上流阶级的住宅发展的日本住宅时至今日仍被保留下来了的基础。作为结果而言，向着建筑物、缘庭等突出的一角承担着给空间加强印象的职责。比如，《源氏物语绘卷》等作品中也有人物在那样的角落处弹奏琵琶的场景。尤其是绘卷中所使用的绘画露天摊子的斜轴测像法是日本刻画空间关系时常用的方法，虽然欧洲的展望图可以捕捉到对照鲜明的空间，但是那种完全展现正面且将侧面平行倾斜的画法，对于以雁行状为基础的建筑物的空间结构来说才是最适合的。向着消点平行线交错的展望图很难做到传达出空间的意蕴和真实模样。确实，不管是建筑物的结构还是绘卷的表现，都是从同一个空间感之中产生的。

像这样和庭院有联系的结构的产生，当然源于日本由数寄屋建筑发展而来的住宅朝向室外的开放式结构，但是与此同时，也和日本人直接坐在高出地面的地板之上的生活习惯有关，这与习惯使用椅子的其他国家是不同的。中国一位名叫刘致平的教授所写的《中国建筑类型及结构》一书中，将日本座敷室内图作为例子。在中国，直到汉末魏晋六朝都还有"席地而坐"的习惯，但是随着历史的进程发展，这一习惯渐渐消失，时至今日，在中国可以说已不复存在了。但是日本还保留了这一习惯，而且还以十分完善的形态被保留了下来。将亚洲文化圈不同国家的生活习惯以及空间样式作为一个深入的问题进行研究将是一个有意义的课题。总之，日本的传统住宅，呈现出和椅子文化所不一样的地方，这一点毋庸置疑。使用椅子的生活方式，因为接触的是同一块地，所以房间、庭院的门槛和日式住宅有着细微的差异。日式住宅中，横穿庭院，就能直接到达对面的房间。而习惯使用椅子的住宅，中庭会被建筑物或是墙壁所包围。虽然也有存在空间意识上的差异的缘故，但是其根本性原因还是在和脚有关的生活习惯上。因为席地板而坐的生活方式，使地面和日常生活的场所在一定意义上被分离，所以难以树立和庭院之间的关系。朝着内部空间作为"道路"、沿着庭院而建的结构方向思考的话大概也是能得出答案的。因此，这样思考的话，可以说直接坐在地板上的生活习惯和房屋的开放式结构其实是表里如一的，可以说就是在这样的双方条件下，庭院的范围形成了平面雁行状的空间结构。正好和以椅子为主的生活习惯所对应的建筑的空间，即建筑物围绕着中庭，使其内部空间意识加强的结构形成了对照。

数寄屋建筑里"道路"的重点，决定主座敷性质的重要因素，是壁龛、展示架、凸窗能形成一个整体。当然，其出发点是书院造建筑的房屋，经过前面所论述过的所有的由茶文化的革新所带来的自由化过程，这样的设计在经历过各种变化后最终形成。江户时代的书中虽然也登载过架子、壁龛等的设计合集，如果将在意的种类一一细数的话，恐怕得有48甚至更多种吧。但是，正因为有各种各样的设计，才使壁龛、展示架、凸窗等装置各具特色、形象分明。当严肃思考如何设计时，可以看到这三大装置也有基本的造型，首先对这一原型，我们应怀抱敬佩之心。具有内部划分功能（当然也有相反的情况）的壁龛，可以看到变化的展示架，从腰板处向上带有可以透光的凸窗，各种道具有着各自的特色，并且它们各自的设计以及相互之间的搭配关系，决定了主座敷的方向和性质，甚至还决定了通往邻室的"道路"的存在方式。这些装置的发明和发展，在日本建筑史中是值得被铭记的特殊一笔，给予了空间特性，并且这些原型的创造保证了设计的多样性，可以说在世界建筑史上也是极为少见的。日本建筑中不对称的特性在这里也被巧妙地发挥了出来，这三种装置的组合方式千变万化，可以让人感受到变化的奇妙之处，而这一点也使建筑物整体的结构呈现出不对称性，甚至可以说座敷是以不对称性为目标而建造的。贯穿住宅的不对称性的"道路"的尽头是配置了同样不对称的装置的空间"留"。在进入可能使用多样材料的数寄屋建筑的时代，这一空间结构的巧妙之处变得更深刻了。

那么，壁龛、展示架、凸窗等装置是从何时开始出现在日本的住宅建筑史上的呢？作为房屋结构的展示架、凸窗等，原来是具有实用功能的器具。展示架是放置书籍的必备器具，凸窗原来叫出文机，是桌子的部分结构。这些都是在寝殿造建筑向书院造建筑发展的过程中，住宅各个部位的功能在建筑之中形成的具体结构。展示架、书桌等是作为临时家具存在的现象，也是在建筑化的过程中产生的。就像在《法然上人绘卷》中所看到的凸窗那样，其从室内向外部走廊突出，这一形态就这样被保留了下来。至于走廊，即使是室内的走廊也采用了一样的设计。与此相比，作为壁龛前身的押板的发展，就略迟了。在太田博太郎的研究中，通过对文献以及绘卷等材料中的记载进行考证，得出了押板作为结构而存在是从日本南北朝末期开始的结论。并且，在室町时代，押板、展示架、书院这样的组合方式似乎就已经存在了。桃山时代之后，上段空间的装饰物，已经被规定了形制，太田博太郎对于当时建筑的平面构成进行了细致的调查研究，试图确定这些结构开始存在的年份，最终，得出了织田信长的城池设计或许就是其发端的结论。笔者认为这是很有意思的一个推论。

那么押板又是如何诞生的呢？名为《慕归绘》的14世纪的绘卷之中，有一幅欢迎图，前景是放有花瓶、香炉等物的桌子。这种形式的桌子和装饰物的组合是经常被用来举例的实例，恐怕这一形态就是其原始造型，和刚刚所讲的展示架、出文机一样，它们在建筑化进程中，形成了具有划分空间功能的桌子和押板。要说为什么会产生这样的情况，果然还是因为住宅样式从那时起，开始变成了铺设榻榻米并在地板上席地生活的缘故。如果是使用椅子的生活方式，这样的家具设计是合理的。但是当铺地板的草席取代了椅子的功能之后，这样的家具造型就显得不适用了。就这样，和作为家具使用的凸窗以及展示架开始建筑化一样，以三具足装饰的桌子以及押板也开始进入建筑化进程。当然，壁龛类事物的纵深尺寸并没有立马和以榻榻米的尺寸为基础的模数比例完美匹配，因此，出现了新的不规则的尺寸法。

押板，或者说作为其原型的桌子的起源，可以追溯到前面介绍过的汲取中国文化的第二阶段，即从宋元时期开始流行的水墨画、花鸟画进入日本为契机。在那之前，礼佛用的桌子上摆有佛像，也呈现出一样的桌子结构，因此，这两者之间是存在联系的。但是归根到底，这些都和中国的装饰习惯有关，中国现存的过去的大宅院的大厅正面所挂的画卷以及桌上装饰都可以证明这一点。也就是说，左右对称的大宅院里，进入大门之后处于中轴线位置的大厅正面的墙壁中央挂有画卷，画卷左右是写有诗句的细长字联或是其他的画卷呈左右对称，中央画卷前方摆放有桌子（自然，由于是使用椅子的生活习惯，所以它会比摆放在前面的主桌略高），桌子上装饰有花瓶或是香炉。很明显，押板，或者说作为其前身的桌子装饰是起源于中国装饰，在和日本席地板而坐的生活习惯以及不对称的结构融合之下产生的。

但是先不论展示架和凸窗，押板横宽甚至会超过两间长，但纵深却不到两尺。因为是由桌子发展而来，所以高度再怎么变化，也还是会高于地板。那么，现代以横宽一间、纵深半间为基准的壁龛又是如何发展而来的呢？在太田博太郎的推论中，他提到，壁龛是背后配置有押板，将小规模的上段空间缩小而得到的产物，出自上流阶级的人们在上段空间饮茶的习惯。也就是说，对茶室而言，最先出现的是壁龛，它是作为茶室内的一个休闲娱乐的空间进一步被普及的。如果考虑到曼殊院书院的黄昏之间的结构的话，会出现各种推论。现在较有力的一个解释说明是，和原来供人们落座的上段空间相比，像待庵那样的茶室，其内部的壁龛虽然也能落座，但是纵深半间的大小，原本就不是为了给人们提供坐的空间而设计的。另外，考虑到茶室形态上的成熟源自堺的居民，要断言有在上段空间饮茶的习惯也很难。茶室的壁龛与其说是经过这样的阶段发展而来的成果，倒不如说是为了充分展现押板以及上段空间的意义而创造出的一个意识上的统一空间。

但是不管怎么说，这样被广泛接受的结构，确实不是有着明显押板的豪华风格的书院造建筑的产物，而是源于既可以举办品茗会，偶尔还可以作为进行猿乐等游艺的场所的书院。对于空间多样性和高质量性的追求，在最富于变化的桃山时代至江户初期体现得淋漓尽致，在这一意义上，数寄屋建筑并不仅仅局限于草庵茶室那样别具一格的设计，而呈现出了多变的可能性，并且也可以说是对新的空间结构进行了各种探索和尝试。比如，对于曼殊院书院的黄昏之间、桂离宫新御殿的上段空间的探索就是实例，光琳的仁和寺辽廓亭的平面创意也是其展现之一。三溪园听秋阁的空间结构的表现也一样令人震惊。以茶文化为原动力的这种艺术运动中，设计者辈出，在那极短的岁月中便达到了顶峰。

刚刚也曾谈论到，对于数寄屋建筑的发展，近代建筑家们以日本传统为着力点，在对日式住宅进行创新的同时不忘其源流。迄今为止，独属于爱好茶道之人的茶室，应摆正其在日本建筑史上的重要地位。像人们不曾回顾的《君台观左右帐记》那样记载室町时代的室内装饰的书籍，作为对于当时住宅研究的重要资料被人们重新重视起来。挖掘出拥有这一灿烂辉煌空间的时代的，是在日本近代建筑的发展过程中留下了浓墨重彩的一笔的堀口舍己。堀口、吉田五十八、谷口吉郎、村野藤吾等优秀的建筑家们复兴了茶室精神，为其设计注入新的活力。可以说在那之前，从江户时代到明治时代的文人、爱好茶道之人以及城镇居民的住所中的茶室，其传统性已日渐淡薄。确实，在这些建筑家们对茶室建筑进行创新之前，大部分日式建筑，比如参考伊藤忠太编辑的《建筑工业志》，对于茶室低迷状况的无视可见一斑。但是现在还留存着的江户中期之后的与茶文化相关的建筑，站在另一立场上，会发现很多有意思的事。也有无法忽视的以刚才介绍过的煎茶意趣为基础而形成的空间及造型设计。另外，进入明治时代，喜好茶道的有钱人所建造的大宅院中的茶室建筑，包括其庭院在内的结构设计也引人注目。更有甚者，还有藤井厚二、堀口这样的革新先驱者。直到现在还保存良好的作为藤井的实验性住宅的私人住宅"听竹居"和其附属的"闲室"等，很显然，在现代茶室的系统中也是值得一提的存在。

今后仍需努力的方向，恐怕是摸索出将那个茶室闪闪发光的时代和具备了近代建筑风格、人们开始创造出新的日式风格的时代之间的那段岁月里，形成的以数寄屋建筑为中心的日式设计的整体系统，并将其置于正确位置。但是，这是一项将浩瀚的资料进行整理归纳的工作。仅仅将其按体裁整理就需要花费大量时间。本系列图书也是在整理的过程中探索建筑的努力之一。大概通过这样的不断努力，近代的创新以及数寄屋建筑传统的厚重感也能逐步变得更加明朗。这是以茶的乐趣在日本的扩散为背景，进入不同阶层的人们的生活之中，所创造的现在的日式印象。原本仅产生于茶会上的事物，渐渐融入了普通民众的住宅之中。这一过程，还有很多未知的部分，是文化史中充满戏剧性的事件。可以说我们在等待着它彻底被揭秘的一天。

玄关、座敷和庭院

内部与外部的接点

玄关以小且质朴为优。一进入玄关，就能看到宽阔的内部。我喜欢这样含蓄的玄关。但是，以前那种带有榻榻米的玄关，对我而言，也有难以抵挡的魅力。

脱了鞋子后来到式台，3叠或是4叠半大小，即使没有隔扇也无妨。主人坐在有榻榻米的玄关处和来客面对面。墙壁上挂有小巧的书画挂轴，一朵花将整个住宅简朴的风格展露无遗。我也喜欢这样的玄关。

近年来，地板和玄关的土间之间的高度差越来越小。以前大于一尺五寸，但是最近变成了八寸或是九寸，甚至还有七寸大小的。这大概是因为现在屋主已不再坐在玄关处接待客人，而是变成主客双方站着打招呼吧。主客双方都站着，所以最好不要有太大的高度差。铺设榻榻米的玄关日渐变少，也有这方面的原因。屋主不再休闲地坐于玄关处接待客人，也体现了如今的社会现状。

如此，玄关变成了走廊的延长空间，代替墙壁上挂着的画轴和那摆放的一朵花的是屏风或者装饰架等。那朵花也被满插的鲜花代替。像这样，现在的日式风格的建筑之中，以铺设有榻榻米的房间作为玄关的方式，在现代生活习惯中被渐渐摒弃了。就设计角度而言，作为内部和外部的接点的玄关，是入口、土间门厅以及走廊的延续空间的集合体，可以说有着更多的空间创造的可能性。

所谓的"显眼"

座敷不要过于杂乱。如果有障碍物，整个风格就会显得低俗。"乍一眼就觉得好"这种程度就可以了，不必过于在意壁龛、天花板等。对于特定事物过度关注并不是一件值得称赞的事，恰恰相反只会破坏房间的格局。这件事并不仅仅局限于房间设计。

有这样一个故事，是关于和茶室相连的庭院的。主人问客人："这个庭院你觉得怎么样啊？"客人回答："那个石头很吸引人啊。"然后，主人就立马撤掉了那块石头。对于主人而言，就是要避免某一事物过于突出。

过于在意壁龛，导致壁龛显眼，就会导致作为主角的画轴以及花卉等反而不引人注目。就好像是只有服装吸睛的人一样。要注意分清主次是一件十分重要的事，做饭也是这样。现在的日本料理，总是过于关注器皿和装饰，虽然也有风潮强调料理是用眼睛看的，但是作为料理而言，重要的果然还是味道，忽视味道的做法可谓是歪门邪道。

关于天花板，我喜欢较低的。高度最多八尺，七尺五寸高是最佳的。当然，高度应该根据房间大小决定，并且随着有无长押而有不同。降低天花板，可以使房间看起来更宽敞。但是重要的是，在降低天花板的过程中，不能让人有天花板过低的感觉。

"京间"和"江户间"

在谈论日式座敷时，不可避免要涉及的就是京间和江户间的差别。我在设计日式座敷时，通常采用京间。我实在是对江户间无能为力。

一间六尺大小的江户间，和通过榻榻米尺寸确定下的六尺三寸的京间，自然有物理上的差别，视觉上也有很大不同。我认为，大小为三尺一寸×五分六尺三寸，这样的榻榻米尺寸是十分大的。以这样的榻榻米尺寸为标准的京间，和江户间相比，感觉上更宽裕。江户间里的隔扇、拉门等的横纵比例会很大，看起来很不舒服。

榻榻米的大小是如何确定的，对于这个问题，虽然我也时常关注，但是似乎并没有一个固定的说法。

榻榻米发展到现在这样，即铺设在包括座敷在内的所有日式房间里，始于桃山时代初期，伴随着书院造建筑的出现而出现。但是当时，那只出现在一部分拥有权力的人家中，对于平民百姓而言，榻榻米还是十分遥远的存在。这一点，从利休得到二十张榻榻米时显得十分喜悦的故事中可以看出。平民百姓的家中也开始铺设榻榻米是江户时代末期之后的事情了。

此外，当时铺设在房间中的榻榻米，其大小也是自由的。顶多就是有搬运方便的大小这样的默认规则，而规定好的统一的尺寸大概是不存在的吧。但是当要铺满整个房间时，很显然，这就和建筑的结构有关了。因此，榻榻米大概是根据书院造建筑或者茶室的不同而有了不同的尺寸。利休所处的时代，好像是有所规定的。在利休世代相传的书籍中，有大榻榻米和普通的榻榻米的区别。我对于它们之间尺寸上的区别很有兴趣。

话说回来，就像榻榻米有关东和关西的差异一样，木柄也有差异。总的说来，关西的更细。在关西地区，三寸五分的柱子就显得略粗了，最多也就三寸二三分。把粗柱子的棱角刨平，以显纤细。鸭居自然也是细的，大概不会使用一寸二分以上的材料。也就是说，所有的部件都是纤细的。

"品位"和"感觉"

拉门的框架和以前相比更大了。虽然这也有和纸张大小有关，但是格子变大之后就会在视觉上显得更简单。就像京都岛原的拉门那样，只有拉门注重设计的方式，并不是我喜欢的。就像我说过很多次那样，为了让房间感觉舒适，要避免使拉门、隔扇等物体单独显眼。安上精美的框架，令人一眼就看到拉门；给书院增添一点别致的设计，表现出小边框的"品位"，这些对细节处的过分讲究并不能凸显整体的感觉。所谓的"感觉"，我认为果然还是能体现出设计者的人格的。即使有意识地突出"品位"，也表现不出"感觉"。这大概就是心的问题了吧。打造出一个好座敷以及给大家看到好的座敷这样的想法本身就是不纯粹的，更别说想创造出"感觉"了。

松尾芭蕉比起刻意下功夫斟酌辞藻，更推崇自然而然成句。另外，唐木顺三所说的"风流源于自然，回归自然，与自然一道，听自然之声，回应自然的呼吁"，在我看来，也是比起有意识的"品位"，更重视自然的"感觉"的态度。

自然感好的房间，会表现出不可思议的作用。是使用起来更方便的房间。

材料的选择

我想木造建筑的设计过程中，最难的就是选材了。比如，天花板使用了赤松木的情况下，就不能使用过于朴素的杉木，但是显得突兀的材料也不可行。壁龛也是如此，虽然我本来更喜欢地板，但是这也很难。壁龛处全部使用赤松木就现如今而言很难做到。我本来是不拘泥于材料的人，即使如此，在日式房间的建造过程中，这是不可以被忽略的事。

关于选材，我还有一件想说的事，那就是随着时代的发展，材料也在随之变化。有冷暖气设备的房间中的赤松木再怎么华丽，也无法直接代替天花板。必须将其削薄并进行黏合，否则就会弯曲。

关于空间，日式建筑中不会浪费空间，茶室中的挂入天花板就是实例之一。但是现如今，在仿照挂入天花板的过程中，也不是没有和外部环境脱离的情况，比如在钢筋水泥建筑的内部建造茶室就是如此。但这是特殊情况，本来外部和内部就应该是有联系的。

建筑物的外观上，房檐应该要比檐端低，这样就能避免空间上的浪费。

光和影

对于座敷而言，最重要的就是和庭院之间的关系。内部和外部之间的关系才能体现出座敷设计的意义。因此，有必要将檐端、房檐高度视为一个整体进行充足的考虑。檐端具有缓和太阳光线的功能，对于日本的风土文化而言是必要的设计。通过檐端的作用，人们认为照射在建筑上的光线产生了明暗变化，这种认知可以说充分展现了日本的美学意识。谷崎润一郎在他的著作《阴翳礼赞》中对日本人的祖先是在何时发现了阴翳的美以及利用阴翳而增添美感的过程进行了详细的论述。其中还提到日本的建筑，尤其是茶室的美正是出自阴翳浓淡的变化。

西方人看到日本的座敷，为其简朴而震惊。只有灰色的墙壁，没有任何装饰，对他们而言仿佛是不可理解的，其实这是由于他们不了解光线明暗的秘密之处。即使不是如此，日本人也会在太阳光线难以进入的座敷外侧建造上檐，通过走廊的修建避开阳光。另外，通往室内的庭院处反射而来的光线，会透过拉门，使房间变明亮。座敷中呈现美感的要素之一就是这种间接的柔缓的光线。日本人为了能更好地沉浸在这样无力慵懒、清冷、柔和的光线照射下的座敷之中，特意用较为暗淡的涂料涂抹墙壁。座敷的墙壁多为土壁，基本上不会反光。因为一旦反光的话，微弱的光线会导致柔和感消失。

像这样，对于日本的座敷而言，阴翳是十分重要的美感要素。这一点和外部完美融合的实例是以前的乡村的房屋。这些建筑的座敷都是朝着有阴翳的北侧建造的，透过座敷朝着太阳的方向，可以看到枝条舒展的树木表面。这一点，如果是位于南侧的座敷，就只能看到树木的背面，而且还是逆光的。到了明治时代之后，住宅的南侧一般为座敷式的卧室。座敷的存在方式大概就是从这里开始变化的吧。

也就是说，庭院和座敷之间的关联开始薄弱，空间之间的联系，即"空间感"开始消失。但是，我认为"空间感"才是自然和人类相接触的场所设计的要点所在。所以，比起书院、壁龛如何设计，庭院和座敷之间的联系、存在方式等更能打动我的心。正因为如此，我认为没有把座敷建造得豪华而把庭院设计得无聊更可悲的时代了。

"残缺"和主题

庭院设计，不框定主题比较好。所栽树木，自然的比较好，要尽量避免人工种植的铭木。但是现实中这样的条件较难达成。虽然说不框定主题的庭院比较好，但是事实上并不存在没有主题的庭院。那就要做到让人看不出主题。杂木可以创造出很好的庭院，即使只有一棵树，也能创造出庭院。因为即使一棵树也拥有四季。一年四季，它会产生不同的变化。如果想要实现所有的可能，因为过于贪心，反而容易让人感知到创造主题，显得刻意。不足方是完美。西洋画家林武认为"残缺"才是通向美的动力，对于艺术而言，"残缺"

有更大的魅力。我想要稍稍引用一下他的著作《美的诞生》里的话。

"我们的日常生活，在不断地追求完美，试图消灭不完美。活在当下的切身的体验来自残缺。……残缺是我们还活着的证明。吃饭，恋爱，正因为有残缺，所以我们还活着。残缺展现了追求着的生命的姿态，是生动鲜明的美。"

对于建筑而言，"残缺"也是重要的。抹去残缺的，不是建筑师，不是木匠师傅，而是建筑的主人。这一点和建筑的风格息息相关。俭朴的壁龛，不经意间，表现出"残缺"之感。为了满足主人弥补"残缺"的内心，于是挂上了卷轴、摆上了插花。座敷焕发生机就是从这里开始的。由此看来，设计者必须要避免在建筑中过于体现自我意识。建筑师应当时常保持谦逊。正如反复述说的那样，座敷装修成灰白的，只把隔扇的边缘部分设计成黑色的。总之，建筑的色调果然还是应该由房屋主人来决定。那颜色正是主人活着的证明，这时候，建筑才真正开始有了生命。

优秀的木匠师傅

展现素材本身的美

俗话说："三地三样"。数寄屋建筑也是如此，东京、京都、大阪三地，即使以同样的结构、同样的图纸设计建造，但三个地方各自建成的建筑还是会有三种感觉。

京都传统的壁龛和东京或是大阪的壁龛相比，不管是平面布局还是榻榻米的大小都不相同。京都的建筑内添加圆木是很久以前就留存下来的习惯，因此拥有着东京、大阪等地所没有的氛围。即使同样遵循传统，大阪比起京都要显得更粗犷。

京都建筑的内部设计，比如以一张宣纸为例，经过漫长的岁月所凝结下的考究的设计构思，就那样完好地流传了下来。另外，包括隔扇、拉门、拉手格窗等，都是在经历了无数经验之后积累下的精华，正是这样的传统支撑着京都的町屋。

如果考虑到壁龛的话，为了让壁龛里的卷轴或是插花成为主角，就有必要对其结构进行控制。为此，包括材料在内，都应该简之又简。必须和木匠师傅的技术相配合，以孕育出具有和谐之美的建筑。必须要从素材选择上就开始慎之又慎。

同样的北山杉木也有各种各样的性质，在那之中要选择哪一种，则要根据木匠师傅的技术来决定。对施工一方而言，努力收集材料虽然很重要，但是更重要的是设计者一方能就材料进行学习。即使是杉木，也有包括秋田、春日、萨摩、土佐在内的各个种类，不同种类的杉木的色调和树脂含量都是不同的。因此，我认为，最大限度地发挥好材料的优势，设计者一方也必须要学习、必须要创造这样学习的机会。

为了活用素材，最考验人的便是木匠师傅的技术。应根据木材的大小和色调，使其平面宽度的表现方式呈现出细微的差异。柱子和鸭居的尺寸、大小在一定程度上是根据设计者的指示进行的，但是由于色调等使其看起来过大或过小，会导致最终建造出来的成品存在各种各样的问题。因此，我们应好好地观察分析材料，控制好量，不随心所欲，在施工时，细心和仔细是十分重要的。

对于座敷而言，壁龛是不可或缺的。壁龛和床胁的结构，对设计而言是最重要的。如何把设计者的想法实体化，这是木匠师傅的重要使命。即使已经商量确定好了材料，根据木匠师傅工作的程度也可能会改变建筑物。特别是圆形物体（圆木）被组合时，工作又会显得微妙。壁龛柱的树立方法，落挂的安装方法，门框的嵌入方法，在这些方面工作的熟练程度，说实话就很能说明问题了。壁龛和床胁之间的关系，面向壁龛柱的两边的外框如何嵌入等问题，根据木匠师傅的本领会有各种各样的表现。

另外，在圆木壁龛柱上安装落挂也有各种方式。紧密排列，不留一丝空隙的，绝称不上好。因为这样会暴露切面。多或少，根据不同的建造方法会使风格发生变化。壁龛柱如果选用带皮的木材，在安装落挂时就必须要注意不要伤到外皮。像这样的考量应该体现在建筑的各个地方，细节的好坏，会影响各个部件的强弱轻重。

构件虽然都经过倒角，但是会嵌入其他构件之中。这对于日式建筑而言也是十分重要的地方，而这一点在设计图中并不会被展现出来，完全依赖于木匠师傅的智慧。柱子的尺寸在一开始也不是完全确定的，内法材、天花板回缘等有可能陷入柱面，也有可能从柱面突出，这都是可能发生的状况。这些不一致的部位，如何不显得突兀，也完全依赖于木匠师傅的技术。外行人看来可能不觉得有什么，但是事实上，细节部分的收整，以好的手法进行处理，从而能使座敷整体的氛围、品位得以提升。优秀的木匠师傅，必须精通所有材料的打造方式，并且还要能迅速理解设计者的设计意图，并以精湛的技术将其打造出来。这是一间好的座敷得以建造的条件。

克制的美

提到数寄屋建筑时，总是和昏暗的房间联系起来。也就是说房间的朝向、位置都很重要。在这一方面，施工方（比如说泥瓦匠）要注意每个细节应该控制在什么程度，整体考量要使房屋呈现出怎样的感觉。即使墙壁是单色的，但是选择不同的建造方式，或者说因室内物体摆放方式的不同，墙壁呈现的明暗观感也会有很大的不同。像这样，对颜色的调和、与木材原色调的融合，甚至阴影的处理等都出自设计者的构思，最终都将以一个整体的形式呈现，而呈现的过程就需要依靠木匠师傅的技术了。

具体来说，从门到玄关的处理，也是通过尽量克制的方法建造的。从大门到玄关，其间的庭院，为了表现主人的品位，还是会采用克制的美，门的构造也是如此。

玄关自身，因为化妆屋根里天花板这样立体的美感是必要的，在图纸所表现出的尺寸中，使用怎样的材料，可以使它经历十年百年，色调仍然不会发生变化，如何选择这样的材料是关键。木匠师傅对这些材料的判断，以及对于设计者意图的准确把握，再加上完全经受得住岁月考验的建造技法——我们必须要对这些点进行彻底研究。

关西的建筑物，越深入了解越觉得深奥且厚重。茶文化的影响造就了町屋。这一类型的建筑物也体现了克制的美感。这些被称为京都风、关西风的建筑物的美感，我极力主张，都是来自木匠师傅的高超手艺。

京都古老的饭店中的茶室或多或少都能体现出木匠师傅的匠心，同时在此基础上，很好地吸取了饮茶之心。这也是再自然不过的了。以前的木匠都经受过一定的训练，对茶道、花道、能乐等都很精通。这些情操方面的学习也反映在了他们的工作上。

令人遗憾的是，现在的木匠虽然还是会训练这些事物，但是不知道是不是出于珍惜自己的时间，除非有很多人观看，否则他们不会轻易表现这些技能。从学徒到能够独当一面的过程中，必须让他们始终处于各种古典文化的熏陶之中，才能让他们在不知不觉间将学到的东西融入工作中。不知是否是随着时代的发展，教育方式也开始变化，现在和过去已经大不相同。但是到了现在，真的喜欢木匠工作的人，即使沉默不语，他们也会自发自主地进行训练吧……

就结论而言，作为木匠，既要学习历史性建造方法，也要了解研究素材。同时，还要加强和隔扇工人、泥瓦匠、园艺师等人的联系。通过加强联系，和他们一起对那些遗留下的有名的座敷、玄关、门进行分析、研究。当然，不仅仅是京都，东京、大阪等地的建筑都是如此。

前些日子，设计师某氏曾发出"我们的世界之中，有特色的建筑开始消失了"的感慨。不管什么行业，都开始无个性化，大概就是现代社会的个性了吧。但正因为是这样一个时代，我认为我们更应该好好学习前辈们在漫长的历史长河中摸索建造出的古建筑。

它们以不经意的形态保留住了传统的模样，而且其中还形成了十分严谨的结构。我认为，今后，不管是木匠还是各个建材的相关部门，不管是泥瓦匠，还是园艺师，都必须对古建筑结构的性质进行学习。

图书在版编目(CIP)数据

日本建筑集成：全九卷 / 林理蕙光编著. -- 武汉：华中科技大学出版社，2022.12
ISBN 978-7-5680-8575-5

Ⅰ.①日… Ⅱ.①林… Ⅲ.①建筑史-日本-图集 Ⅳ.①TU-093.13

中国版本图书馆CIP数据核字(2022)第126369号

日本建筑集成（全九卷）
Riben Jianzhu Jicheng

林理蕙光 编著

出版发行：	华中科技大学出版社（中国·武汉）	电话：(027) 81321913
	华中科技大学出版社有限责任公司艺术分公司	(010) 67326910-6023
出 版 人：	阮海洪	

责任编辑： 莽　昱　康　晨　刘　韬　　　　书籍设计：唐　棣
责任监印： 赵　月　郑红红

制　　作： 北京博逸文化传播有限公司
印　　刷： 广东省博罗县园洲勤达印务有限公司
开　　本： 787mm×1092mm　1/8
印　　张： 268.25
字　　数： 650千字
版　　次： 2022年12月第1版第1次印刷
定　　价： 4680.00元 (全九卷)

本书若有印装质量问题，请向出版社营销中心调换
全国免费服务热线：400-6679-118 竭诚为您服务
版权所有 侵权必究